普通高等院校计算机基础教育"十四五"系列教材

U0184002

多媒体技术及应用

马永强　赵丽红　王慧聪◎主　编

赵会燕　张思卿　杨晨晓　◎ 副主编
李嘉琪　周迪珊

中国铁道出版社有限公司
CHINA RAILWAY PUBLISHING HOUSE CO., LTD.

内 容 简 介

本书是普通高等院校计算机基础教育"十四五"系列教材之一，从应用的角度出发，对多媒体技术、多媒体计算机关键技术及多媒体应用系统进行全面论述。全书共分6章，包括多媒体技术概述、数字图像编辑、数字音频编辑、数字视频编辑、计算机二维动画制作、多媒体作品创作等。本书涉及的软件包括Adobe Photoshop 2021、Adobe Audition 2020、会声会影2020、Adobe Animate 2021等，同时介绍简易实用的电子杂志、电子相册制作工具及音频视频格式转换工具。

本书难易适中，内容既涵盖多媒体技术的基本知识，又包括多媒体技术相关理论和实用方法，适合作为普通高等院校计算机公共基础课及相关专业本科、专升本的教材，也可作为多媒体应用与开发技术人员的岗位培训和参考用书。

图书在版编目（CIP）数据

多媒体技术及应用/马永强, 赵丽红, 王慧聪主编. —北京：
中国铁道出版社有限公司, 2024.1（2024.12重印）
普通高等院校计算机基础教育"十四五"系列教材
ISBN 978-7-113-30771-4

Ⅰ.①多⋯ Ⅱ.①马⋯ ②赵⋯ ③王⋯ Ⅲ.①多媒体技术-高等学校-教材 Ⅳ.①TP37

中国国家版本馆CIP数据核字(2023)第234774号

书　　名：**多媒体技术及应用**
作　　者：马永强　赵丽红　王慧聪

策　　划：韩从付　　　　　　　　　　　　　　　编辑部电话：(010) 63549508
责任编辑：陆慧萍　徐盼欣
封面设计：刘　颖
责任校对：刘　畅
责任印制：赵星辰

出版发行：中国铁道出版社有限公司（100054，北京市西城区右安门西街8号）
网　　址：https://www.tdpress.com/51eds
印　　刷：北京联兴盛业印刷股份有限公司
版　　次：2024年1月第1版　2024年12月第2次印刷
开　　本：787 mm×1 092 mm　1/16　印张：19.5　字数：498千
书　　号：ISBN 978-7-113-30771-4
定　　价：52.00元

前　言

　　信息技术的发展使人类社会进入了新媒体时代，对多媒体的认识与运用已经成为现代人不可或缺的基本生存技能。依托数字化多媒体技术和网络技术的发展，打造新型教育环境，逐步形成与现代经济社会发展高度适配的高质量教育体系，成为未来教育发展的必然趋势。

　　本书是普通高等院校计算机基础教育"十四五"系列教材之一，在总结编者多年教学实践经验、吸取最新多媒体技术成果的基础上，全面系统地论述多媒体技术的基础知识及具体应用；既重视理论、方法和标准的介绍，又兼顾实际应用和操作技能的培养；既注重描述成熟的理论和技术，又介绍多媒体技术相关领域的最新发展。

　　全书分为6章。第1章论述媒体与多媒体技术的含义与关键技术、多媒体计算机系统的层次结构、媒体素材分类等基础理论知识，同时介绍电子杂志的基本制作技能；第2章论述平面设计的构图原理，以及使用Adobe Photoshop 2021编辑数字图像的方法与技巧；第3章论述音频数字化的原理与特点，以及使用Adobe Audition 2020编辑音频的基本方法与技巧；第4章论述非线性编辑的基本理论、数字视频编辑软件会声会影2020，以及电子相册制作的基本方法与操作技巧；第5章论述二维动画的制作方法，重点论述Adobe Animate 2021的基本知识，以及Adobe Animate 2021的动画制作方法与技巧；第6章论述多媒体作品创作流程、多媒体作品脚本设计、微课设计制作等。

　　本书以适应应用型本科教育为宗旨，内容组织上全面实用，结构框架上条理清晰、逻辑性强，语言上精练流畅。为使读者学以致用、触类旁通，书中特别编排了日常工作和生活中具有代表性、实用性的实例，以帮助读者在较短的时间学会各种工具软件的基本操作方法，掌握多媒体作品的设计过程和实际的开发方法。

本书由马永强、赵丽红、王慧聪任主编，由赵会燕、张思卿、杨晨晓、李嘉琪、周迪珊任副主编，王璐参与编写，全书由姜永生主审。在本书编写过程中，得到河南理工大学同仁和名师课堂的大力支持，在此表示衷心的感谢。

由于多媒体技术是一门发展迅速的新兴技术，新的思想、方法和技术不断出现，加之编者水平有限，书中难免有疏漏及不妥之处，敬请广大读者批评指正。

编 者

2023年10月

目 录

第1章 多媒体技术概述

第2章　数字图像编辑

第3章　数字音频编辑

第4章　数字视频编辑

第5章　计算机二维动画制作

第6章　多媒体作品创作

附录A　多媒体作品考核与评价

参考文献

第1章

多媒体技术概述

　　信息技术的飞速发展促进了新型多媒体技术的产生与迅速普及。本章论述媒体与多媒体技术的基本概念和理论、多媒体计算机系统的层次结构、多媒体素材的分类等，使学习者能够从理论上把握多媒体的基本理论，初步形成应用多媒体技术的意识。

1.1　媒体与多媒体技术

　　自20世纪80年代以来，随着电子技术及大规模和超大规模集成电路技术的发展，计算机技术、通信技术和广播电视技术这三大独立并得到极大发展的领域相互渗透融合，形成一门崭新的技术——多媒体技术，使得多媒体与多媒体技术的含义得到丰富与发展。今天，多媒体技术的应用已渗透到人们的日常生活，日益普及的智能手机、丰富多彩的网络信息都与多媒体技术有密切的关系。

1.1.1　媒体的概念和分类

1. 媒体的概念

　　媒体（medium）是指信息的载体。媒体通常包含两层含义：一是指存储信息的实体，如磁盘、光盘、磁带、半导体存储器等，也称媒质；二是指传递信息的载体，如数字、文字、声音、图形等，也称媒介。因此，媒体是指信息表示和传输的载体，是人与人之间信息沟通的中介物。

2. 媒体的分类

　　媒体按不同的标准分类不同。

　　（1）按国际电信联盟标准分类

　　根据国际电信联盟（International Telecommunication Union，ITU）电信标准分局（Telecommunication Standardization Sector，TSS）的ITU-T I.374建议，媒体可分为六类。

　　① 感觉媒体。感觉媒体是指直接作用于人的感官，使人产生感觉（视觉、听觉、嗅觉、味觉、触觉）的媒体，如语言、音乐、图形、动画，以及物体的质地、形状、温度等。

② 表示媒体。表示媒体是指为加工、处理和传输感觉媒体而人为研究构造的媒体，如语言编码、静止和活动图像编码（MP3、JPEG、MPEG等）、文本编码（ASCII码、GB2312等）。表示媒体用以定义信息的特性。

③ 显现媒体。显现媒体是指感觉媒体与电信号之间的转换媒体，即显现信息或获取信息的物理设备。显现媒体分两种：一是输入类显现媒体，如键盘、传声器、扫描仪、摄像机、光笔等；二是输出类显现媒体，如扬声器、显示器、投影仪、打印机等。

④ 存储媒体。存储媒体是指存储表示媒体数据的物理设备，如磁盘、光盘、U盘、纸张等。

⑤ 传输媒体。传输媒体是指媒体传输用的物理载体，如同轴电缆、光纤、双绞线、电磁波等。

⑥ 交换媒体。交换媒体是指在系统之间交换数据的方法与类型，它们可以是存储媒体、传输媒体或二者的某种结合。

（2）按人类感受信息的感觉器官角度分类

① 视觉媒体。视觉媒体是指通过视觉来感觉的媒体。视觉媒体包括离散型时基类视觉媒体（动态图像与动态图形）、静止的视觉媒体（静止的图形、图像、文字等）两类媒体。

② 听觉媒体。听觉媒体是指客观世界中的声音信息。听觉媒体包括语音（人类自然语言）、声响（自然现象以及人为的响声）和音乐（乐器等规则振动发出的声音）。听觉媒体属于连续型时基类媒体。

③ 触觉媒体。触觉媒体是指能引起人体感受本身特别是体表的机械接触（或接触刺激）感觉的媒体。触觉媒体包含压力、温度、湿度、运动、振动、旋转等，它描述了该环境中的一切特征和参数。

④ 其他感觉类媒体，包括嗅觉、味觉等。

1.1.2 多媒体技术的概念

1. 多媒体

多媒体（multimedia）是指多种媒体复合而形成的一种人机交互式的信息传播媒体。其中多种媒体包括文本、图形、图像、音频、视频、动画等。多媒体一词译自20世纪80年代初的英文单词multimedia，该词由mutiple和media复合而成。

2. 多媒体技术

多媒体技术（multimedia technology）的定义多种多样。其可定义为："多媒体技术是一种把文字、图形、图像、视频、音频等运载信息的媒体结合在一起，并通过计算机进行综合处理和控制，在屏幕上将多媒体各个要素进行有机组合，并完成一系列随机性交式式操作的信息技术。"也可定义为："多媒体技术是一种基于计算机科学的综合技术，它包括数字化信息处理技术、音频和视频技术、计算机软硬件技术、人工智能技术、通信和网络技术等。"

概括而言，多媒体技术是指利用计算机综合编辑加工和控制文本、声音、图形、图像、动画、视频等多种信息媒体，在多种信息媒体间建立逻辑连接，并能支持完成一系列交互式操作，使其成为一个实时交互式系统的信息技术。

多媒体技术改变了计算机的应用领域，使计算机由办公室、实验室中的专用品变成信息社会的普通工具，并广泛应用于工业生产管理、学校教育、公共信息咨询、商业广告、军事指挥与训练、家庭生活与娱乐等领域。

1.1.3 多媒体技术的特性

1. 多样性

多样性即媒体信息的多样性，是指多媒体技术可综合编辑加工文本、图形、图像、视频、音频、动画等多种信息媒体，使之成为一个统一的整体来表达信息。人类对于信息的接收主要来自视觉、听觉、嗅觉、味觉等多个感觉空间，其中95%以上的信息来自视觉、听觉与味觉。人类获取信息的途径是多样、多维化的，以计算机为核心的多媒体技术处理信息的多样化与多维化，使信息的表达形式不再局限于文本。采用文本、图像、图形、音频、动画、视频等多种媒体形式表达信息更符合人类获取信息的自然特性，使人的思维表达有更充分、更自由的拓展空间。

2. 集成性

集成性是指对多种信息媒体进行多通道获取、存储、组织与合成，使之成为统一的交互式信息媒体系统。集成性主要表现在以下两方面。一是信息媒体的集成，即声音、文字、图像、音频、动画、视频等多种信息媒体的集成。多媒体技术通过多种途径获取信息媒体、统一格式存储信息媒体、统一组织与合成信息媒体等，对多种信息媒体进行集成化编辑加工，把信息媒体整合为一个有机的信息表达整体。二是媒体设备的集成。多媒体技术把不同功能、不同种类的设备集成在一起，使其共同完成信息媒体编辑、加工、再现等，如将计算机、声卡、显卡、摄像机、摄像头、传声器、电视、音响、DVD播放机、传感器、网络等设备集成在一起，编辑、加工、控制、再现多种信息媒体，达到完整表达信息的目的。

3. 交互性

交互性是指使用者和多媒体间信息控制与传递的双向性，是使用者通过多媒体系统与多种信息媒体进行交互操作，控制信息媒体的表达与传递的特性。其中，交互是指通过各种方式与媒体信息，使参与的各方（发送方、接收方）都可以对信息媒体进行编辑、控制和传递。交互性是多媒体技术有别于传统信息媒体的主要特点之一。传统信息媒体交流以单向、被动传播信息为主，而多媒体技术则可实现使用者对信息的主动选择和控制。

4. 实时性

实时性是指当使用者给出操作命令时，相应的多媒体信息能够得到即时控制与反应。

1.1.4 多媒体技术的关键技术

由于多媒体系统需要将不同的信息媒体数据表示成统一的结构码流，并对其进行变换、重组和分析处理，以实现多媒体数据的存储、传送、输出和交互控制，因此，多媒体的传统关键技术主要集中在数据压缩技术、超大规模集成电路制造技术、大容量光盘存储技术、实时多任务操作系统技术四方面。正是因为这些技术取得突破性进展，多媒体技术才得以迅速发展，成为具有综合处理声音、文字、图像、音频、视频等媒体信息的新技术。

同时，由于网络的迅速普及与技术的进步，当前用于互联网络的多媒体关键技术可以按层次分为媒体处理与编码技术、多媒体系统技术、多媒体信息组织与管理技术、多媒体通信网络技术、多媒体人机接口与虚拟现实技术，以及多媒体应用技术六个方面。其中还包括多媒体同步技术、多媒体操作系统技术、多媒体中间件技术、多媒体交换技术、多媒体数据库技术、超媒体技术、基于内容检索技术、多媒体通信中的服务质量（quality of service，QoS）管理技术、多媒体会议系统技术、多媒体视频点播与交互电视技术、虚拟实景空间技术等。

1. 多媒体数据压缩技术

数据压缩是一个编码过程，即对原始数据进行编码压缩，压缩方法也称编码方法。数据压缩分为有损压缩与无损压缩，其目的是在媒体信息少失真或不失真的前提下，尽量减少媒体数据中的数据量，即减少数据冗余。

（1）数据冗余的定义

数据冗余是指数据存在重复现象。多媒体数据尤其是图像、音频和视频等数据，其数据量相当大，这些数据量并不完全等价于它所携带的信息量，即数据量大于信息量，这就出现了数据冗余。香农（C. E. Shannon）在1948年发表的论文《通信的数学理论》（*A Mathematical Theory of Communication*）中指出：任何信息都存在冗余，冗余大小与信息中每个符号（数字、字母或单词）的出现概率或者说不确定性有关。香农借鉴了热力学的概念，把信息中排除了冗余后的平均信息量称为"信息熵"，并给出计算信息熵的数学表达式：$H(x)=E[I(x_i)]=E[\log_2(1/p(x_i))]=-\sum p(x_i)\log_2(p(x_i))$ $(i=1,2,\cdots,n)$。信息熵是信息论中用于度量信息量的一个概念，是指一组数据携带的平均信息量。一个系统越有序，信息熵就越低；反之，一个系统越混乱，信息熵就越高。所以，信息熵可以说是系统有序化程度的一种度量方式。

（2）数据冗余的种类

① 空间冗余。多媒体数据（如图像）存在着大量有规则的信息，如规则物体与规则背景的表面物理特性具有相关性，其大量相邻的像素相同或相近，这些相关的光成像结构在数字化图像中表现为数据冗余，相同或相近的数据可以压缩。

② 时间冗余。时基类媒体（如音频、视频等）前后的数据信息有很强的相关性，播放时出现的声音或画面，某些地方发生了变化，某些地方没有发生变化，形成数据的时间冗余。

③ 结构冗余。数字化图像中物体的表面纹理等结构，往往规则相同，在记录数据时这种冗余称为结构冗余。

④ 信息熵冗余。又称编码冗余，是指数据所携带的信息量少于数据本身而反映出来的数据冗余。

⑤ 视觉冗余。人的视觉受生理特性的限制，对于图像场的变化并不都能感知。人的视觉系统一般的分辨能力约为2^6灰度等级，而图像的量化一般采用2^8灰度等级，这样的冗余就称为视觉冗余。

⑥ 知识冗余。人对多媒体数据（如图像）的认识理解与某些基础知识有很大的相关性，其规律性的结构可由先验知识和背景知识得到，不一定需要数据完整呈现，由此产生的数据冗余称为知识冗余。

⑦ 其他冗余：数据（如图像的空间）非定常特性所带来的冗余。

（3）量化

量化是将具有连续幅度值的输入信号，转换为具有有限个幅度值输出信号的过程，即量化是将模拟信号转换为数字信号的过程。

量化的方法通常有标量量化和矢量量化。

① 标量量化是对经过映射变换后的数据或脉冲编码调制（pulse-code modulation，PCM）数

据逐个进行量化,在量化过程中,所有采样使用同一个量化器进行,每个采样的量化都与其他采样无关。标量量化又分为均匀量化、非均匀量化、自适应量化。

② 矢量量化又称分组量化,若将PCM数据分成组,每组K个数据构成一个K维矢量,然后以矢量为单元逐个进行量化,则称为矢量量化。

（4）数据压缩算法的综合评价指标

数据压缩算法的综合评价指标主要通过数据压缩倍数、图像质量、压缩和解压缩速度等方面来衡量。

①数据压缩倍数（压缩率）。数据压缩倍数通常有两种表示方法。一是由数据压缩前与后的数据量之比来表示,压缩比=原始数据量/压缩后数据量。例如,一幅1 024×768像素的图,每个像素占8 bit,经过压缩后分辨率为512×384,且平均每个像素占0.5 bit,压缩倍数为64,则其压缩比是64∶1。二是用压缩后的比特流中每个显示像素的平均比特数bpdp（bit per display pixel）来表示。例如,以15 000 B存储一幅256×240的图像,则压缩率为(15 000×8)/(256×240)=2 bpdp。

② 图像质量。图像质量有两方面的评价指标。一是信噪比。重建图像质量通常用信噪比（signal noise ratio,SNR）来评价,即重建图像中信息与噪声的占有比率。其中,信号是指来自设备外部、需要通过这台设备进行处理的电子信号。噪声是指经过该设备后产生的原信号中并不存在的无规则的额外信号,且该种信号并不随原信号的变化而变化。信噪比越大,说明混在信号里的噪声越小,回放的质量越高,否则相反。信噪比的计量单位是dB,其计算方法是$10\log_2(P_s/P_n)$,其中P_s和P_n分别代表信号和噪声的有效功率。图像信噪比的典型值为45~55 dB,若为50 dB,则图像有少量噪声,但图像质量良好;若为60 dB,则图像质量优良,不出现噪声。声音信噪比一般不应该低于70 dB,高保真音箱的信噪比应达到110 dB以上。二是由若干人对所观测的重建图像质量按很好、好、尚可、不好、坏五个等级评分,然后按设定公式计算分数。

故数据压缩算法的质量评价可以使用信噪比SNR与主观评定的分数来评定。

③ 压缩和解压缩速度。依据数据压缩和解压缩速度,将数据压缩算法分为对称压缩与非对称压缩。

压缩算法分为编码部分和解码部分,如果两者的计算复杂度大致相当则算法称为对称,反之称为非对称。例如,电视会议的图像传输,压缩和解压缩都实时进行,计算复杂度大致相同,速度相同,属于对称压缩;DVD节目制作,只要求解压缩是实时的,而压缩是非实时的,其中MPEG压缩编码的数据计算复杂度约是解压缩的4倍,则属于非对称压缩。计算复杂度可以用算法处理一定量数据所需的基本运算次数来度量,如处理一帧有确定分辨率和颜色数的图像所需的加法次数和乘法次数。

通常在保证数据中信息质量的前提下,压缩与解压缩的计算复杂度越小越好。

（5）常用的数据压缩与解压缩算法

常用的数据压缩与解压缩算法可按照不同方式进行分类。

① 按压缩方法是否产生失真分类。按压缩方法是否产生失真,可分为无失真编码和失真编码。

a. 无失真编码也称无损压缩（可逆编码）,数据在压缩与解压缩过程中不会改变或损失,解压缩产生的数据是对原始数据的完整复制,其编码可逆。

b. 失真编码也称有损压缩（不可逆编码），数据在压缩与解压缩过程中会改变或损失，这种损失控制在一定的范围内不影响重现质量，解压缩产生的数据是对原始数据的部分复制与保留，其编码不可逆。

② 按照压缩方法的原理来分类。按照压缩方法的原理，可分为预测编码、变换编码、子带编码、信息熵编码和统计编码等。

a. 预测编码是针对空间与时间冗余的压缩方法。其基本思想是利用已被编码点的数据值来预测邻近像素点的数据值。

b. 变换编码是针对空间与时间冗余的压缩方法。其基本思想是将图像的光强矩阵（时域信号）变换到系数空间（频域信号），然后对系数进行编码；变换编码通常采用正交变换。

c. 子带编码又称分频带编码。其基本思想是将图像数据变换到频域后按频率分带，然后用不同的量化器进行量化，达到最优组合。

d. 信息熵编码根据信息熵原理，对出现概率大的符号用短码字表示，反之用长码字来表示，其目的是减少符号序列中的冗余度，提高符号的平均信息量。

e. 统计编码根据一幅图像像素值的统计情况进行编码压缩，也可先将图像按前述方法压缩，对所得的值加以统计，再进行压缩。

行程编码属于统计编码的一种，用一个符号值或串长代替具有相同值的连续符号（连续符号构成一段连续的"行程"，行程编码因此而得名），使符号长度短于原始数据的长度。例如，1111110000011100001111111的行程编码为（1，6）（0，5）（1，3）（0，4）（1，7）。可见，在数据排列有规律的情况下，行程编码的位数远远少于原始字符串的位数。行程编码分为定长行程编码和不定长行程编码两种类型。

算术编码属于统计编码的一种，其基本思想是将被编码的信息表示成[0，1]之间的一个间隔。信息越长，间隔就越小，编码所用的二进制位就越多。

哈夫曼编码属于统计编码的一种，哈夫曼（Huffman）于1952年根据香农1948年和范若（Fano）1949年阐述的编码思想提出一种不定长编码的方法。哈夫曼编码的基本方法是先对图像数据扫描一遍，计算出各种像素出现的概率，按概率的大小指定不同长度的唯一码字，由此得到一张该图像的哈夫曼码表。编码后的图像数据记录的是每个像素的码字，而码字与实际像素值的对应关系记录在码表。

定理：在变字长编码中，如果码字长度严格按照对应符号出现的概率大小逆序排列，则其平均码字长度为最小。

哈夫曼编码的具体方法：按出现概率大小排队；把两个最小的概率相加，作为新概率，和剩余概率重新排队；把最小的两个概率相加；重新排队，直到最后变成1。每次相加时都将0和1赋予相加的两个概率，读出时由该符号开始一直走到最后的1，将路线上所遇到的0和1按最低位到最高位的顺序排好，就是该符号的哈夫曼编码，如图1-1-1所示。

2. 超大规模集成电路制造技术

超大规模集成电路（very large scale integration，VLSI）是指在一块芯片上集成的元件数超过10万个，或门电路数超过万门的集成电路，即在几毫米见方的硅片上集成上万至百万晶体管、线宽在1 μm以下的集成电路。VLSI及其相关技术作为前沿技术，具有普遍的影响和作用，对国防建设、社会经济和科学技术水平的发展起着巨大的推动作用。

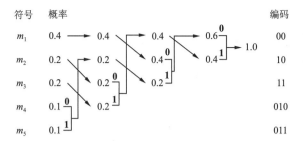

图1-1-1 哈夫曼编码方法

超大规模集成电路于20世纪70年代后期研制成功，主要用于制造存储器和微处理机。64k位随机存取存储器是第一代超大规模集成电路，约包含15万个元件，线宽为3 μm。VLSI集成度一直遵循"摩尔定律"以每18个月翻一番的速度急剧增加，目前一个芯片上集成的电路元件数已达到数千万乃至数十亿颗。这种发展趋势正在使VLSI在电子设备中扮演的角色从器件芯片转变为系统芯片（SOC）；与此同时，深亚微米的VLSI工艺特征尺寸已达到5 nm。在特征尺寸不断缩小、集成度和芯片面积及实际功耗不断增加的情况下，物理极限的逼近使影响VLSI可靠性的各种失效机理效应敏感度增强，设计和工艺中需要考虑和权衡的因素大大增加，剩余可靠性容限趋于消失，从而使VLSI可靠性的保证和提高面临巨大的挑战。因此，国际上针对深亚微米／超深亚微米VLSI主要失效机理的可靠性研究一直在不断深入，新的失效分析技术和设备不断出现，各集成电路制造厂商建立了自己的VLSI质量与可靠性保证系统，并且把针对VLSI主要失效机理的晶片级和封装级可靠性评价测试结构的开发和应用纳入其质量保证计划，可靠性模拟在可靠性设计与评估中的应用也日益增多。在进一步完善晶片级可靠性（wafer level reliability，WLR）、统计过程控制（statistical process control，SPC）和面向可靠性的实验设计方法（design of experiment，DOE）等可靠性技术的同时，在20世纪90年代提出内建可靠性（build-in reliability，BIR）的新概念，把相关的各种可靠性技术有目标地、定量地综合运用于VLSI的研发和生产过程，从技术和管理上构建VLSI质量与可靠性的保证体系，以满足用户对降低VLSI失效率、提高其可靠性水平越来越高的要求。

3. 大容量数据存储技术

（1）光盘存储技术

光盘（compact disc，CD）是指用聚焦氢离子激光束处理记录介质方法存储和再生信息的光学存储介质，又称激光光盘。

① 光盘存储器的分类。按照光盘性能的不同，光盘存储器主要分为以下几类：

a. 只读型光盘CD-ROM、DVD-ROM。CD-ROM主要技术源于激光唱盘，可存储650 MB的数据。CD-ROM、DVD-ROM盘片上的信息由厂家预先写入，用户只能读取信息，不能往盘片中写入信息。CD-ROM、DVD-ROM可以大量复制，且成本低廉。

b. 一次写入型光盘WORM。一次性写入光盘WORM可一次写入，多次读出。

c. 可擦除重写光盘E-R/W。此类光盘可以像磁盘一样多次写入与读出。根据可擦写光盘的记录介质的读、写、擦原理来分类，可分为相变型光盘PCD和磁光型光盘MOD两种类型。

d. 照片光盘Photo CD。照片光盘可存100张具有五种格式的高分辨率照片，可加上相应的解说词和背景音乐或插曲，成为有声电子图片集。Photo CD分为印刷照片光盘（print CD）和显示照片光盘（portfolio CD）。

　　e. 蓝光光盘。蓝光光盘（blu-ray disc，BD）是DVD（digital versatile disc，数字通用光盘）之后的下一代光盘格式之一，用于存储高品质的影音以及高容量的数据存储。蓝光光盘的命名是由于其采用波长405 nm的蓝色激光光束进行读写操作（DVD采用650 nm波长的红光读写器，CD则是采用780 nm波长）。一个单层蓝光光盘的容量为25 GB或27 GB，足够存储长达4 h的高解析影片。

　　② 光盘存储器技术指标。光盘存储器技术指标主要体现在以下几方面：

　　a. 存储容量。CD光盘一般为650 MB；DVD光盘有4 GB（DVD-5）、8.5 GB（DVD-9）、9.4 GB（DVD-10）和17 GB（DVD-18）。单层的蓝光光盘的容量为25 GB或27 GB，双层可达到46 GB或54 GB，可存储长达8 h的高解析影片，而容量为100 GB或200 GB的，分别是四层及八层。

　　b. 平均存取时间。平均存取时间是指计算机向光盘发出指令，到光盘驱动器在光盘上找到读写信息位置所花的时间。将光头沿径向移动全程1/3长度所用的时间称为平均寻道时间；盘片旋转一周所需时间的一半称为平均等待时间。

　　　　　　平均寻道时间+平均等待时间+光头的稳定时间=平均存取时间。

　　c. 数据传输率。数据传输率指光头定位以后，单位时间内从光盘上读出的数据位数。数据传输率与光盘的转速、位密度和道密度密切相关。CD-ROM的单倍速为150 kbit/s，DVD的单倍速为1.35 Mbit/s。

　　d. 误码率和平均无故障时间（mean time between failure，MTBF）。一般从未使用过的CD-ROM光盘的原始误码率为3×10^{-4}；有指纹的CD-ROM光盘的误码率为6×10^{-4}；有轻微划伤的CD-ROM光盘的误码率为5×10^{-3}；平均无故障时间一般可达到25 000 h。

　　（2）数码存储卡技术

　　数码存储卡是指采用半导体"闪存"作为存储介质的数字存储卡片。尽管各种存储卡外形规格不同，但其内部均采用半导体"闪存"（flash memory chip）作为存储介质，并在数码存储卡中集成了一些控制器实现通信、读写、擦拭工作。数码存储卡具有体积小巧、携带方便、使用简单的优点。同时，数码存储卡具有良好的兼容性，便于在不同数码产品间交换数据。随着技术的发展，数码存储卡存储容量读写速度不断提升，应用也快速普及，常用于手机、DC（数码相机）、DV（数字摄像机）、便携式计算机等数码产品的独立存储介质。

　　① 数码存储卡分类。常见的数码存储卡有CF卡、MMC卡、SD卡、SM卡、xD卡等。

　　a. CF卡（见图1-1-2）。CF（compact flash）卡是最早推出的数码存储卡，1994年由SanDisk公司推出。CF存储卡的部分结构采用强化玻璃及金属外壳。CF存储卡采用Standard ATA/IDE接口界面，配备专门的PCMCIA适配器，具有PCMCIA-ATA功能，并与之兼容。CF卡是一种固态产品，即工作时没有运动部件。CF卡采用闪存技术，是一种稳定的存储解决方案，不需要电池来维持其中存储的数据。对所保存的数据，CF卡比磁盘驱动器安全性和保护性更高，可靠性提高5～10倍，而且CF卡的用电量仅为小型磁盘驱动器的5%。多个CF卡合并到一起可形成SSD硬盘。与其他数码存储卡相比，CF卡单位容量的存储成本更低，速度更快。CF卡分为CF Type Ⅰ、CF Type Ⅱ两种类型。由于CF存储卡的插槽可以向下兼容，因此Type Ⅱ插槽可使用CF Type Ⅱ卡、CF Type Ⅰ卡。

图1-1-2　CF卡

b．MMC卡。MMC卡（multimedia card，多媒体卡）是Sandisk和西门子于1997年联手推出的数码存储卡。MMC卡主要由存储单元和智能控制器组成，设计为一种低成本的数据平台和通信介质，耐使用，可反复进行读写30万次。MMC卡可以分为MMC和SPI两种工作模式。MMC模式是默认的标准模式，具有MMC的全部特性。SPI模式是MMC协议的一个子集，主要用于使用小数量卡（通常是一个）和低数据传输率（和MMC协议相比）的系统，该模式把设计花费减到最小，其性能不如MMC模式。MMC卡接口设计为7针，其中3针用于电源供应，3针用于数据操作（SPI模式加1针用于选择芯片）。MMC卡技术已基本被SD卡代替。

c．SD卡（见图1-1-3）。SD卡（secure digital card）是日本松下公司、东芝公司、美国SanDisk公司共同开发的数码存储卡，于1999年8月首次发布。SD卡数据传送和物理规范由MMC发展而来，读写速度比MMC卡快4倍。SD接口保留MMC的7针接口，另外在两边加2针，作为数据线。SD卡最大的特点是通过加密功能，保证数据资料安全。

图1-1-3 SD卡

SD的衍生产品主要有两种：Mini SD卡与Micro SD卡。

Mini SD卡由松下和SanDisk于2003年共同开发。Mini SD卡的设计初始是为拍照手机而作，通过SD转接卡可作为一般SD卡使用。Mini SD卡的容量为16 MB～8 GB，MiniSDHC卡的容量达4 GB、16 GB、32 GB等。

Micro SD卡应用于超小型存储卡产品上，SD协会率先将T-flash纳入其家族并命名为Micro SD，用来替代Mini SD的地位。

d．MS卡，即Memory Stick（记忆棒），采用精致醒目的蓝色或黑色外壳，具有写保护开关，主要运用于Sony产品。和很多Flash Memory存储卡不同，Memory Stick规范是非公开的，没有标准化组织。MS卡采用Sony的外形、协议、物理格式和版权保护技术，若使用该规范就必须和Sony谈判签定许可。Memory Stick包括控制器在内，采用10针接口，数据总线为串行。Sony独立针槽的接口易于从插槽中插入或抽出，不会轻易损坏；针与针不会互相接触，可以降低发生误差的可能性，使资料传送更可靠；同时比插针式存储卡更容易清洁。由Memory Stick所衍生出来的Memory Stick Pro和Memory Stick Duo是索尼记忆棒向高容量和小体积发展的产物。

e．SM卡。SM卡最早由东芝公司推出，将存储芯片封装起来，自身不包含控制电路，所有的读写操作完全依赖于使用它的设备。由于结构简单可做得很薄，便携性方面优于CF卡。兼容性差是其最大的缺点。

f．xD卡。xD卡是继上面几种存储卡而后生的存储卡产品，是富士胶卷和奥林巴斯光学工业为SM卡开发的后续产品，专为富士和奥林巴斯数码相机而设计。它的特点是体积更小、容量更大。

② 数码存储卡的主要技术指标。数码存储卡的主要技术指标包括容量、数据读取速度、数据写入速度、接口针数、响应时间等。容量目前主要有32 GB、64 GB、128 GB、256 GB等类型。读取速度主要有20 MB/s、30 MB/s、90 MB/s等多种规格。接口针数主要有MMC卡7针、SD卡9针、MS卡10针、xD卡18针、SM卡22针、CF卡50针，见表1-1-1。

表1-1-1 常见数码存储卡的主要技术指标

类　　型	MMC卡	SD卡	MS卡	xD卡	SM卡	CF卡	
						TypeI	TypeII
长/mm	32	32	50	25	45	43	43
宽/mm	24	24	21.5	20	37	36	36
高/mm	1.4	2.1	0.82	1.7	0.76	3.3	5
工作电压/V	2.7~3.6	2.7~3.6	2.7~3.6	3.3~5	3.3、5	3.3、5	3.3、5
接口/针	7	9	10	18	22	50	

随着技术的进步，各种存储卡的技术参数也在发生很大的变化。以SD卡为例，根据不同的规范SD有不同的技术参数。按SD 1.0规范（现已不用），以CD-ROM的150 KB/s为1倍速的速率来计算，普通的SD卡的读写速度比CD-ROM快6倍（900 KB/s），高速SD卡则达到10 MB/s以上的速度。按SD 2.0的规范，对SD卡的速度分级方法为Class2、Class4、Class6和Class 10四个等级。按SD 3.01规范的SD卡称为超高速卡，速率定义为UHS-I和UHS-II。其中UHS-I卡的速度等级分为UHS-Class0和UHS-Class1。另外，SD卡容量目前有三个级别：SD、SDHC、SDXC。SD（磁盘格式FAT 12、FAI 16）容量有256 MB、512 MB、1 GB、2 GB。SDHC（磁盘格式FAT32）容量有4 GB、8 GB、16 GB、32 GB。SDXC（磁盘格式exFAT）容量有32 GB、64 GB、128 GB、256 GB、512 GB、1 TB、2 TB等。

需要说明的是，存储卡的读取速度与写入速度往往不同，通常读取速度高于写入速度，品质较高的存储卡往往是写入速度较高，达90 MB/s以上。

4.　实时多任务操作系统技术

实时多任务操作系统（real time multi-tasking operation system，RTOS）是嵌入式应用软件的基础和开发平台。RTOS是一段嵌入在目标代码的软件，可提供一个可靠性和可信性很高的实时内核，将CPU时间、中断、I/O、定时器等资源包装起来，留给用户一个标准的应用程序编程接口（application programming interface，API），并根据各个任务的优先级，在不同任务之间合理分配CPU时间。RTOS是针对不同处理器优化设计的高效率实时多任务内核，基本功能包括任务管理、定时器管理、存储器管理、资源管理、事件管理、系统管理、消息管理、队列管理、旗语管理等。这些管理功能通过内核服务函数形式交给用户调用，优秀的RTOS可面对几十个系列的嵌入式处理器（如MPU、MCU、DSP、SOC等）提供类同的API接口，这是RTOS基于设备独立的应用程序开发基础。在RTOS基础上可编写各种硬件驱动程序、专家库函数、行业库函数、产品库函数等，因此RTOS又是一个软件开发平台。

RTOS的引入解决了嵌入式软件开发标准化的难题。由于执行标准的应用程序编程接口，RTOS的引入对标准化嵌入式软件和加速知识创新提供了坚实基础。RTOS可支持从8 bit的8051到32 bit的PowerPC及DSP等几十个系列的嵌入式处理器。同时，基于RTOS开发的程序具有较高的移植性，一些成熟的通用程序可作为专家库函数产品推向社会，促进行业交流及社会分工专业化，减少重复劳动，提高知识创新的效率。

由苹果公司开发的操作系统互联网操作系统（internetwork operating system，iOS）主要用于iPhone、iPod touch、iPad、Apple TV等设备，是RTOS的一种。iOS与Mac OS X操作系统一样以Darwin为基础开发。iOS系统架构分为四个层次：核心操作系统（the core os layer）、核心服务层（the core services layer）、媒体层（the media layer）、可轻触层（the cocoa touch layer）。

系统操作占用约240 MB内存空间。Android（安卓）也是RTOS中的一种，是以Linux为基础的开放源码操作系统，主要用于便携设备。Android操作系统由Andy Rubin开发，最初用于手机；2005年由Google收购注资，并联合多家制造商组成开放手机联盟开发改良，逐渐扩展到平板计算机等领域。2019年华为HarmonyOS（鸿蒙）问世，该系统是面向万物互联时代的全场景分布式操作系统。

1.1.5 多媒体技术的应用

1. 在教育与培训方面的应用

随着经济的发展，很多学校配备了多媒体电子课室，多媒体技术以全方位的感观效果、灵活的使用手段、大容量的信息交流等独特的优势，推动教育教学改革，对教学效果的提高起到不可替代的作用。

多媒体技术使教材由原来单一的纸质教材向多媒体教材方向发展，网络课程的建设与推广应用，使学习者获取信息的方式发生重大变化，文字、图形、图像、音频、视频、动画等以形象直观、信息量丰富等优势融入教材体系，使教材建设向多维化方向发展。利用多媒体技术可将文本、图形、图像、音频、视频、动画等素材编制出计算机辅助教学（computer assisted instruction，CAI）资源，丰富课堂与网络教学资源。目前，微课、慕课正在迅速普及，促进交互式远程教学的发展，使教育的表现形式日趋多样化。

2. 在通信方面的应用

多媒体技术在通信方面的应用主要包括可视电话、视频会议、信息点播（information demand）、计算机协同工作（computer supported cooperative work，CSCW）等。

信息点播包括桌上多媒体通信系统和交互式电视。通过桌上多媒体信息系统，人们可以远距离点播所需信息。通过交互式电视用户可主动与电视进行交互，在电视台节目库中选取所需的信息。

计算机协同工作是指在计算机支持的环境中，一个群体协同工作以完成一项共同的任务。其可应用于工业产品的协同设计制造、远程会诊，不同地域位置的同行进行学术交流，以及师生间的协同式学习等。

计算机的交互性、通信的分布性和多媒体的现实性相结合，构成继电报、电话、传真之后的第四代通信手段。

3. 虚拟现实

虚拟现实（virtual reality，VR）技术是一种运用计算机系统与传感器创建虚拟世界，并能逼真模拟人在实际环境中视觉、听觉、运动等行为的高级人机交互技术。虚拟现实技术利用多媒体计算机和高级传感装置创造场景，用户借助数据头盔、数据手套、显示眼镜等虚拟现实硬件，置身于一个模拟的、富有真实感的虚拟场景。虚拟现实技术于20世纪80年代末90年代初崛起。

虚拟现实是计算机模拟的三维环境，是一种可以创建和体验虚拟世界（virtual world）的计算机系统。虚拟环境由计算机生成，通过视觉、听觉、触觉等作用于用户，使之产生身临其境的感觉。虚拟现实技术是一门涉及计算机、图像处理与模式识别、语音和音响处理、人工智能技术、传感与测量、仿真、微电子等技术的综合集成技术。用户可以通过计算机进入这个环境，操纵系统中的对象并与之交互。三维环境下的实时性和可交互性是其主要特征。

虚拟现实技术研究内容包括：①人与环境的融合技术，包括高分辨率立体显示器、方位跟踪系统、手势跟踪系统、触觉反馈系统、声音定位与跟踪系统、本体反馈的研究。②物体对象的仿真技术，包括几何仿真、物理仿真、行为仿真的研究。③VR图像生成技术及高效快速生成体系图技术。④实时处理及并发处理的多维信息表示技术。⑤高性能的计算机图形处理硬件研究。⑥分布式虚拟环境和基于网络环境的虚拟现实研究。

虚拟现实系统按其功能不同，可分为三种类型：简易型虚拟现实系统、沉浸型虚拟现实系统、共享型虚拟现实系统。

4. 在其他方面的应用

利用多媒体技术可为各类咨询提供服务，如旅游、邮电、交通、商业、金融、宾馆等。多媒体技术还改变了家庭生活，使人们在家办公成为现实。多媒体技术给出版业也带来了巨大影响，近年来出现的电子图书和电子报刊就是应用多媒体技术的产物。

1.2 多媒体计算机系统的层次结构

多媒体计算机系统是多种信息技术的集成，是把多种技术综合应用到一个计算机系统，实现多媒体数据输入、编辑、输出等多种功能的计算机系统。一个完整的多媒体计算机系统，按组成和实现的功能，结构可分为五个层次，自上到下依次为多媒体应用系统、多媒体作品创作工具、多媒体应用程序接口、多媒体软件系统、多媒体硬件系统，如图1-2-1所示。

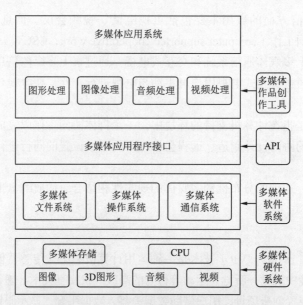

图1-2-1 多媒体计算机系统的层次结构

1.2.1 多媒体计算机硬件系统

多媒体计算机硬件系统是指组成多媒体计算机系统的物理设备，如图1-2-2所示。

多媒体计算机硬件系统的核心是综合处理多种媒体信息的计算机，它可以是一台工作站，也可以是一台高性能的个人计算机（personal computer，PC）。以PC作为主机，配以必要的多媒体设备、多媒体操作系统及相关软件，可构成一台多媒体个人计算机（multimedia personal computer，MPC）。

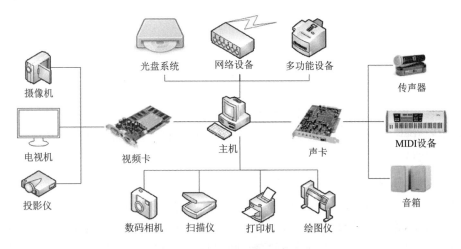

图1-2-2　多媒体计算机硬件系统

多媒体计算机硬件系统主要包括：①多媒体主机，如MPC、工作站、超级微机等。②多媒体输入设备，如摄像机、传声器、扫描仪、光驱、声音输入/输出设备、视频输入/输出设备、多媒体通信传输设备等。③多媒体输出设备，如打印机、绘图仪、音响、音箱、录音机、显示器等。④多媒体存储设备，如硬盘、可重写式光盘、各类存储卡等。⑤多媒体功能卡，如视频卡、声卡、显卡、压缩卡、家电控制卡、通信卡等。⑥操纵控制设备，如鼠标、操纵杆、键盘、触摸屏等。

1.2.2　多媒体计算机软件系统

多媒体计算机软件系统是指管理多媒体计算机软件与硬件系统资源、控制计算机运行的程序、命令、指令和数据，包括多媒体操作系统、多媒体文件系统和多媒体通信系统等系统级软件。

多媒体操作系统负责控制和管理计算机的多媒体软硬件资源，并对各种资源进行合理调度和分配，最大限度地发挥计算机的效能，改善工作环境，向用户提供友好的人机交互界面。多媒体操作系统具有综合使用各种媒体的能力，能调度多种媒体数据并能进行相应的传输和处理，且使各种媒体硬件和谐工作。它负责多媒体环境下多任务的调度，保证音频、视频同步控制，信息处理的实时性，提供多媒体信息的各种基本操作和管理；具有对设备的相对独立性与可扩展性。目前微型计算机常用的多媒体操作系统有微软公司的Windows、苹果公司的Mac OS等。

多媒体文件系统是指对多媒体文件存储器空间进行组织和分配，负责多媒体文件的存储并对存储文件进行保护和检索的系统。多媒体文件系统的主要功能是：①建立多媒体文件。②存入、读出、修改、转储多媒体文件。③控制多媒体文件的存取。④当用户不再使用时撤销多媒体文件。

多媒体通信系统是指实现多媒体信息通信的系统，即在通信过程中能同时提供文本、图形、图像、音频、视频、动画等多种媒体信息通信的系统。

1.2.3　多媒体应用程序接口

多媒体应用程序接口（application programming interface，API）是指一些预先定义的函数。

这些函数提供使用者无须访问源码或理解计算机内部工作机制，就可直接调用系统硬件与软件的功能。本质上API是操作系统留给应用程序的一个调用接口，应用程序通过调用操作系统的API而使操作系统去执行应用程序命令。如微软公司推出的Direct X程序设计工具，可方便程序员直接使用操作系统的函数库，将Windows系统变成一个集声音、视频、图形、动画于一体的增强平台。

1.2.4 多媒体作品创作工具

多媒体作品创作工具是指在多媒体操作系统支持下，利用图形图像编辑软件、视频编辑软件、音频编辑软件、动画制作软件等编辑与制作多媒体素材，并在相应软件中集成多媒体作品的软件。常用的多媒体作品创作工具主要包括以下四种类型：

1. 以时间为基础的多媒体创作工具

以时间为基础的多媒体创作工具，提供了可视的时间轴，各种对象和事件利用时间轴线组织，通过时间轴控制事件播放顺序和对象显示时段。时间轴包含多个通道，可安排多种对象同时呈现。该类创作工具可编辑或控制跳转到时间轴的任何位置，从而增加多媒体作品的导航和交互控制。以时间为基础的多媒体创作工具典型产品有万彩动画大师、会声会影、Adobe Animate等。

2. 以图标为基础的多媒体创作工具

以图标为基础的多媒体创作工具提供了图标和流程线。图标用于存储和控制媒体信息，创作多媒体作品时，根据设计将不同类型的图标放置在创作工具提供的流程线，并对图标进行编辑，如添加多媒体素材、设置素材的显示属性等，形成多媒体作品。使用图标与流程线构造程序，多媒体素材的呈现次序以流程线为依据，这类创作工具代表有Authorware、IconAuthor。

3. 以页式或卡片为基础的多媒体创作工具

以页式或卡片为基础的多媒体创作工具提供一种可将对象连接于页面或卡片的工作环境。一页或一张卡片便是数据结构中的一个节点，可将页面或卡片连接成有序的序列。这类多媒体创作工具是以面向对象的方式来处理多媒体元素，这些元素用属性来定义，用剧本来规范，允许播放声音元素以及动画和数字化视频节目，在结构化的导航模型中，可以根据命令跳至所需的任何一页，形成多媒体作品。这类创作工具主要有iebook、PowerPoint、Focusky等。

4. 以传统程序语言为基础的创作工具

以传统程序语言为基础的创作工具如Visual C++、Java等，可以通过编程组织管理多媒体素材，创作出多媒体作品。其缺点是需要大量编程，可重用性差，不便于重新组织和管理多媒体素材，且调试困难。

1.2.5 多媒体应用系统

多媒体应用系统是指根据多媒体系统终端用户要求而定制的多媒体应用软件。该类软件直接面向用户，为满足用户的各种需求而设计制作，通常是面向某一领域的用户定制的应用软件系统。多媒体应用系统是由各种应用领域的专家或开发人员，利用多媒体开发工具软件或计算机语言，组织编排的多媒体作品。

1.3　多媒体素材分类

多媒体应用软件中需要用到大量的文本、声音、图形、图像、动画、视频等数据，这些数据称为多媒体素材。多媒体素材的采集与编辑工作一般包括：素材形式及其获取方式的选择，素材的采集与编辑，对已编辑好的素材文件进行统一、规范化的管理。多媒体作品中常用的素材类型主要包括文本、音频、图形、图像、动画和视频。

1.3.1　文本

文本是指字母、数字和符号。与其他媒体相比，文本是最容易处理、占用存储空间最少、最方便利用计算机输入和存储的媒体。文本显示是多媒体教学软件中非常重要的一部分，多媒体教学软件中概念、定义、原理的阐述，问题的表述，标题、菜单、按钮、导航的呈现等都离不开文本信息。文本是准确有效传播信息的重要媒体元素，是一种最常用的媒体元素。文本类文件的格式及特点如下：

1.　TXT文本

TXT文本是纯文本文件，文件扩展名为.txt。文本文件不包含文本格式设置，即文件里没有字体、大小、颜色、位置等格式化信息。所有文字编辑软件和多媒体集成工具软件均可直接调用TXT文件。Windows系统的"记事本"是支持TXT文本编辑和存储的工具之一。

2.　DOC文档

DOC文档是Word字处理软件所使用的文件格式，其文件扩展名为.doc，2007版及其后发行的Word文档默认扩展名为.docx。微软的DOC文档是一种专属格式，可容纳较多文字格式、脚本语言及复原等信息。但因为该格式属于封闭格式，因此兼容性较差。

3.　WPS文件

WPS文件是中文字处理软件WPS的格式，文件扩展名为.wps。其中包含特有的换行和排版信息，被称为格式化文本，只能在特定WPS编辑软件中使用。

4.　RTF文本

RTF（rich text format，富文本格式）文本是带格式的纯文本文件，文件扩展名为.rtf。RTF文本是微软公司开发的跨平台文档格式，以纯文本描述内容，能够保存各种格式信息，可用写字板、Word等创建。大多数文字处理软件能读取和保存RTF文档。Windows系统的"写字板"是支持RTF文本编辑和存储的工具之一。

1.3.2　图形

图形又称矢量图形或矢量图。图形通过一组指令集来描述构成图形的图形元素的颜色、形状、轮廓、大小和位置。其中图形元素包括直线、圆、圆弧、矩形、曲线等。显示时需要专门的软件读取这些指令，并将其转变为屏幕上可显示的形状和颜色。图形根据几何特性来绘制图形，矢量可以是一个点或一条线，图形靠软件生成，因为这种类型的图像文件包含独立的分离图像，可以自由无限制地重新组合。

图形的特点是放大后图像不会失真，和分辨率无关，文件占用空间较小；缺点是色彩不够丰富。图形适用于图形设计、文字设计、标志设计、版式设计和工程制图等。不同类型的图形文件格式及特点如下：

1. WMF

WMF（windows metafile，图元文件）是Windows平台下的图形文件格式，如Microsoft Office的剪贴画等，文件扩展名为.wmf。目前，其他操作系统如UNIX、Linux等尚不支持这种格式。

WMF文件主要特点是：①和设备无关，即它的输出特性不依赖具体输出设备。②图像完全由Win32 API所拥有的GDI函数来完成。③文件所占的磁盘空间比其他格式的图形文件小。④建立图元文件时，不能实现即画即得，而是将GDI调用记录到图元文件，之后在GDI环境中重新执行显示图像。⑤显示图元文件的速度比显示其他格式的图像文件慢，但形成图元文件的速度要远快于其他格式。

2. EMF

EMF（enhanced metafile，增强性图元文件）格式是原始WMF格式的32位版本，文件扩展名为.emf。EMF格式的创建目的是解决WMF格式从复杂的图形程序中打印图形时出现的不足，是设备独立性的一种格式，即EMF可始终保持图形的精度，而无论用打印机打印出何种分辨率的硬拷贝。当打印任务发送到打印机后，如果正在打印另一个文件，计算机会读取新文件并存储它，通常是存储于硬盘或内存，用于稍后时间打印。

3. CDR

CDR属于CorelDRAW专用图形文件存储格式，文件扩展名为.cdr。CDR文件可用CorelDRAW进行重新编辑与排版，它广泛应用于商标设计、标志制作、模型绘制、插图描画、排版等诸多领域。

1.3.3 图像

图像又称位图，是指由描述图像中各个像素点的亮度与颜色、饱和度的数位集合组成的图。生成图像的方法有照相机拍摄、用画图软件工具绘制的画面。其特点是用指定的颜色画出每个像素点来生成一幅图。图像适合表现比较细致、层次和色彩比较丰富、包含大量细节的图像；缺点是图像放大后会失真。常见的图像文件格式及特点如下：

1. BMP

BMP（bitmap，位图）是Windows标准格式图像文件，BMP文件将图像定义为由点（像素）组成的画面，每个点可由多种色彩表示，包括2位、4位、8位、16位、24位和32位色彩，文件扩展名为.bmp。BMP一般不使用压缩方法，因此BMP格式的图像文件较大，特别是具有24位（2^{24}种颜色）的真色彩图像。由于BMP图像文件的无压缩特点，在多媒体作品制作中，通常不直接使用BMP格式的图像文件，只是在图像编辑和处理的中间过程使用它保存最真实的图像效果，编辑完成后再转换成其他图像文件格式，应用到多媒体项目制作。

2. GIF

GIF（graphics interchange format，图像交换格式）是一种基于LZW算法的连续色调的无损压缩格式。其压缩率一般为50%，文件扩展名为.gif。GIF文件具有以下特点：①支持256色以内的图像。②采用无损压缩存储，在不影响图像质量的情况下，可生成小文件。③支持透明色，可使图像浮现在背景之上。④可容纳多张图片并顺序播放产生动画，即GIF动画。

3. PNG

PNG（portable network graphics，可移植网络图形）图像使用从LZ77派生的无损数据压缩算法，文件扩展名为.png。PNG格式图像采用无损压缩算法，很好地保留了原来图像中的每个像素，具有压缩比高、生成文件容量小的特点，并提供了类似于GIF文件的透明和交错效果，如Photoshop中存储为该格式的图像可去除背景；它支持使用24位色彩，可以使用调色板的颜色索引功能。PNG常用于Java程序、网页、S60程序等。

4. JPG

JPG文件采用JPEG（joint photographic experts group，联合图像专家组）国际标准对图像进行压缩存储，文件扩展名为.jpg。JPG图像文件格式采用的顺序式编码（sequential encoding）、递增式编码（progressive encoding）、无失真编码（lossless encoding）、阶梯式编码（hierarchical encoding）算法在对数字图像进行压缩时，可保持较好的图像保真度和较高的压缩比。JPG文件可根据需要选择文件的压缩比，当压缩比为16∶1时，获得的压缩图像效果几乎与原图像难以区分；当压缩比达到48∶1时，仍可以保持较好的图像效果，仔细观察图像的边缘可以看出不太明显的失真。JPG图像格式是目前应用范围非常广的一种图像文件格式。这种格式的优点是文件小，压缩比可调；缺点是文件显示较慢，图像边缘略有失真。它支持灰度图像、RGB真彩色图像和CMYK真彩色图像。

1.3.4 音频

音频是指通过听觉器官感知的媒体素材，通常包括语音、音效、音乐三种形式。语音是指人们讲话的声音。音效是指特殊的声音效果，如雨声、铃声、机器声、动物叫声等，它可以从自然界中录音，也可以采用特殊方法人工模拟制作。音乐狭义上是指通过器乐等演奏出的富有优美旋律的声音。

按记录声音的方式，音频又可分为波形声音、MIDI和CD音乐。

常见的音频文件格式及特点如下：

1. WAV

WAV（wave）文件是波形音频文件格式，是微软公司开发的声音文件格式，文件扩展名为.wav。它符合资源互换文件格式（resource interchange file format，RIFF）文件规范。RIFF文件是Windows环境下大部分多媒体文件遵循的一种文件结构，被Windows平台及其应用程序所广泛支持。

WAV文件格式支持MSADPCM等多种压缩运算法，支持多种采样位数、采样频率和声道数。声音文件的采样位数主要有8 bit、16 bit两种；采样频率一般有11 025 Hz（11 kHz）、22 050 Hz（22 kHz）和44 100 Hz（44 kHz）三种。标准格式化的WAV文件和CD格式一样，取样频率44 100 Hz，16位量化数字，因此其声音文件质量和CD相近。WAV声音的质量高，但文件大。其文件大小的计算方式为：WAV格式文件所占容量（KB）=（取样频率×量化位数×声道）×时间 / 8，每1 min WAV格式的音频文件的大小为10 MB，其大小不随音量大小及清晰度的变化而变化。

2. MIDI

MIDI（musical instrument digital interface，乐器数字接口）文件是一种描述性的"音乐语言"，将所要演奏的乐曲用一系列带时间特征的指令串进行描述，记录音乐行为，文件扩展名为.mid。MIDI文件存储与传输的是数值形式的指令，如音符、控制参数等指令，指示MIDI设备做什么、怎么做，如演奏哪个音符、多大音量、多长时间等。MIDI系统实际是一个作曲、配器、电子模拟的演奏系统，当MIDI文件传送到MIDI播放设备时，MIDI设备按MIDI信息的指令，指挥电子合成器、电子节奏机和其他电子音源与序列器，模拟演奏出音色变化的音响效果。MIDI数据依赖设备，即MIDI音乐文件产生的声音取决于放音的MIDI设备。

MIDI文件对存储容量的要求比波形文件小。30 min的立体声音乐，若用波形文件无压缩录制，约需300 MB存储量；用MIDI录制仅需200 KB左右，两者相差1 500多倍。与波形文件相比，MIDI的编辑方便灵活，可任意修改曲子的速度、音调，也可改用不同的乐器等。

MIDI原是电子音乐设备和计算机的通信标准，它由电子乐器制造商建立，用以确定计算机音乐程序、合成器和其他电子音响设备互相交换信息与控制信号的方法。

3. MP3

MP3是以MPEG（moving picture experts group，运动图像专家组）Layer 3标准压缩编码的一种音频文件格式，文件扩展名为.mp3。MPEG-1声音压缩编码是国际上第一个高保真声音数据压缩的国际标准，它分为三个层次：层1（Layer 1）：编码简单，用于数字盒式录音磁带，2声道，所需频宽384 kbit/s，压缩率4∶1；层2（Layer 2）：算法复杂度中等，用于数字音频广播（DAB）和VCD等，所需频宽256~192 kbit/s，压缩率 8∶1~6∶1；层3（Layer 3）：即MP3，编码复杂，用于互联网上的高质量声音的传输，所需频宽128~112 kbit/s，压缩率12∶1~10∶1。通过计算可知，1 min CD音质（44 100 Hz，16 bit，2Stereo，60 s）的WAV文件需要10 MB左右的存储空间，经过MPEG Layer 3格式压缩编码后，可以压缩到1 MB左右，其音色和音质还可保持基本完整而不失真。

4. CDA

CDA（compact disc audio track，CD音轨）文件扩展名为.cda。一个CD音频文件对应一个*.cda文件，这只是一个索引信息，并不包含声音信息，其声音数据存放于光盘的数据区。所以，不论CD音乐的长短，计算机上看到的"*.cda"文件都是44字节长。

标准CD格式是44 100 Hz的采样频率，速率为88 000 s，16位量化位数，CD音轨近似无损，因此它的声音基本上接近于原声。不能直接复制CD格式的CDA文件需要使用Adobe Audition等抓音轨软件把CD格式的文件转换成WAV、MP3等格式，存储到存储器。

5. AAC

AAC（advanced audio coding）文件扩展名为.aac，是一种MP3基础上发展而来、专为声音数据设计的文件压缩格式。与MP3不同，AAC采用全新的高压缩比音频压缩算法进行编码，通常压缩比为18∶1，具有更高的性价比。利用AAC格式，可在人感觉声音质量没有明显降低的前提下，使得文件容量更加小巧。AAC文件支持多达48个音轨、15个低频音轨、更多种采样率和比特率、多种语言的兼容能力、更高的解码效率。AAC文件采样率达96 kHz，在320 kbit/s的数据速率下能为5.1声道音乐节目提供相当于ITU-R广播的音频品质。

1.3.5 视频

视频（video）是由连续画面组成的自然景物的动态图像，是对自然景象的摄录或记录。视频文件是由一组连续播放的数字图像和一段随连续图像同时播放的数字伴音共同组成的多媒体文件。其中每一幅图像称为一帧（frame），随视频同时播放的数字伴音简称"伴音"。当图像以24帧/s以上速度播放时，由于人眼的视觉暂留作用，可看到画面连续的视频。视频一般分为模拟视频和数字视频，传统电视、录像带使用的是模拟视频信息。多媒体素材中的视频是指数字视频，如光盘中存储的是经过采样、量化、编码压缩生成的数字视频信息。

Web中的视频——流媒体（streaming media）。流媒体是指实时传送视频、音频、动画等媒体文件，支持边传送边播放的媒体传输技术。广义上，流是使音频和视频形成稳定和连续的传输流和回放流的一系列技术、方法和协议的总称，习惯上称为流媒体系统；狭义上，流是相对于传统的下载——回放（download-playback）而言的一种适合流式传输的媒体文件格式，即将携带流媒体的数据包称为流。用户从Internet获取多媒体流，可边接收边播放，无须播放前下载完文件。多媒体网页的制作中，流媒体已成为一种重要的多媒体文件格式，采用流技术的网页欣赏音乐或视频时，可边下载边播放。

视频采集卡是将模拟视频信号在转换过程中压缩成数字视频，并以文件形式存入计算机硬盘的设备。将视频采集卡的视音频输入端与视音频信号的输出端（如摄像机、录像机、影碟机等）连接之后，就可以采集捕捉到的视频图像和音频信息。随着技术的进步，目前流行的很多以闪存为存储介质的数码摄像机的视频采集，可以通过USB接口直接复制到计算机硬盘，无须视频信号采集卡。

视频文件格式及特点如下：

1. AVI

AVI（audio video interleave，音频视频交错）是Microsoft公司开发的一种伴音与视频交叉记录的视频文件格式，文件扩展名为.avi。AVI文件中，视像和伴音分别存储，并且伴音与视频数据交织存储，播放时可获得连续信息。这种视频文件格式灵活，与硬件无关，可在Windows环境下使用。AVI文件与WAV文件密切相关，因为WAV文件是AVI文件中伴音信号的来源，伴音的基本参数是WAV文件格式的参数。

2. VOB

VOB（video object，视频对象）是DVD视频文件存储格式，文件扩展名为.vob。DVD视频对象文件用来保存MPEG-2格式的音频和视频数据，这些数据不仅包含影片本身，而且包括菜单和按钮用的画面以及多种字幕的子画面流，即包含多路复合的MPEG-2视频数据流、音频数据流（通常以AC3格式编码）、字幕数据流。

3. DAT

DAT（digital audio tape，数码音频磁带）是VCD视频文件存储格式，文件扩展名为.dat。用计算机打开VCD光盘，可看到Mpegav文件夹，其中包括Music01.dat或Avseq01.dat文件。通常DAT文件由VCD刻录软件将符合VCD标准的MPEG-1文件自动转换生成。

4. MPEG文件

MPEG（moving pictures experts group/motion pictures experts group，动态图像专家组）是以MPEG标准压缩的全屏幕运动视频文件格式，其文件扩展名是.mpg。MPEG标准的视频压缩编码技术主要利用具有运动补偿的帧间压缩编码技术以减小时间冗余度，利用DCT技术以减小图像的空间冗余度，利用熵编码在信息表示方面减小统计冗余度。该专家组建于1988年，专门负责为CD建立视频和音频标准，成员是视频、音频及系统领域的技术专家。之后，他们成功地将声音和影像的记录脱离传统的模拟方式，建立ISO/IEC 1172压缩编码标准，并制定出MPEG格式，令视听传播方面进入数码化时代。MPEG标准主要有MPEG-1、MPEG-2、MPEG-4、MPEG-7及MPEG-21等。现时泛指的MPEG-X版本，是由ISO（international organization for standardization）所制定而发布的视频、音频、数据压缩标准。

MPEG-1标准制定于1992年，为工业级标准而设计，采用基于帧的编码理念。可适用于不同带宽的设备，如CD-ROM、Video-CD、CD-I。它可针对SIF标准分辨率（对于NTSC制为352×240；对于PAL制为352×288）的图像进行压缩，传输速率为1.5 Mbit/s，每秒播放30帧，具有CD音质，质量级别基本与VHS相当。MPEG-1的编码速率为4～5 Mbit/s，但随着速率的提高，其解码后的图像质量有所降低。MPEG-1也被用于数字电话网络上的视频传输，如非对称数字用户线路（ADSL）、视频点播（VOD）以及教育网络等。

MPEG-2标准制定于1994年，采用基于帧的编码理念。设计目标是高级工业标准的图像质量以及更高的传输率。MPEG-2传输率为3～10 Mbit/s，其在NTSC制式下的分辨率可达720×486，MPEG-2能够提供广播级的视像和CD级的音质。MPEG-2的音频编码可提供5.1及7.1声道，可多达七个伴音声道。由于MPEG-2设计时的巧妙处理，使得大多数MPEG-2解码器可播放MPEG-1格式数据。同时，由于MPEG-2的出色性能表现，已能适用于HDTV，使得原打算为HDTV设计的MPEG-3还没出世就被抛弃（MPEG-3要求传输速率在20～40 Mbit/s间，但这将使画面有轻度扭曲）。除了作为DVD的指定标准外，MPEG-2还可用于为广播、有线电视网、电缆网络、卫星直播（direct broadcast satellite）提供广播级的数字视频。

MPEG-4标准于1995年7月开始研究，1998年11月被ISO/IEC批准为正式标准，正式标准编号为ISO/IEC 14496，它不仅针对一定比特率下的视频、音频编码，而且更加注重多媒体系统的交互性和灵活性。这个标准主要应用于视像电话、视像电子邮件等，分辨率为176×144，对网络要求较低，传输速率在4 800～6 400 bit/s之间。MPEG-4利用很窄的带宽，通过帧重建技术、数据压缩，以求用最少的数据获得最佳的图像质量。MP4视频全称MPEG-4 Part 14，是一种使用MPEG-4格式压缩的多媒体文档格式，以存储数码音频及数码视频为主，采用基于对象的编码理念，扩展名为.mp4。

MPEG-7标准于1996年10月开始研究。MPEG-7并不是一种压缩编码方法，其正式名称叫"多媒体内容描述接口"，目的是生成一种用来描述多媒体内容的标准。这个标准将对信息含义的解释提供一定的自由度，可以被传送给设备和计算机程序，或被设备或计算机程序查取。MPEG-7并不针对某个具体应用，而是针对被MPEG-7标准化了的图像元素，这些元素将支持尽可能多的各种应用。建立MPEG-7标准的出发点是依靠众多的参数对图像与声音实现分类，并对它们的数据库实现查询。MPEG-7可应用于数字图书馆，如图像编目、音乐词典等；多媒体查询服务，如电话号码簿等；广播媒体选择，如广播与电视频道选取；多媒体编辑，如个性化的电子新闻服务、媒体创作等。

MPEG-21标准是1999年10月MPEG会议上提出的"多媒体框架"概念，同年12月的MPEG会议确定了MPEG-21的正式名称为"多媒体框架"或"数字视听框架"。MPEG-21标准是一些关键技术的集成，通过这种集成环境对全球数字媒体资源进行增强，实现内容描述、创建、发布、使用、识别、收费管理、版权保护、用户隐私权保护、终端和网络资源撷取及事件报告等功能。制定目的：①将不同的协议、标准和技术等有机融合在一起。②制定新的标准。③将这些不同的标准集成在一起。

5. RM

RM（real media，实媒体）又称流格式文件，扩展名是.rm。RM文件是RealNetworks公司开发的一种流媒体视频文件格式，可根据网络数据传输的不同速率制定不同的压缩比率，从而实现低速率的Internet上进行视频文件的实时传送和播放。RM采用实时流（streaming）技术，把文件分成许多小块，像工厂里的流水线一样下载。它主要包含实时音频（realaudio）、实时视频（realvideo）、矢量动画（realflash）三部分。其中realaudio用来传输接近CD音质的音频数据，realvideo用来传输不间断的视频数据，realflash则是RealNetworks公司与Adobe公司联合推出的一种高压缩比的动画格式。

6. WMV

WMV（windows media video，窗口媒体视频）是微软推出的一种流媒体格式，文件扩展名为.wmv。在同等视频质量下，WMV格式的体积小，适合网络播放和传输。

7. FLV

FLV（flash video，Flash视频）流媒体格式的文件扩展名为.flv。FLV文件体积小巧，1 min清晰的FLV视频容量为1 MB左右；一部电影在100 MB左右，是普通视频文件体积的1/3。FLV文件CPU占有率低、视频质量好，因此在网络上盛行。

8. MOV

MOV是Apple公司为在Macintosh微机上应用视频而推出的文件格式，文件扩展名为.mov。同时，Apple公司推出了为MOV视频文件格式应用而设计的QuickTime软件。QuickTime软件有Macintosh和PC使用的两个版本。QuickTime软件和MOV视频文件格式已经非常成熟，应用范围非常广泛。

9. M2TS

M2TS是指blu-ray BDMV的视频数据文件存储格式，文件扩展名为.m2ts。高清DV拍摄的视频文件在DV硬盘里的AVCHD目录内显示为*.mts文件，这是一种采用MPGE-4 AVC/H.264格式编码的高清视频文件，通过DV附带的软件（如PMB）转换到计算机硬盘后变为*.m2ts文件，这种基于MPEG4 H.264优化压缩的视频格式拍摄出来的视频质量明显优于MPEG2压缩的HD高清格式。

10. MKV

MKV是指通过Matroska多媒体容器（multimedia container）封装音视频的容器格式。Matroska多媒体容器是一种开放标准的自由的容器和文件格式，属于多媒体封装格式，能够在一个文件中容纳无限数量的视频、音频、图片或字幕轨道。所以其不是一种压缩格式，而是Matroska定义的一种多媒体容器文件。其目标是作为一种统一格式保存常见的电影、电视节目等多媒体内容。在概念上Matroska和其他容器，如AVI、MP4或ASF（advanced streaming format，高级流格式）类似，但其在技术规程上完全开放，在实现上包含很多开源软件。可将多种不同编码的视频及16条以上不同格式的音频和不同语言的字幕流封装到一个Matroska 媒体文件当中。其最大的特点是能容纳多种不同类型编码的视频、音频及字幕流。MKV不同于DivX、XviD等视频编码格式，也不同于MP3、OGG等音频编码格式。MKV是为这些音、视频提供外壳的"组合"和"封装"格式。换句话说就是一种容器格式，常见的 DAT、AVI、VOB、MPEG、RM 格式都属于这种类型。但它们要么结构陈旧，要么不够开放，这才促成了MKV这类新型多媒体封装格式的诞生。Matroska的文件扩展名，对于携带了音频、字幕的视频文件是.mkv；对于3D立体影像视频是.mk3d；对于单一的纯音频文件是.mka；对于单一的纯字幕文件是.mks。

1.3.6 动画

动画是指通过多媒体计算机与动画制作软件，借助一系列彼此有差别的单个画面，按一定的速度播放产生连续变化运动画面的一种技术。要实现动画首先需要有一系列前后有微小差别的图形或图像，每一幅图称为动画的一帧，它可以通过计算机产生和记录。常见的动画文件格式及特点如下：

1. FLA

FLV是Adobe Animate源文件存储格式，文件扩展名为.fla。FLA包含文件的全部原始信息，体积较大，可在Adobe Animate软件中打开、编辑和保存。FLA中将显示对象以帧的形式放置于时间轴，通过编辑显示对象与时间轴来控制动画播放。

2. SWF

SWF（shock wave flash）是Adobe Animate动画文件格式，是一种支持矢量图形的动画文件格式，文件所占体积较小，可包含交互功能，文件扩展名为.swf。SWF文件广泛应用于网页设计，动画制作等领域。

3. GIF

GIF文件即GIF图像交换格式，是最常见的二维动画格式。GIF动画是由多张图像组成、并能顺序播放的动画格式文件，文件扩展名为.gif。由于文件体积小、容易编辑，广泛应用于网络、多媒体作品。

1.4 简易多媒体工具应用——电子杂志制作

电子杂志又称网络杂志或互动杂志，以Adobe Animate为主要载体独立于网站而存在，目前已进入第三代。电子杂志兼具平面与互联网的特点，融入图像，文字，声音、视频、游戏等素材，具有超链接、实时互动等功能。

目前国内主要电子杂志平台有Zcom电子杂志门户、iebook、读览天下等。Zcom电子杂志门户是国内专业的电子杂志发行平台，最权威的电子杂志门户网站之一。Zcom网站收集了互联网上几乎所有的免费电子杂志，供使用者查寻。读览天下是中国领先的移动互联网阅读平台之一，目前拥有综合性人文大众类期刊品种达1 000余种，内容涵盖新闻人物、商业财经、运动健康、时尚生活、娱乐休闲、教育科技、文化艺术等领域。iebook软件是飞天传媒于2005年1月研发推出的一款互动电子杂志平台软件，以影音互动方式的全新数字内容为表现形式。

1.4.1 iebook概述

iebook超级精灵采用构件化设计理念，整合电子杂志的制作工序，将部分相似工序进行构件化设计，同时建立构件化模板库，自带多套Adobe Animate动画模板及Adobe Animate页面特效；使用者通过更改图文、视频可实现页面设计，制作出集视频、音频、Adobe Animate动画、图文等多媒体效果于一体的电子杂志。iebook可直接生成EXE文件、Web在线版本等四种传播版本。

1. 标准组件界面

iebook超级精灵版标准组件界面如图1-4-1所示。

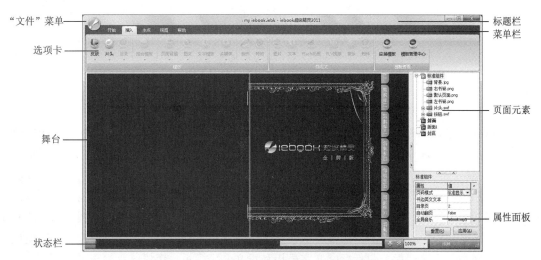

图1-4-1 iebook超级精灵版标准组件界面

标题栏：位于窗口的最上方，显示软件的名称、软件版本号及杂志名称。菜单栏：用于在开始、插入、生成、视图、帮助五个选项卡间切换。页面元素：列出当前电子杂志组件的所有页面元素，并进行级别分类。属性面板：可以设置整本杂志的属性，以及单页面属性选项。舞台：用于显示、编辑、查看当前页面效果。状态栏：用于调整舞台显示比例、显示软件运行缓存进度等工作状态。

2. "开始"选项卡

"开始"选项卡包括文件、页面、编辑三个组，实现文件管理、页面管理与基本编辑操作管理，如图1-4-2所示。

图1-4-2 "开始"选项卡

新建：新建一个电子杂志组件，包括电子杂志标准版组件、硬皮版组件、自定义尺寸组件、全屏组件等。打开：打开电子杂志（*.iebk格式）原文件。保存：将作品保存为.iebk格式文件，方便下次继续编辑。添加页面：添加电子杂志空白页面。单击"添加页面"按钮，打开添加"单个页面"和"多个页面"命令菜单，用于添加单个与多个页面。删除页面：删除电子杂志页面。复制、剪切、粘贴：用于自定义导入的图片、动画、视频、文本、内置组合模板、内置图片模板、内置文字模板、目录模板等元素的复制与移动。上移、下移：用于版面顺序上移或下移一位，同一页面元素上移或下移一位。替换、重命名、删除：用于替换、重命名、删除当前选择的元素。

3. "插入"选项卡

"插入"选项卡包括模板、自定义、管理模板三组，管理各种页面模板、自定素材调用、及模板安装等，如图1-4-3所示。

图1-4-3 "插入"选项卡

（1）模板

模板是指具有固定格式且可替换与修改内容的文档。模板类型包括以下几种：

皮肤：更换电子杂志皮肤，如按钮、背景、封面、封底风格模板等。片头：添加电子杂志片头动画模板文件。目录：添加电子杂志目录模板，并编辑目录。组合模板：给新建页面添加组合式模板，包括杂志内页系列、作品展示系列、页面风格系列、个人功能系列、企业形象系列、产品展示系列、行业模板系列等。页面背景：给当前页面添加背景图，包括纹理系列、平铺系列、艺术设计、植物、静物、主题、人物、风景等类别。图文：给当前页面添加图文模板，包括两张切换、三张点击、四张展示、五张循环、六张点击、多图片展示等。文字模板：给当前页面添加文字模板，包括标题文字模板和正文文字模板。多媒体：给当前页面添加FLV视频、Adobe Animate游戏、测试、调研表等模板。装饰：给当前页面添加小装饰，包括主题设计、照片背景、艺术设计、节日氛围、礼物礼品、卡通造型、边框相框、常用物品、体育运动、大自然等。特效：给当前页面添加iebook特效模板和SWF特效模板。

（2）自定义

通过图片、文本、SWF动画、FLV视频、音乐、附件按钮，分别给当前页面添加图片、文本编辑框、SWF动画、FLV视频、背景音乐、附件。

（3）模板管理

模板管理是对模板进行安装、删除等管理操作，其中主要包括安装模板、模板管理中心两个功能。安装模板：单击"模板安装"按钮，打开"模板安装"菜单，其中包含"快速导入"与"至指定目录"两个命令，用于快速安装模板和将模板安装到指定文件目录。模板管理中心：单击"模板管理中心"按钮，打开"模板管理中心"窗口，用于模板安装、模板删除、模板重命名等操作。

4. "生成"选项卡

"生成"选项卡用于作品编辑完成后杂志设置、预览作品、输出作品等，如图1-4-4所示。

杂志设置：对电子杂志进行生成前的相关设置，可以设置杂志图标、播放窗口大小、保密设置、版权设置等。生成EXE杂志：将电子杂志生成为EXE可执行文件。预览当前作品：预览当前编辑的电子杂志作品。发布在线杂志：发布SWF在线电子杂志。可以选择发布到iebook第一门户、发布到本地计算机文件包、指定的FTP等。

5. "视图"选项卡

"视图"选项卡包括查看、选项、颜色主题三个组，用于设置iebook的显示界面与显示状态，使操作界面更加符合操作者的需求，其主要功能如图1-4-5所示。

页面元素：iebook电子杂志制作软件元素资源管理器，列出电子杂志所有页面元素，方便对页面元素的管理。属性：用于显示或管理页面元素的属性，如封面、组合模板等版面的属性。工具条：隐藏或显示工具条，重复单击"视图"→"工具条"按钮，可隐藏、恢复显示工具条。音乐同步：设置电子杂志音乐文件是否同步播放。当"音乐同步"按钮处于选择状态，则同步播放背景音乐及动画文件内的音乐，否则暂不播放所有音乐。片头同步：设置电子杂志片头文件在编辑状态下是否同步播放。当"片头同步"按钮处于选择状态，则在执行"插入"→"片头"命令时，同步播放片头。背景颜色：设置背景色，可设置任意颜色为软件编辑状态下的背景色系。软件选项：对制作软件的颜色主题、同步播放、工具栏、背景颜色、升级等相关功能进行选项。睿智黑、高贵灰、清爽蓝：更换制作软件皮肤使用睿智黑色系、高贵灰色系、清爽蓝色系。

图1-4-4　"生成"选项卡　　　　　　　　图1-4-5　"视图"选项卡

1.4.2　创建电子杂志

1. 新建电子杂志

启动电子杂志制作软件iebook超级精灵版，新建文件的方法有以下三种。①单击窗口左上角iebook超级精灵软件logo（即"文件"菜单），打开菜单；选择"新建"命令，打开"新建杂志"窗口；选择杂志组件或输入窗口尺寸；单击"确定"按钮。②选择"开始"→"新建"命令，打开"新建杂志"窗口；选择杂志组件或输入窗口尺寸；单击"确定"按钮。③在软件默认启动界面的"创建新项目"或"从模板创建"选项栏，单击电子杂志组件选项，新建文件。若选择"自定义iebook尺寸"，则打开"新建杂志"窗口；选择杂志组件或输入窗口尺寸；单击"确定"按钮。

2. 设置界面大小

设置界面大小是指设置即将制作与输出的电子杂志的界面大小。设置方法主要有两种。①启动窗口直接选择窗口界面大小。②主界面选择"新建"命令，打开"新建杂志"窗口；选择"自定义iebook尺寸"组件选项，输入界面"高度"与"宽度"。

3. 替换电子杂志封面、封底

iebook超级精灵版支持在封面导入多种元素，如文字、动画、特效、视频等。替换电子杂志封底与封面方法相同，在此，以替换封面图片为例来说明具体操作步骤。

步骤1　新建电子杂志组件。启动iebook，选择"创建新建项目"→组件（如标准组件750×550）命令，或选择"从模板创建"→模板（如简约时尚风格）命令。

步骤2　激活背景文件。选择页面元素列表中的"封面"页面；并在"封面"属性窗格中选择"页面背景"→"使用背景文件"命令。

步骤3　选择图像文件。单击"背景值（⋯）"按钮，打开"图片"窗口；单击窗口左上方的"更改图片"按钮，打开"打开"对话框；选择图片；单击"打开"按钮，返回"图片"窗口。

步骤4　完成替换。选择导入图像的画面区域（虚框内），单击窗口右上方的"应用"按钮，完成封面替换，如图1-4-6所示。

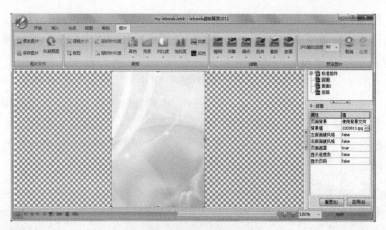

图1-4-6 替换封面图片

4. 导入组合模板

组合模板是指由文字、图像、动画等元素组合的功能完整的显示单元，是一个完整独立的版面。导入组合模板将在当前版面后新建一个版面。导入组合模板的具体操作方法是：选择页面元素列表中相应位置的版面；选择"插入"→"组合模板"命令；打开组合模板列表；单击"组合模板"模板预览图，导入模板；编辑窗口选择页面元素，进行拖动、移动、放大、缩小、旋转等操作，使其美观大方，如图1-4-7所示。

图1-4-7 导入组合模板

5. 调整版面位置

调整版面位置是指调整版面的排列顺序，从而调整作品内容的播放顺序。具体操作方法是：页面元素列表中选择调整位置的版面；右击并在快捷菜单中选择"上移""下移""移至顶层""移至底层"命令，移动选择的页面。

6. 替换版面内容

（1）替换文字

将导入组合模板或文字模板中的文字，修改或替换为所需要的内容。此处以文字模板为例来说明版面文字替换的具体操作步骤。

步骤1 添加新页面。选择"开始"→"添加页面"→"单个页面"命令添加新页面。

步骤2 导入文字标题模板。选择添加的新版面;选择"插入"→"文字"模板→"标题"→"文字标题05"命令,将文字模板导入当前版面。

步骤3 打开"文字编辑"窗口。"页面元素"列表选择替换的文本项;右击并在快捷菜单中选择"编辑"命令,或双击文本项,打开"文字编辑"窗口。

步骤4 替换文本。选择模板原有文字;按【Delete】键删除;输入新文本(文字编辑,设置文字的字体、大小、颜色、左对齐、居中对齐、右对齐、加粗、倾斜等);单击"应用"按钮,如图1-4-8所示。

图1-4-8 文字编辑

(2)替换与编辑图片

替换与编辑模板中的图片是指利用操作者个人图片替换模板中的图片。具体操作方法是:页面元素列表选择替换与编辑的图片;双击或右击并选择"编辑"命令,打开"图片编辑"窗口;单击窗口左上方"更改图片"按钮,打开"打开"对话框;选择图片,单击"打开"按钮;在"图片编辑"窗口对"裁剪框"进行放大、缩小、移动;调整图片的亮度、对比度,扭曲、模糊图片等,获得最佳构图;单击"应用"按钮。

【实例】在网络中查找两款数码相机的图片(每款四图)与文字资料(约200字),并在iebook中完成以下操作:①利用组合模板制作一个介绍两款数码相机的电子杂志;②将文件以lx1401.exe为名为保存到"文档"文件夹。

具体操作步骤如下:

步骤1 新建文件。启动iebook,选择"从模板创建"→"简约时尚风格"命令。

步骤2 导入第一个组合模板。单击页面元素窗口右侧的展开按钮田,展开页面元素列表;选择"面板1";选择"插入"→"组合面板"→"产品展示系列"→"购物天堂"命令,导入组合面板,如图1-4-9所示。

步骤3 替换第一张图片。单击页面元素列表中的"购物天堂.im",展开;选择"购物天堂A.swf"→"图片0"选项,双击;打开"图片编辑"窗口,单击窗口左上角的"更改图片"按钮;打开"打开"对话框,选择一张照相机图片;单击"应用"按钮。

步骤4 重复步骤3,将第一款相机的图片分别替换到"图片1""图片2""图片3"。

图1-4-9 导入组合模板

步骤5 替换文字。选择页面元素列表"购物天堂B.swf"→"文本0",双击;打开"文字编辑窗口",选择界面中的文字并修改,粘贴准备好的文字标题;单击"应用"按钮(本模板中"文本0""文本1"显示主标题,文本2""文本3"显示副标题,文本4"显示正文)。

步骤6 重复步骤5,将第一款相机的文字介绍分别替换到"文本1""文本2""文本3""文本4"。

步骤7 制作第二款相机的图文资料。重复步骤2~步骤6,将第二款相机的图文资料替换到组合模板。

步骤8 输出作品。选择"生成"→"生成EXE杂志"命令,打开"生成设置"对话框;"保存位置"选择"文档"文件夹,"杂志名称"输入lx1401;单击"确定"按钮;在"文档"文件夹将iebook.exe文件更名为lx1401.exe。

7. 添加空白页面

新建电子杂志组件后,"页面元素"列表中已经默认新建了一个空白版面(页面),执行添加页面,将向选择的页面后添加一个新页面。添加单页的具体操作方法是:页面元素列表,选择添加新页面的位置如"版面1";选择"开始"→"添加页面"→"单个页面"或"多个页面"命令。

8. 页面背景设置

页面背景是指电子杂志内页背景。对于插入的单页或多页版面,通常默认为"无背景",即导入模板后以纯白色底显示。内页背景设置的操作过程与替换图片基本一致。iebook支持将SWF动画、JPG图片、PNG图片等格式文件及纯色设置为页面背景。对于动画背景,电子杂志生成时,软件会自动截取动画背景文件的第一帧作为翻页初始页。

(1)将*.jpg(*.swf、*.png)文件设置为页面背景

将*.jpg(*.swf、*.png)文件设置为页面背景,具体操作方法是:页面元素列表选择添加背景的版面;"属性"窗格选择"页面背景"→"使用背景文件"命令;单击"属性"窗格中的"背景值(ⅢⅢ)"按钮,打开"打开"对话框;选择*.jpg文件(*.swf、*.png文件);单击"打开"按钮。

(2)纯色填充设置为页面背景

将纯色填充设置为页面背景,具体操作方法是:页面元素列表选择添加背景的版面;"属

性"窗格选择"页面背景"→"纯色填充"命令；单击"背景值（ ）"按钮，打开"颜色"对话框，选择颜色块；单击"确定"按钮。

（3）导入内置的页面背景

iebook模板库已安装部分页面背景图像素材，这些素材可直接应用于页面背景。设置模板库中的图像为页面背景的具体操作方法是：页面元素列表选择添加背景的版面；选择"插入"→"模板类"→"页面背景"命令，打开已经安装的电子杂志"页面背景"模板列表；单击"页面背景"模板列表中的预览图，将模板导入指定版面作为背景，如图1-4-10所示。

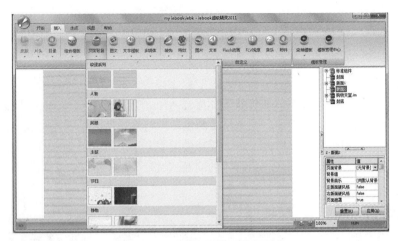

图1-4-10 "页面背景"模板列表

【实例】从网络查找两首古诗《悯农》《春晓》图片资料各五张（其中作者图一张、诗句情景图四张），查找与图片相对应的文字解释，并在iebook中完成以下操作：①利用插入"图文"与"文字模板"功能制作电子杂志；②将文件以lx1402.exe为名保存到"文档"文件夹。

具体操作步骤如下：

步骤1 收集素材。从网络收集图片素材，分别命名为：悯农1.jpg、悯农2.jpg、悯农3.jpg、悯农4.jpg、悯农5.jpg、春晓1.jpg、春晓2.jpg、春晓3.jpg、春晓4.jpg、春晓5.jpg，其中编号为1的是作者图片；收集文字材料、作者简介、各诗句的注解。

步骤2 新建文件。打开文件iebook，选择"标准组件750×550"选项。

步骤3 插入第1组"图文""文字"模板。单击页面元素列表右侧的展开按钮 ，展开页面元素列表；单击选择"面板1"。

插入"图文"：选择"插入"→"图文"→"五张系列"→"五张点击配文字"命令。

插入"文字模板"：选择"插入"→"文字模板"命令→选择"可编辑文本"模板，双击，添加到"面板1"中；调整到合适的位置，显示诗全文。

步骤4 替换第1张图片。单击页面元素列表中的"版面1"；展开；选择"五张点击配文字.swf"→"图片0"，双击；打开"图片"窗口，单击左上角的"更改图片"按钮；打开"更改图片"窗口；选择准备好的"悯农1.jpg"；单击"打开"按钮，返回"图片"窗口；单击"应用"按钮。

步骤5 重复步骤4，用图片"悯农2.jpg""悯农3.jpg""悯农4.jpg""悯农5.jpg"分别替换到"图片1""图片2""图片3""图片4"。

步骤6   替换文字。单击页面元素列表中的"文本0",双击;打开"文字"窗口,选择界面中的文字并修改,粘贴准备好且与图片对应的文字;单击"应用"按钮。

步骤7   重复步骤5,将准备的"悯农"文字注解分别替换到"文本1""文本2""文本3""文本4"。

步骤8   制作第二组"春晓"的图文资料。添加新页面,选择页面元素列表中的"版面1";选择"开始"→"添加页面"→"单个页面"命令,添加"版面2";页面元素列表选择"版面2",重复步骤3~步骤7,将准备好的"春晓"的图文资料替换到组合模板。

步骤9   输出作品。选择"生成"→"生成EXE杂志"命令,打开"生成设置"对话框;"保存位置"选择"文档"文件夹,"杂志名称"输入lx1402;单击"确定"按钮;在"文档"文件夹中将iebook.exe文件更名为lx1402.exe。

9. 导入多媒体模板

导入多媒体模板是指将多媒体模板从媒体库导入电子杂志的版面。iebook模板库包含有多媒体模板,使用多媒体模板可增强多媒体作品的生动性与娱乐性。多媒体模板分为视频模板、游戏、综合等几类。视频模板包括电子杂志视频模板、电子杂志音乐播放模板等。游戏包括电子杂志Flash小游戏模板。综合模板包括常用的问题测试性模板、电子杂志调研表模板以及其他类型。

(1)导入多媒体模板

导入多媒体模板的具体操作方法是:选择页面元素列表中的版面;选择"插入"→"多媒体"命令,打开已经安装的"多媒体"模板列表;单击多媒体模板预览图,将模板导入指定版面,如图1-4-11和图1-4-12所示。

(2)替换电子杂志中的视频

替换电子杂志中的视频是指将插入版面的FLV视频替换为系统外部的FLV视频。具体操作方法是:选择页面元素列表中的版面;

图1-4-11   选择多媒体模板

将一个视频从"视频模板"导入所选版面;页面元素列表,选择要替换的FLV视频;右击并在快捷菜单中选择"替换"命令;打开"打开"对话框,选择FLV视频文件;单击"打开"按钮。电子杂志视频替换完毕,如图1-4-13所示。

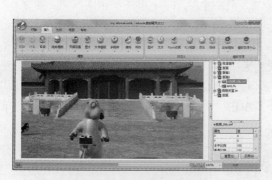

图1-4-12   导入多媒体模板

图1-4-13   替换电子杂志模板中的视频

10. 导入"装饰"与"特效"模板

导入电子杂志"装饰"与"特效"模板，用于给指定版面（页面）进行美化装饰，添加一些装饰图案、动画、特效等，丰富画面内容，增强画面显示效果。导入"装饰""特效"模板的方法与导入"多媒体模板"相同。

11. 设置背景音乐

电子杂志背景音乐设置包括主背景音乐（全局音乐）与内页背景音乐，主背景音乐（全局音乐）即整本杂志的背景音乐；内页背景音乐即内页单独版面音乐。在音乐属性设置框，可以分别选择"默认背景音乐""无背景音乐""添加音乐文件"以及选择已有的背景音乐等选项。具体操作步骤如下：

步骤1 选择添加音乐的版面。

步骤2 添加音乐文件。在"属性"面板，"背景音乐"默认为iebook主题曲，选择"背景音乐"→"添加音乐文件"命令，打开"音频设置"对话框。若为主背景音乐即标准组件的音乐，则选择"全局音乐"→"添加音乐文件"命令，如图1-4-14所示。

步骤3 选择音乐文件。在"音频设置"对话框中，单击"添加"按钮；打开"打开"对话框，选择MP3等音频文件；单击"确定"按钮，如图1-4-15所示。

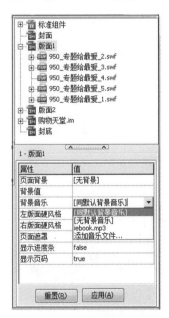

图1-4-14 背景音乐选项

图1-4-15 添加音频

"视图"选项卡单击"音乐同步"按钮，可试听导入的音乐。

iebook的音乐主要支持以下五种形式。①导入一首主背景音乐（整本杂志的主音乐）：选择"杂志组件"设置一首背景音乐。②每页导入一首不同音乐：选择每个"版面"设置背景音乐。③设置此页无任何音乐：选择"版面"在音乐项设置此页无音乐。④连续几页不间断播放同一首音乐：选择连续几个"版面"在音乐项设置同一首音乐。⑤不连续几页播同一首音乐：选择不同"版面"在音乐项设置同一首音乐。

12. 替换默认电子杂志片头动画

每个电子杂志只能使用一个片头动画，替换默认电子杂志片头动画，即从模板库选择一个片头动画替换现有的片头动画模板。具体操作方法是：选择"视图"→"片头同步"命令，使"片头同步"按钮处于选择状态；页面元素列表选择"标准组件模板"；选择"插入"→"片头"命令，打开"片头"模板库；单击某片头模板预览图。

13. 电子杂志目录模板

通过目录可很好地管理电子杂志内容，实现快速跳转。电子杂志目录的创建主要包括选择目录模板、控制跳转、修改目录标题三方面。系统提供的目录模板中，均包含"内文替代标题001"等字样，通常有几条标题就可管理几个版面，如某目录模板包含的最大值为"内文替代标题004"，则该目录模板只能管理四个版面的跳转。设置跳转时，可在目录后添加一个空面板，系统在确认跳转位置时，会将其后的第二个面板认为是第一页。最后将目录中的标题修改为对应面板的标题。

【实例】在iebook中完成以下操作：①制作一个含有六个版面的电子杂志；②添加目录，设置跳转；③将文件以lx1403.exe为名保存到"文档"文件夹。

由于任务要求管理六个页面，在目录模板中"精选目录三"目录模板包含的最大值为"内文替代标题006"，则可选择该目录模板。

具体步骤如下：

步骤1　插入组合模板。选择页面"版页1"，选择"插入"→"组合模板"命令，分别导入六个组合模板。

步骤2　导入电子杂志目录模板。选择"插入"→"目录"命令；打开"目录"模板库。选择"精选目录三"模板，单击模板预览图，将目录模板导入电子杂志版面。选择导入的目录模板，右击并在快捷菜单中选择"移至顶层"命令，将目录模板移至封面后，如图1-4-16所示。

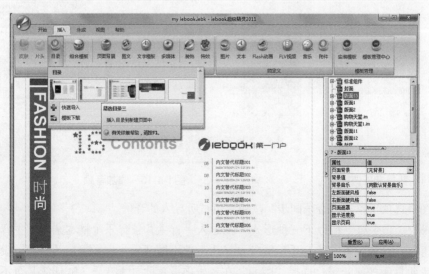

图1-4-16　插入目录模板

可以对导入的电子杂志"目录"模板进行文字替换、logo替换、目录标题文字更改、目录跳转更改，或对元素进行放大、缩小、移动、旋转、复制、粘贴、延迟播放、色系更改等操作。

步骤3 设置电子杂志目录跳转。选择"开始"→"添加页面"→"单个页面"命令插入新版面；选择新版面，右击并在快捷菜单中选择"上移"命令，将新版面移至"目录"后。

步骤4 更改目录标题。选择插入的目录模板，修改相应顺序的标题为对应版面标题，修改方法同文字替换操作。

步骤5 输出作品。选择"生成"→"生成EXE杂志"命令，打开"生成设置"对话框；"保存位置"选择"文档"文件夹，"杂志名称"输入lx1403；单击"确定"按钮；在"文档"文件夹中将iebook.exe文件更名为lx1403.exe。

14. 生成选项设置

电子杂志生成设置——杂志选项。选择"生成"→"杂志设置"命令，打开电子杂志"生成设置"对话框；对电子杂志进行设置，内容包括保存路径、文件图标、杂志名称、播放窗口尺寸、安全设置等，如图1-4-17所示。

保存路径：软件默认保存路径为C:\Program Files\iebook\release\iebook.exe，单击"保存为"按钮即可自定义设置文件保存路径。图标文件：单击"浏览"按钮选择自制ICO格式图标。可以将软件默认的iebook logo替换为自制的电子杂志图标。任务栏标题：任务栏标题为阅读EXE电子杂志时显示在Windows任务栏的标题文字。窗口尺寸：生成的EXE电子杂志默认为全屏播放，也可以根据自定义尺寸设置不同的窗口播放尺寸。注意：自定义输入的窗口尺寸应比杂志内页尺寸稍大，否则在1∶1显示状态下无法正确浏览电子杂志页面。安全设置：如果内容比较重要，或者新型产品外观及相关资料不想让人随意观看，可以设置电子杂志打开密码，以保护内容及版权不受侵害。设置打开密码的电子杂志，在阅读时需要输入正确密码才能继续阅读，如图1-4-18所示。

图1-4-17 "生成设置"对话框

图1-4-18 设置打开密码

习 题

一、单项选择题

1. 多媒体的关键特性主要表现在信息载体的多样性、集成性、（ ）和实时性。

    A. 交互性   B. 一致性   C. 简洁性   D. 复杂性

2. 从人类感受信息的感觉器官角度来看，媒体可划分为（ ）、听觉类、触觉类和其他感觉类等几大类。

    A. 基本媒体   B. 视觉媒体   C. 信息媒体   D. 多媒体

3. (　　　) 是指人们的感觉器官所能感觉到的信息的自然种类。

    A. 感觉媒体   B. 表示媒体   C. 显现媒体   D. 存储媒体

4. Windows中使用的标准数字声音文件扩展是 (　　　)。

    A. .wav   B. .midi   C. .mp3   D. .voc

5. 声音从用途角度可分为语音、(　　　) 和效果声等。

    A. 音乐   B. MIDI音频   C. 音调   D. 音色

6. 实时操作系统必须在 (　　　) 内处理完来自外部的事件。

    A. 响应时间   B. 周转时间

    C. 被控对象规定时间   D. 调度时间

7. 一般认为，多媒体技术研究的兴起从 (　　　) 开始。

    A. 1972年，Philips展示播放电视节目的激光视盘

    B. 1984年，美国Apple公司推出Macintosh系统机

    C. 1986年，Philips和Sony公司宣布发明交互式光盘系统CD-I

    D. 1987年，美国RCA公司展示交互式数字视频系统DVI

8. 根据多媒体的特性判断，以下属于多媒体范畴的是 (　　　)。

①交互式视频游戏。②有声图书。③彩色画报。④彩色电视。

    A. ①   B. ①②   C. ①②③   D. 全部

9. 超文本是一个 (　　　) 结构。

    A. 顺序的树状   B. 非线性的网状   C. 线性的层次   D. 随机的链式

10. 2 min双声道、16位采样位数、22.05 kHz采样频率声音的不压缩数据量是 (　　　)。

    A. 10.09 MB   B. 10.58 MB   C. 8.35 KB   D. 5.05 MB

11. 下述声音分类中质量最好的是 (　　　)。

    A. 数字激光唱盘   B. 调频无线电广播

    C. 调幅无线电广播   D. 电话

12. 在数字视频信息获取与处理过程中，下述顺序 (　　　) 是正确的。

    A. A/D变换、采样、压缩、存储、解压缩、D/A变换

    B. 采样、压缩、A/D变换、存储、解压缩、D/A变换

    C. 采样、A/D变换、压缩、存储、解压缩、D/A变换

    D. 采样、D/A变换、压缩、存储、解压缩、A/D变换

13. 下列多媒体创作工具中 (　　　) 不属于以时间为基础的著作工具。

①万彩动画大师。②Focusky。③Adobe Animate。④会声会影。

    A. ①②   B. ②   C. ①②③   D. 全部

14. 数字视频的重要性体现在 (　　　)。

①可以用新的与众不同的方法对视频进行创造性编辑。②可以不失真地进行无限次复制。③可以用计算机播放电影节目。④易于存储。

    A. ①   B. ①②   C. ①②③   D. 全部

15. 要使DVD-ROM驱动器正常工作，必须有 (　　　) 软件。

①该驱动器装置的驱动程序。②Microsoft的DVD-ROM扩展软件。③DVD-ROM测试软件。

④ DVD-ROM应用软件。

    A. ①　　　　B. ①②　　　　C. ①②③　　　　D. 全部

16. 下列关于数码相机的叙述（　　　）是正确的。

①数码相机的关键部件是CCD或CMOS。②数码相机有内部存储介质。③数码相机拍照的图像可以通过串行口、SCSI或USB接口送到计算机。④数码相机输出的是数字或模拟数据。

    A. ①　　　　B. ①②　　　　C. ①②③　　　　D. 全部

17. 要把一台普通的计算机变成多媒体计算机要解决的关键技术是（　　　）。

①视频音频信号的获取。②多媒体数据压编码和解码技术。③视频音频数据的实时处理和特技。④视频音频数据的输出技术。

    A. ①②③　　　　B. ①②④　　　　C. ①③④　　　　D. 全部

18. Commodore公司在1985年率先在世界上推出了第一个多媒体计算机系统Amiga，其主要功能是（　　　）。

①用硬件显示移动数据，允许高速的动画制作。②显示同步协处理器。③控制25个通道的DMA，使CPU以最小的开销处理盘、声音和视频信息。④从28 Hz振荡器产生系统时钟。⑤为视频RAM（VRAM）和扩展RAM卡提供所有的控制信号。⑥为VRAM和扩展RAM卡提供地址。

    A. ①②③　　　　B. ①②④⑥　　　　C. ①③④⑤　　　　D. 全部

19. 国际标准MPEG-Ⅱ采用了分层的编码体系，提供了四种技术，它们是（　　　）。

①空间可扩展性；信噪比可扩充性；框架技术；等级技术。②时间可扩展性；空间可扩展性；硬件扩展技术；软件扩展技术。③数据分块技术；空间可扩展性；信噪比可扩充性；框架技术。④空间可扩展性；时间可扩充性；信噪比可扩充性；数据分块技术。

    A. ①　　　　B. ②　　　　C. ③　　　　D. ④

20. 多媒体技术未来发展的方向是（　　　）。

①高分辨率，提高显示质量。②高速度化，缩短处理时间。③简单化，便于操作。④智能化，提高信息识别能力。

    A. ①②③④　　　　B. ①②④　　　　C. ①③④　　　　D. ①②③

21. 下面关于多媒体技术的描述，正确的是（　　　）。

    A. 多媒体技术只能处理声音和文字

    B. 多媒体技术不能处理动画

    C. 多媒体技术是指计算机综合处理声音、文本、图像等信息的技术

    D. 多媒体技术就是制作视频

22. 下列各组应用不属于多媒体技术应用的是（　　　）。

    A. 计算机辅助教学　　　　　　　　B. 电子邮件

    C. 远程医疗　　　　　　　　　　　D. 视频会议

23. 下列配置中（　　　）是多媒体计算机必不可少的硬件设备。

①DVD-ROM驱动器。②高质量的音频卡。③高分辨率的图形图像显示卡。④高质量的视频采集卡。

    A. ①　　　　B. ①②　　　　C. ①②③　　　　D. ①②③④

24. 下列关于多媒体技术主要特征描述正确的是（　　　）。

①多媒体技术要求各种信息媒体必须要数字化。②多媒体技术要求对文本、声音、图像、

视频等媒体进行集成。③多媒体技术涉及信息的多样化和信息载体的多样化。④交互性是多媒体技术的关键特征。⑤多媒体的信息结构形式是非线性的网状结构。

   A.①②③⑤ B.①④⑤ C.①②③ D.①②③④⑤

25. 媒体技术能够综合处理下列（　　）信息。

①龙卷风.mp3。②荷塘月色.doc。③发黄的旧照片。④泡泡堂.exe。⑤一卷胶卷。

   A.①②④ B.①② C.①②③ D.①④

26. （　　）是将声音变换为数字化信息，又将数字化信息变换为声音的设备。

   A. 音箱 B. 音响 C. 声卡 D. PCI卡

27. 把时间连续的模拟信号转换为在时间上离散，幅度上连续的模拟信号的过程称为（　　）。

   A. 数字化 B. 信号采样 C. 量化 D. 编码

28. 静态图像压缩标准是（　　）。

   A. JPAG B. JPBG C. PDG D. JPEG

29. 以下列文件格式存储的图像，在图像缩放过程中不易失真的是（　　）。

   A. BMP B. WMF C. JPG D. GIF

30. 下列（　　）文件格式既可以存储静态图像，又可以存储动画。

   A. BMP B. JPG C. TIF D. GIF

二、操作题

1. 尝试使用所学的电子杂志制作软件iebook，利用多图展示模板制作一个电子产品（如手机等）的图片展示。

2. 尝试使用所学的电子杂志制作软件iebook，利用添加"单个页面"、插入"页面背景""图文"模板的功能，以"花"为主题，设计一个花卉四（多）图展示的电子杂志作品。

3. 尝试使用所学的电子杂志制作软件iebook，利用添加"单个页面"、插入"页面背景""文字模板"的功能，以"唐诗"为主题，设计一个两首唐诗文字展示的电子杂志作品。

4. 尝试使用所学的电子杂志制作软件iebook，设计制作"个人简介"，介绍自己的基本情况、成长经历、个人爱好、学习规划、奋斗目标、座右铭等。

5. 使用所学的电子杂志制作软件iebook，设计制作一个作品介绍你的班级。

第2章

数字图像编辑

图像编辑是指图像素材的绘制、修改、添加效果、合成等设计操作。本章论述构图与色彩基础、图像编辑的基本概念；重点介绍图像处理软件Photoshop的基础知识，并通过实例介绍Photoshop编辑图像的技巧和方法；使学习者通过学习达到能独立编辑图像素材的目的。

2.1　构图与色彩基础

2.1.1　构图基础

1. 构图的基本概念

构图是对画面内的对象进行组织、安排与布局，是指创意设计时设计者根据题材和主题思想的要求，把要表现的形象适当组织起来，构成一个协调、完整的画面。构图是艺术家为表现作品的主题思想和美感效果，在一定的空间，安排和处理人、物的关系和位置，把个别或局部的形象组成艺术的整体。构图在中国传统绘画中也称"布局"。

研究构图的目的，是研究在一个平面上如何处理好三维空间——高、宽、深之间的关系，以突出主题，增强艺术感染力。构图处理是否得当，是否新颖，是否简洁，对于艺术作品的成败关系很大。一副成功的艺术作品，首先是构图的成功，成功的构图能使作品内容顺理成章，主次分明，主题突出，赏心悦目。

2. 构图的基本原则

构图的基本原则主要包括以下几个方面：

（1）均衡与对称

均衡与对称的作用是让画面具有稳定性。画面中元素的均衡与对称，使画面具有稳定性。均衡与对称是不同的概念，但两者具有内在的同一性——稳定。稳定感是人类在长期观察自然世界中形成的一种视觉习惯和审美观念。因此，凡符合稳定感的造型艺术均能产生美感。

均衡与对称不是平均，而是一种合乎逻辑的比例关系。平均虽稳定，但缺少变化，没有变化就没有美感，所以构图最忌讳的是平均分配画面。对称的画面稳定感特别强，对称能使画面有庄严、肃穆、和谐的感觉。但对称与均衡相比较，均衡的变化比对称大。因此，对称虽是构图的重要原则，但在实际运用中要合理、适度。

（2）对比

对比是指构图中的主体与陪体的比对关系，如图2-1-1所示。对比在构图中的作用是突出主题、强化主题。合理运用对比能增强艺术感染力、鲜明的反映和升华主题。对比有各种各样，千变万化，常见的对比方法有以下三种：①形状的对比，如大与小、高与矮、老与少、胖与瘦、粗与细；②色彩的对比，如深与浅、冷与暖、明与暗、黑与白；③灰与灰的对比，如深与浅、明与暗。

(a) 大小　　　(b) 形状　　　(c) 灰度　　　(d) 颜色　　　(e) 位置

图2-1-1　对比构图

一幅作品可以运用单一的对比，也可同时运用各种对比。

（3）视点

视点是指画面的聚焦点。构图中视点的作用是把人的注意力吸引到画面中的一个点，这个点应是画面的主题所在。视点在画面中的位置，可根据主体需要，放在画面的上、下、左、右任何一点，不论放在何处，周围物体的延伸线都要向这个点集中。通常情况下，画面上只能有一个视点，如果一个画面中出现多个视点，画面会分散，使画面缺少主题。

3. 画幅选择

画幅是指画面的宽高比例。选择画幅与主体在画面中位置安排、背景所占比例、气氛表现等均有密切关系。恰当的画幅能使主体更加典型、鲜明，更加富有艺术感染力，并对画面的主题表达起到强化作用。

画幅主要包括竖幅、横幅、方画幅三种形式。竖幅是指高度大于宽度的画面。当主体的形体为横窄竖高时，应使用竖幅，以突出主体。竖幅适合表现高耸、挺拔，但不是很宽广的景物。横幅是指高度小于宽度的画面。当主体的形体为横宽竖低时，应使用横幅，以突出主体。横幅适合表现广阔、深远，但不是很高的景物。方画幅是指高度等于宽度的画面。这种画面适合表现端庄、工整、严肃的题材。

每种画幅都有优点与缺点。实际应用中，首先要分析主体水平线条与垂直线条中哪个占优势，同时还应当考虑宽广程度和高耸程度哪个占优势，然后决定选用什么样的画幅。

4. 常见的构图方法

（1）井字形构图

井字形构图也称九宫格构图，属于黄金分割式的一种形式，是指将画面用"井"字形线条平均分成九块，中心块有四个角点，可用任意角点位置安排主体，如图2-1-2所示。四个角点都符合"黄金分割定律"，是画面布局中主体元素的最佳位置，当然还应考虑平衡、对比等因素。这种构图能呈现出变化与动感，使画面富有活力。四个角点有不同的视觉感应，上方两点动感比下方强，左面比右面强。

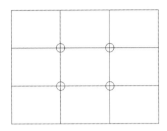

图2-1-2 井字形构图

（2）三角形构图

三角形构图是指画面中所表达的主体元素放在三角形中或构图元素本身形成三角形的态势。此种构图属视觉感应方式，包含有形态形成的三角形态与阴影形成的三角形态。正三角形构图能产生较强的稳定感，倒置则不稳定。正三角形构图结构稳定，既具有左右对称的物理平衡，又具有上下平衡；既具有明确的向上指向性，又具有生命力。同时，三角形外形强烈，整体感强，能传达画外之意，如图2-1-3所示。空三角形构图是从三角形构图发展而来，空三角形是将三角形内部处理成空心，既保持了三角形构图的稳定特点，又消除了三角形构图古板之不足，使画面更稳定、完美、生动。

图2-1-3 三角形构图

（3）S形构图

S形构图是指物体以S字的形状从前景向中景和后景延伸的构图形式。S形构图动感效果强，既动且稳，画面构成纵深方向的空间关系的视觉感，曲线的美感得到充分发挥，一般以河流、道路、铁轨等为常见。S形构图可通用于各种画幅的画面，表现远景、俯视效果最佳，如山川、河流、地域等自然的起伏变化，也可表现众多的人体、动物、物体的曲线排列变化以及各种自然、人工所形成的形态。一般情况下，S形构图是从画面的左下角向右上角延伸，线条变化感、韵律感强，画面容易取得方向力的平衡。S形构图最适合表现欢乐、甜蜜、温暖的氛围，如图2-1-4所示。

图2-1-4 S形构图

（4）V字形构图

V字形构图是指物体呈现V字形状的构图形式。其主要变化是方向的安排，或倒放、或横放。V字形的双用能使单用的性质发生根本的改变。单用时画面不稳定的因素极大，双用时不但具有向心力，而且具有稳定感。正V形构图一般用在前景中，作为前景的框式结构来突出主体，如图2-1-5所示。

图2-1-5　V字形构图

（5）十字形构图

十字形构图是把画面分成四份，即通过画面中心画横、竖两条线，中心交叉点是放置主体元素的位置，如图2-1-6所示。此种构图使画面增加安全感、和平感和庄重及神秘感，容易产生中心透视效果，同时也存在着呆板等不利因素。十字形构图适合表现如古建筑题材的对称式构图。

图2-1-6　十字形构图

（6）C形构图

C形构图既具有曲线美的特点又能产生变异的视觉焦点，画面简洁、清晰。在安排主体对象时，必须安排在C形的缺口处，使人的视觉随着弧线推移到主体对象，如图2-1-7所示。C形构图可在方向上作任意调整，通常适用于表现工业、建筑题材。

图2-1-7　C形构图

（7）圆形构图

圆形构图也称O形构图，是指画面中的主体呈圆形或把主体安排在圆心中形成的视觉效果。它往往能产生自然、原始、和谐、美满、永恒、博大、运动、欢快的感觉，具有结构简洁、视点明确的特点，如图2-1-8所示。圆形构图可分为外圆构图与内圆构图。外圆构图是自然形态的实体结构，是在实心圆物体形态上的构图，主要是利用主体安排在圆形中的变异效果来体现的。内圆构图是空心结构，如管道、钢管等，产生的视觉透视效果是震撼的。内圆构图视点可安排在画面的正中心，也可偏离中心位置，如左右上角。视点偏离中心容易产生动感，通常视点在下方产生的动感小但稳定感强。若采取内圆叠加形式的组合，则能产生多圆连环的光影透视效果；如再配合规律曲线，所产生的效果更强烈，既优美又配合视觉指向。

图2-1-8　圆形构图

当圆形被拉长时，会变成椭圆形。椭圆形构图大都采用宽大于高的横幅形式，它不仅有静态效果，也会产生动态效果，同时还具有较为明显的整体感，使画面的各个部位得到较好表现。

螺旋形构图是圆形构图的一种变化方式，更具有运动感。

（8）W形构图

W形构图是指图面中的主体构成W形图案。W形构图由正三角形构图演变而来，既容易平衡又具有动感，是一种很活泼的构图形式，具有极好的稳定性。运用此种构图，要寻求细小的变化及视觉的感应，以便突出其稳定性，如图2-1-9所示。

图2-1-9　W形构图

（9）口形构图

口形构图也称框式构图，是指利用方框展示画面主体的构图形式，一般多应用于前景构图，如利用门、窗、山洞口或其他框架作前景，来表达主体，阐明环境，如图2-1-10所示。这种构图符合人的视觉经验，使人感觉到透过门、窗来观看景象，产生现实的空间感，透视效果强烈。

图2-1-10　口形构图

（10）三分法构图

三分法构图是指把画面横向或纵向划分为三等份，每一份的中心点都可放置主体形态，如图2-1-11所示。这种画面构图主题鲜明，构图简练，适合多形态平行焦点的主体，表现大空间、小对象，或反相选择，适用于近景等多种不同景别如集体照等。

图2-1-11　三分法构图

2.1.2　色彩基础

1. 色彩三要素

色彩是指光作用于物体并反射到眼睛、引起色彩视觉感受的可见光谱。色彩具有明度、色调、饱和度三种属性，色彩的这三种属性又称色彩三要素。

（1）明度

明度是指画面色彩的明亮程度，是光作用于人眼时所引起的色彩明亮程度感觉。各种有色物体由于反射光量的区别而产生颜色的明暗强弱。色彩的明度有两种。一是同色相不同明度。如同一颜色在强光照射下显得明亮，弱光照射下显得较灰暗模糊；又如同一颜色掺加黑或白后产生各种不同的明暗层次。二是各种颜色的不同明度。每一种纯色都有相应的明度。黄色明度最高，蓝紫色明度最低，红、绿色为中间明度。色彩的明度变化往往会影响到纯度，如红色加入黑色后明度降低，同时纯度也降低；又如红色加白则明度提高，纯度却降低。

（2）色调

色调又称色相，是指画面色彩的总体倾向。色相能够比较确切地表示某种颜色色别，是人看到一种或多种波长的光时所产生的色彩感觉，它与波的长度有关，波长决定颜色的基本特性。可见光中，波长最长的是红色，最短的是紫色。把红、橙、黄、绿、蓝、紫和处在它们各自之间的红橙、黄橙、黄绿、蓝绿、蓝紫、红紫六种中间色——共计12种色组成色相环。在色相环上排列的色是纯度高的色，称为纯色。颜色在色相环的位置根据视觉和感觉的相等间隔安排。用类似的方法还可分出差别细微的多种色彩。在色相环上以环中心对称，并在180°的位置两端的色彩称为互补色。

一幅绘画作品虽然用了多种颜色，但总体有一种倾向，是偏蓝或偏红、是偏暖或偏冷等，这种颜色上的倾向就是一副绘画的色调。

色调在冷暖方面分为暖色调与冷色调。红色、橙色、黄色为暖色调，象征着太阳、火焰。绿色、蓝色、黑色为冷色调，象征着森林、大海、蓝天。灰色、紫色、白色为中间色调。

冷色调的亮度越高，其整体感觉越偏暖；暖色调的亮度越高，其整体感觉越偏冷。冷暖色调也只是相对而言，如红色系当中，大红与玫红在一起时，大红属暖色，而玫红被看作冷色；又如玫红与紫罗蓝同时出现时，玫红属暖色。

（3）饱和度

饱和度又称纯度，指颜色的深浅程度、鲜艳程度，也称色彩的纯度。饱和度取决于该色彩中含色成分和消色成分（灰色）的比例。含色成分越大，饱和度越大；消色成分越大，饱和度越小。如红光中加进白光，其饱和度下降，红色变为粉色。

通常将色调和饱和度称为色度，它反映颜色的类别和深浅程度。

色彩三要素的应用效果：明度高的色有向前的感觉，明度低的色有后退的感觉；暖色有向前的感觉，冷色有后退的感觉；高纯度色有向前的感觉，低纯度色有后退的感觉；色彩整齐有向前的感觉，色彩不整，边缘虚有后退的感觉；色彩面积大有向前的感觉，色彩面积小有后退的感觉；规则形有向前的感觉，不规则形有后退的感觉。

2. 色彩模式

色彩模式是将某种颜色表现为数字形式的模型，或是一种记录图像颜色的方式。种类包括位图模式、灰度模式、双色调模式、索引颜色模式、RGB颜色模式、CMYK颜色模式、Lab颜色模式、多通道模式。

（1）位图模式

位图模式用两种颜色（黑和白）表示图像中的像素。像素用二进制表示，即黑色和白色用二进制表示，故占磁盘空间最小。

（2）灰度模式

灰度模式可使用多达256级灰度来表现图像，使图像的过渡平滑细腻。灰度图像的每个像素有一个0（黑色）～255（白色）之间的亮度值。

（3）双色调模式

双色调模式采用2～4种彩色油墨混合其色阶来创建双色调（两种颜色）、三色调（三种颜色）、四色调（四种颜色）的图像。双色调模式主要用途是使用尽量少的颜色来表现尽量多的颜色层次，这对于减少印刷成本很重要。

（4）索引颜色模式

索引颜色模式的图像像素用一个字节表示，它使用最多包含有256色的色表存储并索引其所用的颜色，图像质量不高，占空间较小，是网上和动画中常用的图像模式。

（5）RGB颜色模式

RGB颜色模式是屏幕显示的最佳颜色，由红、绿、蓝三种颜色组成，每种颜色可有0～255的亮度变化。显示屏上定义颜色时，往往采用这种模式，适用于显示器、投影仪、扫描仪、数码相机等。

（6）CMYK颜色模式

CMYK颜色模式又称印刷色彩模式，常用于打印输出和印刷图像。CMYK代表印刷上用的四种颜色，C代表青色，M代表洋红色，Y代表黄色，K代表黑色。

（7）Lab颜色模式

Lab颜色模式由三个通道组成，它的一个通道是亮度，即L，另外两个是色彩通道，用A和B来表示。这种色彩混合后将产生明亮的色彩，弥补RGB和CMYK两种色彩模式的不足。

（8）多通道模式

多通道模式中，通道使用256灰度级存放着图像中颜色元素的信息，该模式多用于特定的打印或输出。

3. 色彩的使用

色彩可以吸引人的注意力，影响人的情绪，向人们传达特定的含义，它对画面设计起着重要作用。使用色彩遵循的原则如下：

① 正确选择色彩基调。选择与作品内容、结构、风格、样式相吻合的色彩。不同的色彩感染力和表现力不同，给人不同的联想。

② 注意合理搭配色彩。色彩使用应协调、柔和，画面中通常可采用同一色调的深、浅色进行搭配（即明暗搭配）。不宜使用红/绿、绿/蓝、蓝/黄组合颜色配对。常见的配色方案效果对比见表2-1-1。

表2-1-1　常见的配色方案效果

文字色彩	背景色彩	显示效果	文字色彩	背景色彩	显示效果
黑字	黄色	好	蓝色	黄色	较好
绿字	白色	好	黄字	白色	较差
蓝字	白色	好	红字	绿色	较差
黑字	白色	好	蓝字	红色	较差
白字	黑色	较好	蓝字	黑色	较差
白字	紫色	较好	紫字	黑色	较差
白字	蓝色	较好	紫字	红色	较差
白字	绿色	较好	绿色	灰色	较差
绿色	黑色	较好	绿字	红色	较差

③ 尽量使用不易产生视觉疲劳的色彩。心理学和生理学的知识显示，色彩对人产生的视觉感受会引起疲劳等方面的心理影响。一般来说，人的眼睛对带绿色成分的黄绿、蓝绿、淡青色感觉舒适，不易引起疲劳。红色、橙色居中；而蓝色、紫色最容易引起视疲劳。中性色彩还包括黑、白、灰、金、银色等，这些色彩与大部分版面色彩相配都能达到比较好的效果。

④ 选择合适的颜色种数。使用颜色不宜多，宁少勿多，通常不应超过五种，太多的颜色容易使人眼花缭乱。

⑤ 处理好对比与和谐的关系。色彩对比是两种或以上的色彩并置时产生的矛盾与差异，有色彩对比的画面让人感到明快与醒目。色彩协调是指将两种或以上的色彩有序地进行组合，给人以愉快感。有对比没有协调，画面会显得过于混乱；有协调没有对比，画面会显得单调、乏味。对比是以合理的色彩布局为前提，以视觉平衡为准绳，在对比中体现和谐，在和谐中体现力度。黑、白、灰、金、银色，可以和任何色相构成和谐色的关系；在色相中，邻近色之间构成的和谐色关系，如红、橙、黄。黑白色和不同的色相间则构成对比的关系。

⑥ 使用一致性的颜色显示。各种颜色的意义应符合人们的习惯并保持一致，如红色表示错误，黄色表示警告等，在显示颜色的设计中要注意色彩基调相对稳定。

2.2　常见的数字图形图像编辑软件

图像编辑是对已有的位图图像进行编辑加工及运用一些特殊效果，重点在于图像画面的修改、添加效果、合成等。

2.2.1　Photoshop

Photoshop是由美国Adobe公司推出的图像处理软件，提供了强大的图像编辑和绘图功能。不仅可直接绘制艺术图，还可修改、修复扫描的图像文件，通过调整色彩、亮度，增加特殊效果，使图像更加逼真。Photoshop是集图像扫描、编辑修改、图像制作、广告创意、图像输入与输出于一体的图像处理软件，深受广大平面设计人员和计算机美术爱好者的喜爱，其专长在于图像处理，不适宜图形创作。

2.2.2　CorelDRAW

CorelDRAW是加拿大Corel公司出品的矢量图形制作工具软件，1989年发布，引入全色矢量插图和版面设计程序，填补图形图像处理在该领域的空白。该软件是最流行的平面设计软件之一，它是将平面设计和计算机绘画功能融为一体的专业设计软件，为设计师提供矢量动画、页面设计、网站制作、位图编辑和网页动画等多种功能，广泛地应用于商标设计、标志制作、模型绘制、插图描画、排版及分色输出等诸多领域。CorelDRAW提供各种图像处理功能，从矢量图像、位图到剪切图的连接修剪、图层处理等各种功能，同时支持图片扫描、数码相机、照片处理等多种时下流行且实用的功能。

另外，还有ACDSee、可牛影像、光影魔术手、美图秀秀等新一代智能图像处理软件。

2.3　使用Photoshop编辑图像

2.3.1　Photoshop概述

Photoshop（本书以2021为例）的功能可分为图像编辑、图像合成、校色调色及特效制作。图像编辑是图像处理的基础，可对图像做放大、缩小、旋转、倾斜、镜像、透视等操作，也可进行复制、去除斑点、修补、修饰图像残损等操作。

1. Photoshop的特点和功能

Photoshop有桌面版和iPAD版两个版本。两个版本分别对应不同的使用场景，桌面版适用于个人计算机（台式计算机与笔记本计算机），iPAD版则适用于iPAD平板计算机。Photoshop 适合通用用户及视频专业人士、跨媒体设计人员、Web 设计人员、交互式设计人员等使用。本章采用Photoshop制作实例，它拥有多项全新功能，包括Neural Filters（神经网络AI滤镜）、一键换天空、发现面板、图案预览、黑白老照片的上色等，这些新功能让图片处理更加高效、更加智能。

2. 安装Photoshop的系统最低要求

安装Photoshop的Windows系统最低要求是：支持64位的Intel或AMD处理器；具有SSE4.2或更高版本的2 GHz或速度更快的处理器； Windows 10（64位）版本1809或更高版本的操作系统；8 GB或更高的内存；4 GB硬盘空间；1 280×800（建议使用1 920×1 080）显示器分辨率；支持DirectX 12的GPU，2 GB的GPU内存。

3. Photoshop的工作界面

Photoshop的工作界面由菜单栏、工具属性栏、工具箱、面板组、图像编辑窗口、状态栏六部分组成，如图2-3-1所示。

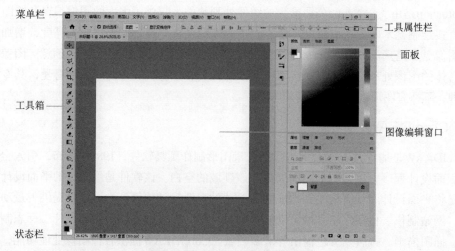

图2-3-1　Photoshop工作界面

菜单栏：按照程序功能分组排列的按钮集合，共有11类菜单，通过鼠标或键盘方向键在下拉菜单中上下移动进行选择。

工具属性栏，又称选项栏，选择不同的工具会显示不同的属性选项。通过设置不同的选项，工具可以制作出各种效果，工具属性栏一般被固定存放到菜单栏下方。工具属性栏被隐藏后通过菜单栏的"窗口"菜单进行重新选择并显示。

工具箱，又称常用工具栏，Photoshop工具超过70个。每种工具图标代表一个或多个工具，右下角没有黑三角符号的图标只代表一种工具，单击即可使用；右下角含有黑三角符号的图标代表多个工具，右击图标或长按图标可查看该图标下所有工具。工具箱被隐藏后可以通过菜单栏的"窗口"菜单进行重新选择并显示，如图2-3-2所示。

面板组，又称调板组或属性面板组，面板组面板显示在菜单栏的"窗口"菜单中选择，各种面板可以伸缩、组合和拆分。面板在处理图像时产生菜单栏和工具箱以外的功能，菜单栏、工具箱、面板组的结合使用，使图像处理产生更多变化效果。

图像编辑窗口，又称画布，显示正在编辑的图像。菜单栏、工具箱、面板组作用于图像的效果通过图像编辑窗口来呈现。

状态栏：显示文档大小、当前工具、文档尺寸、存储进度等信息。

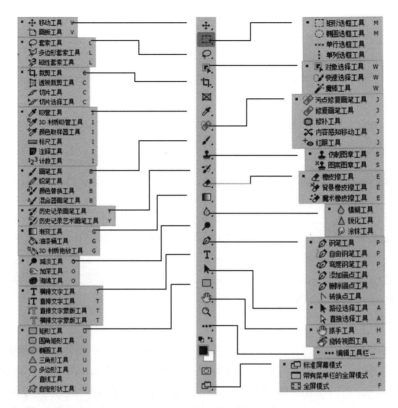

图2-3-2 工具箱

4. Photoshop常用名词

Photoshop包括一些专用名词，以下对部分常用名词进行解释。

像素：图像的基本构成点单元，每个像素呈现为一个小方点，记录图像所在位置点的颜色信息。

图层：存储图像信息，并决定图像信息叠放层次的基本存储单元。图层可理解为一张透明的玻璃纸，图层编辑图像犹如玻璃纸上作画，编辑当前图层不会影响其他图层信息，多个图层如同多张玻璃纸叠放在一起，透过上层可看到下层图案，上层图案将遮挡下层图案。通过对各图层的编辑，并将图层合并，得到最终图像效果。

蒙版：将不同灰度色值转化为不同透明度，并作用到所在图层，使所在图层透明度产生相应变化的特殊图形。其中，黑色为完全透明，白色为完全不透明，可用于抠图、边缘淡化、图层间的融合。

通道：调节记录组成图像颜色、墨水强度、不透明度比率的控制器。

滤镜：改变图像外观效果的某种算法。滤镜通常与通道、图层等联合使用。

选区：通过工具或相应命令在图像上创建的选取范围。选区创建后，可对选区进行编辑；若图像没有创建选区，则默认作用于整个图像。任何编辑对选区外无效。

图层样式：存储一组编辑效果，并可应用于图层的特效模板，如记录各种立体投影、质感、光影效果的图像特效。

羽化：对选区边缘添加淡化渐变效果。羽化使选区内外衔接部分虚化，起到渐变作用，达到自然过渡效果。

容差：色彩色差的容纳范围。容差数值越大即容差越大，选择的颜色色差范围越大。

流量：用于控制画笔作用时的颜色浓度。流量越大，颜色浓度越深。

切片：通过切片工具从图像中分解出来的图片。较多用于网页图片，使浏览网页者减少等待图片加载时间。

批处理：一次完成多个任务的操作命令序列。批处理用于批量处理图片，使多个对象反复执行同一编辑过程（动作）。

2.3.2　文件新建、打开、导入与存储

1. 新建文件

新建文件是指新建一个Photoshop的空白源文件（.psd）。源文件是指记录有编辑信息的图像文件。新建文件的具体操作方法是：启动Photoshop；选择"文件"→"新建"命令，打开"新建"对话框；输入文件名称、宽度、高度、分辨率、颜色模式、背景内容等；单击"确定"按钮，系统进入图像编辑窗口。

2. 打开文件

打开文件是指在Photoshop中打开已存的图像文件。具体操作方法是：启动Photoshop；选择"文件"→"打开"命令，打开"打开"对话框；选择图像文件或视频文件；单击"打开"按钮，则在Photoshop中打开指定的图像文件。Photoshop桌面版支持打开音频和视频文件。

Photoshop自动把打开的图像存储于"背景"图层。通常不对"背景"图层进行编辑，而是复制"背景"图层，得到副本；在副本上进行编辑。复制图层的具体操作方法是：选择"窗口"→"图层"命令，Photoshop窗口右侧打开"图层"面板；选择图层；右击并在快捷菜单中选择"复制图层"命令，打开"复制图层"对话框；输入图层副本名，单击"确定"按钮。

3. 文件的导入

导入文件是指将已有图像文件以图层的形式合并到当前源文件。Photoshop源文件中导入文件有导入图像和导入视频帧两种操作。导入图像又称置入图像，具体操作方法是：选择"文件"→"置入嵌入对象"命令，打开"置入嵌入对象"窗口；选择图像文件，单击"置入"按钮，置入图像在图层面板中建立一个新图层；按【Enter】键，或右击"编辑窗口"置入图像后在快捷菜单中选择"置入"命令；导入图像结束。

Photoshop允许导入视频帧，具体操作方法是：选择"文件"→"导入"→"视频帧到图层"命令，打开"打开"对话框；选择视频文件；单击"打开"按钮，视频文件的每一帧作为一个图层对象有序排列在图层面板。

4. 存储文件

（1）保存新建文档

保存新建文档的具体操作方法是：选择"文件"→"存储为"命令；打开"另存为"对话框；选择文件格式如.jpg格式等，默认文件格式为Photoshop源文件，文件扩展名为.psd；单击"保存"按钮。

（2）保存处理后的图像文件

保存处理后的图像文件的具体操作方法是：选择"文件"→"存储"命令。系统以原来的图像格式存储。

（3）保存GIF动画文件

放置于多个图层的图像经过Photoshop编辑为动画后，可保存为GIF动画文件。具体操作方法是：选择"文件"→"导出"→"存储为Web所用格式（旧版）…"命令，打开"存储为Web所用格式"对话框；设置"文件类型""图像大小""画布大小"等参数；单击"存储"按钮。

2.3.3　常用工具应用

Photoshop的工具箱包含70多个工具，单击每个工具图标，工具属性栏将显示该工具相应属性，可根据编辑图像需要，设置工具属性。

1. 渐变、矩形、椭圆、多边形、油漆桶工具

渐变工具用于创建多种颜色间的逐渐混合，可设置颜色到颜色间的过渡效果，可使用系统的渐变色组。矩形工具用于在图像编辑窗口绘制矩形；按【Shift】键并拖动矩形工具，可绘制一个正方形。椭圆工具用于在图像编辑窗口绘制椭圆形；按【Shift】键并拖动椭圆工具，可绘制正圆形。多边形工具用于创建多边形和星形。油漆桶工具用于将前景色填充到指定图像选区。

【实例】在Photoshop中完成绘制卡通铅笔人的操作：①新建文件，编辑窗口设置"宽度"为30 cm，"高度"为25 cm；②用渐变工具设置图像背景颜色为"径向渐变"；③用矩形工具、椭圆工具、多边形工具绘制卡通铅笔人的身体、眼睛、嘴巴；④用油漆桶给卡通铅笔人填充颜色；⑤文件以lx2301.psd为名保存到"文档"文件夹。

具体操作步骤如下：

步骤1　新建文件。启动Photoshop，选择"文件"→"新建"命令，打开"新建文档"对话框；"宽度"设置为30 cm，"高度"设置为25 cm，"颜色模式"选项选择"RGB颜色"项，"背景内容"选项选择"白色"项，在"名称"文本框中输入lx2301；单击"确定"按钮。

步骤2　设置图像背景颜色为渐变色。工具箱分别选择"设置前景色"和"设置背景色"图标，打开"拾色器（前景色）"对话框和"拾色器（背景色）"对话框；设置前景色为紫色，背景色为黄色；在工具箱选择"渐变工具"，窗口上方打开"渐变工具"属性栏；选择"径向渐变"项；用鼠标在图像编辑窗口绘制一条直线，如图2-3-3所示。

图2-3-3　渐变工具属性栏

步骤3　绘制卡通铅笔人身体。在工具箱选择"矩形工具"；窗口上方工具属性栏"填充"项选择"灰度"组中的"黑色"；"描边"项选择"灰度"组中的"黑色"；编辑窗口绘制一个长矩形作为笔杆；在工具箱选择"椭圆工具"，窗口上方工具属性栏"填充"选项选择"灰度"组中的"黑色"项；"描边"选项选择"灰度"组中的"黑色"项；在矩形上面绘制一个椭圆作为橡皮擦；在工具箱选择"三角形工具"；工具属性栏"填充"选项选择"灰度"组中的"黑色"项，"描边"选项选择"灰度"组中的"黑色"项，在"边"文本框中输入3；在矩形下面绘制三角形的笔芯，如图2-3-4所示。

步骤4　绘制卡通铅笔人的眼睛、嘴巴。在工具箱选择"椭圆工具"；工具属性栏"填充"选项选择"灰度"组中的"白色"项，"描边"选项选择"灰度"组中的"黑色"项，设置形状描边宽度为8；在矩形笔杆上绘制两个一样大的椭圆作为眼眶；在工具箱选择"椭圆工具"，工具属性栏"填充"选项选择"灰度"组中的"黑色"项，"描边"选项选择"灰度"组中的"黑色"项；在每个椭圆眼眶内再绘制一个小椭圆作为眼珠；在工具箱选择"椭圆工具"；工具属性栏"填充"选项选择"红色"项，"描边"选项选择"灰度"组中的"黑色"项；在眼睛下方绘制一个椭圆形嘴巴，如图2-3-5所示。

图2-3-4　铅笔人的身体

图2-3-5　铅笔人的眼睛、嘴巴

步骤5　给卡通铅笔人填充颜色。在"图层"面板中的"矩形1"图层左边的"图层缩览图"处双击，打开"拾色器（纯色）"对话框；选择"浅蓝色"（R：193；G：210；B：240）；单击"确定"按钮；同理，用相同的方法为铅笔人其他部位填充颜色，如图2-3-6所示。

图2-3-6　填充颜色

步骤6　文件存盘。选择"文件"→"存储为"命令，打开"存储为"对话框；"保存位置"选择"文档"文件夹，"文件名"输入lx2301，"格式"选择Photoshop（*.PSD;*.PDD;*.PSDT）；单击"确定"按钮，最终效果如图2-3-7所示。

2. 横排文字、磁性套索、移动工具

横排文字工具用于水平方向添加文字图层或放置文字。磁性套索工具用于自动在指定图像捕捉具有一定颜色属性的物体轮廓并形成路

图2-3-7　铅笔人最终效果

径选区。移动工具用于移动选区内的图像，没有选区时，则移动整个图层。

【实例】从网络下载"叶子.png"文件，并在Photoshop中完成利用素材装饰文字的操作：①新建文件，编辑窗口"宽度"设置为30 cm，"高度"设置为25 cm；②用横排文字工具输入文字"花"，字体为黑体，字体大小为300点；③打开"叶子.png"文件，用磁性套索工具选取叶子轮廓，并用移动工具多次把叶子移动到lx2302.psd文件编辑窗口；④通过自由变换调整叶子的大小、方向、位置，装饰文字"花"；⑤文件以lx2302.psd为名保存到"文档"文件夹。

具体操作步骤如下：

步骤1　新建文件。启动Photoshop，选择"文件"→"新建"命令，打开"新建"对话框；"宽度"设置为30 cm，"高度"设置为25 cm，"颜色模式"选项选择"RGB颜色"项，"背景内容"选项选择"白色"项，"名称"输入lx2302；单击"确定"按钮。

步骤2　输入文字"花"。在工具箱选择"横排文字工具"，窗口上方工具属性栏"字体"选项选择"黑体"项，"字体大小"选项选择"300点"项；单击图像编辑窗口，创建文本框；输入文字"花"。

步骤3　制作叶子素材。选择"文件"→"打开"命令，打开"打开"对话框，选择"叶子.png"文件；在工具箱选择"磁性套索工具"，工具属性栏选择"添加到选区"选项；沿着叶子轮廓拖动鼠标，形成叶子选区；在工具箱选择"移动工具"；多次把叶子选区移动到lx2302.psd文件，如图2-3-8所示。

步骤4　自由变换叶子素材。lx2302.psd文件选择一个图层上的叶子图案，选择"编辑"→"自由变换"命令，叶子图像周围出现控制柄；调整叶子的大小、方向、位置；单击移动工具，打开"是否应用变换"对话框，单击"应用"按钮，如图2-3-9所示。

图2-3-8　叶子素材与其图层

图2-3-9　调整叶子素材

步骤5　重复步骤4，完成其他叶子素材的制作，直至将文字覆盖。

步骤6　文件存盘。选择"文件"→"存储为"命令，打开"存储为"对话框；"保存位置"选择"文档"文件夹，"文件名"输入lx2302，"格式"选择Photoshop（*.PSD;*.PDD;*.PSDT）；单击"确定"按钮。

3. 仿制图章、内容感知移动、修补、魔棒工具

仿制图章工具用于将图像的部分图案复制到图像的其他区域，可复制或移去图像中的对象。内容感知移动工具用于将图像中指定对象移动到其他位置，并智能修复对象移动后的空隙。修补工具用于将图像中的图案填充选区。魔棒工具用于根据图像中颜色的相似度来建立选区。

【实例】从网络下载"沙滩.jpg"与"鸭子.jpg"文件，并在Photoshop中完成美化沙滩的操作：①打开"沙滩.jpg"文件，以lx2303.psd为名保存到"文档"文件夹；②用仿制图章工具把海滩水花线延长至图像左下角；③用内容感知移动工具把星星移动到图像右上角；④用修补工具在图像下方增加一个同样的星星；⑤用魔棒工具把鸭子放在海水中；⑥保存文件。

具体操作步骤如下：

步骤1　打开文件。启动Photoshop，选择"文件"→"打开"命令，打开"打开"对话框，选择"沙滩.jpg"文件，单击"打开"按钮。

步骤2　文件存盘。选择"文件"→"存储为"命令，打开"存储为"对话框；"保存位置"选择"文档"文件夹，"文件名"输入lx2303，"格式"选择Photoshop（*.PSD;*.PDD;*.PSDT）；单击"确定"按钮。

步骤3　复制背景图层。图层面板选择"背景"图层，右击并在快捷菜单中选择"复制图层"命令，打开"复制图层"对话框；单击"确定"按钮。

步骤4　延长海滩水花线到左下角。在工具箱选择"仿制图章工具"，窗口上方工具属性栏中单击"画笔预设选取器"，"大小"选项选择"100像素"项，"硬度"选项选择0%项；按【Alt】键，同时单击图像中部的水花线取样；放开【Alt】键，拖到鼠标在图像左下方的水花线边缘进行涂抹，画出与取样水花线相似的水花线延长部分，如图2-3-10所示；水花线延长线和海水部分涂抹完成，效果如图2-3-11所示。

图2-3-10　涂抹水花线延长部分　　　　　　图2-3-11　涂抹效果

步骤5　移动星星。在工具箱选择"内容感知移动工具"，工具属性栏"模式"选项选择"移动"项，单击鼠标将星星圈起来形成选区；按住鼠标左键将星星选区移动到图像右上角；选择"选择"→"取消选择"命令或按【Ctrl+D】组合键，取消选区，效果如图2-3-12所示。

步骤6　增加一个星星。在工具箱选择"修补工具"；工具属性栏选择"新选区"选项；在图像下方拖动鼠标画出一个与星星宽度相似的圆形选区；单击圆形选区并拖动到星星上；选择"选择"→"取消选择"命令或按【Ctrl+D】组合键，取消选区，如图2-3-13所示。

步骤7　制作鸭子素材。选择"文件"→"打开"命令，打开"打开"对话框，选择"鸭子.jpg"文件；在工具箱选择"魔棒工具"，工具属性栏选择"添加到选区"选项，"取样大小"选项选择"11×11平均"项，在"容差"文本框中输入32；多次单击鸭子身体图案，将鸭子轮廓建为选区；选择"编辑"→"拷贝"命令；切换到lx2303.psd文件选项卡，选择"编辑"→"粘贴"命令，将鸭子选区粘贴在lx2303.psd文件，如图2-3-14所示。

图2-3-12　内容感知移动星星

图2-3-13　增加星星

图2-3-14　粘贴鸭子

步骤8　自由变换鸭子素材。选择鸭子图案；选择"编辑"→"自由变换"命令，调整鸭子的大小、方向和位置；单击移动工具，打开"是否应用变换"对话框，单击"应用"按钮，如图2-3-15所示。

步骤9　文件存盘。选择"文件"→"存储"命令。

图2-3-15　最终效果

4. 红眼、锐化、减淡、加深、裁剪工具

红眼工具用于消除人物眼睛因灯光或闪光灯照射后瞳孔产生的红点、白点等反射光点。锐化工具用于图像的色彩变强烈、柔和的边界变清晰、提高像素点亮度。减淡工具用于改变图像的曝光度来提高图像亮度，使图像颜色变浅。加深工具用于降低图像的曝光度来降低图像的亮度，使图像颜色变深。裁剪工具用于保留图像的选区部分，删除其他部分。照片调整用于裁剪、去除红眼、锐化眼珠、减淡肤色、加深眉毛。

【实例】从网络下载"女孩.jpg"文件，并在Photoshop中完成美化女孩照片的操作：①打开"女孩.jpg"文件，以lx2304.psd为名保存到"文档"文件夹；②用红眼工具去除女孩的红眼；③用锐化工具强化女孩眼珠亮点；④用减淡工具淡化女孩脸部颜色；⑤用加深工具加深女孩眉毛颜色；⑥用裁剪工具把倾斜的女孩调端正，并裁剪女孩以外的背景；⑦保存文件。

具体操作步骤如下：

步骤1 打开文件。启动Photoshop，选择"文件"→"打开"命令，打开"打开"对话框，选择"女孩.jpg"文件，单击"打开"按钮。

步骤2 文件存盘。选择"文件"→"存储为"命令，打开"存储为"对话框；"保存位置"选择"文档"文件夹，"文件名"输入lx2304，"格式"选择Photoshop（*.PSD;*.PDD;*.PSDT）；单击"确定"按钮。

步骤3 复制背景图层。图层面板选择"背景"图层；右击并在快捷菜单中选择"复制图层"命令；打开"复制图层"对话框；单击"确定"按钮。

步骤4 去除女孩红眼。在工具箱选择"红眼工具"，光标指向眼珠图案，进行多次单击。

步骤5 锐化眼珠亮点。在工具箱选择"锐化工具"；鼠标指向眼珠亮点，连续单击三次，强化眼珠亮点。注意：在Adobe Photoshop CS6版本中没有显示步骤5的实验效果，其余版本则可以。

步骤6 减淡脸部颜色。在工具箱选择"减淡工具"；工具属性栏单击打开"画笔预设"选取器，"大小"选项选择"900像素"项，"硬度"选项选择0%项；光标移动到脸部，用笔触将脸部圈起来，连续单击鼠标五次。

步骤7 加深眉毛颜色。在工具箱选择"加深工具"；工具属性栏单击打开"画笔预设"选取器，"大小"选项选择"40像素"项，"硬度"选项选择0%项；光标在眉毛图案上涂抹一遍。

步骤8 端正和裁剪照片。在工具箱选择"裁剪工具"，使用裁剪框的旋转手柄把图像旋转，直到倾斜的女孩变成端正，如图2-3-16所示；使用裁剪框的控制柄调整裁剪框的大小；单击鼠标并拖动图像，使女孩图案保留在裁剪框，多余背景在裁剪框外；在图像上右击并在快捷菜单中选择"裁剪"命令，如图2-3-17所示。

图2-3-16 端正女孩头部

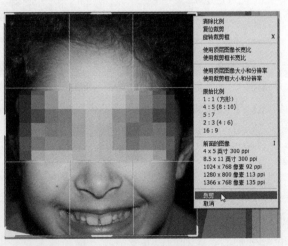

图2-3-17 把女孩裁剪出来

步骤9 文件存盘。选择"文件"→"存储"命令。

5. 快速选择、橡皮擦、自定形状工具

快速选择工具用于通过色彩差别智能查找图像中的对象边缘并形成选区。橡皮擦工具用于擦除图像中的颜色，并在擦除的位置上填入背景色。若图像处于背景图层，擦除图像中的色彩，剩下背景色；若该图像下方有图层则显示下方图层的图像。自定形状工具用于绘制自定形状路径。

【实例】从网络下载"蓝天.jpg"和"郁金香.jpg"文件，并在Photoshop中完成制作蓝天下郁金香的操作：①打开"蓝天.jpg"文件，以lx2305.psd为名保存到"文档"文件夹；②把"郁金香.jpg"文件置入lx2305.psd文件中；③用快速选择工具和橡皮擦工具去除郁金香花以外的背景；④用自定形状工具在蓝天中绘制小鸟；⑤保存文件。

具体操作步骤如下：

步骤1　打开文件。启动Photoshop，选择"文件"→"打开"命令，打开"打开"对话框，选择"蓝天.jpg"文件，单击"打开"按钮。

步骤2　文件存盘。选择"文件"→"存储为"命令，打开"存储为"对话框；"保存位置"选择"义档"文件夹，"文件名"输入lx2305，"格式"选择Photoshop（*.PSD;*.PDD;*.PSDT）；单击"确定"按钮。

步骤3　置入文件。选择"文件"→"置入嵌入对象"命令，打开"置入嵌入的对象"窗口；选择"郁金香.jpg"文件，单击"置入"按钮；同时按【Shift+Alt】组合键调整图像大小和位置，如图2-3-18所示；右击置入图像后在快捷菜单中选择"置入"命令。

图2-3-18　置入郁金香图片

步骤4　选择去除的背景。图层面板选择郁金香图层；在工具箱选择"快速选择工具"，工具属性栏选择"添加到选区"选项；单击打开"画笔选项"选取器，"大小"选项选择"90像素"项；光标在郁金香花以外的背景单击数次，使郁金香花图案外的背景形成选区，如图2-3-19所示。

步骤5　去除背景。单击橡皮擦工具，工具属性栏单击打开"画笔选项"选取器，"笔触大小"选项选择"30像素"项；使用鼠标在选区内进行涂抹，擦除选区全部背景；选择"选择"→"取消选择"命令或按【Ctrl+D】组合键，取消选区，如图2-3-20所示。

步骤6　绘制小鸟。选择"图层"→"新建"→"图层"命令，打开"新建图层"对话框；在"名称"文本框中输入"小鸟"，单击"确定"按钮；选择"窗口"→"形状"，打开"形状"面板，在面板右上角单击菜单图标，打开下拉菜单，单击"旧版形状及其他"；在工具箱选择"自定形状工具"，工具属性栏"选择工具模式"选项选择"形状"项，"填充"选项选择"灰度"下的"白色"项，"描边"选项选择"灰度"下的"黑色"项，"形状"选项选择"旧版形状及其他"→"2019形状"→"飞行动物"→"鸣鸟"（或"麻雀"）项，；光标移动到图像，绘制若干个小鸟图形，如图2-3-21所示。

图2-3-19　选择需要去除的背景

图2-3-20　去除背景

图2-3-21　自定形状工具属性

步骤7　文件存盘。选择"文件"→"存储"命令，最终效果如图2-3-22所示。

6. 画笔工具

画笔工具用于绘制图像，或给图像上颜色。

【**实例**】从网络下载"人像.jpg"文件，并在Photoshop中完成给人像头发染色的操作：①打开"人像.jpg"文件，以lx2306.psd为名保存到"文档"文件夹；②设置前景色为蓝色；③用画笔工具把人像头发染成蓝色；④保存文件。

图2-3-22　最终效果

具体操作步骤如下：

步骤1　打开文件。启动Photoshop，选择"文件"→"打开"命令，打开"打开"对话框，选择"人像.jpg"文件，单击"打开"按钮。

步骤2　文件存盘。选择"文件"→"存储为"命令，打开"存储为"对话框；"保存位置"选择"文档"文件夹，"文件名"输入lx2306，"格式"选择Photoshop（*.PSD;*.PDD;*.PSDT）；单击"确定"按钮。

步骤3　复制背景图层。图层面板选择"背景"图层；右击并在快捷菜单中选择"复制图层"命令，打开"复制图层"对话框；单击"确定"按钮。

步骤4　设置前景色。工具箱单击"设置前景色"图标，打开"拾色器（前景色）"对话框；颜色选择蓝色。

步骤5　给头发上颜色。选择"图层"→"新建"→"图层"命令，打开"新建图层"对话框；在"名称"文本框中输入"蓝色"，单击"确定"按钮；在工具箱选择"画笔工具"；工具属性栏单击打开"画笔预设"选取器，"大小"选项选择"70像素"项，"硬度"选项选择0%项，"不透明度"选项选择50%项；将头发图案涂为蓝色，如图2-3-23所示。

步骤6　合拼头发颜色。选择"蓝色"图层，图层面板上方"设置图层的混合模式"选项选择"叠加"项，如图2-3-24所示。

图2-3-23　涂抹蓝色效果

图2-3-24　叠加效果

步骤7 文件存盘。选择"文件"→"存储"命令。

2.3.4　图像颜色修改

图像颜色修改主要表现在图片颜色、亮度、对比度等的调整，通过"图像"→"调整"命令可修改图片颜色。"图像"→"调整"命令包含"色阶""曲线""色彩平衡""亮度/对比度""可选颜色"等多项命令，可改变图片的色彩，如修正图片偏色、给黑白照片添加颜色、将彩色照片修改为黑白照片等。

1. 色彩平衡

色彩平衡功能可更改图像的总体颜色混合，并在暗调区、中间调区、高光区通过控制各单色的成分来平衡图像的色彩。

【实例】从网络下载黑白图片"牧场小屋.jpg"文件，并在Photoshop中完成黑白图片添加颜色的操作：①打开"牧场小屋.jpg"文件；②用"图像"→"调整"→"色彩平衡"命令给黑白图片中的物体添加颜色；③文件以lx2307.psd为名保存到"文档"文件夹。

具体操作步骤如下：

步骤1　打开文件。启动Photoshop，选择"文件"→"打开"命令，打开"打开"对话框，选择"牧场小屋.jpg"文件，单击"打开"按钮。

步骤2　设置颜色模式。选择"图像"→"模式"→"RGB颜色"命令，如图2-3-25所示。

步骤3　复制背景图层。图层面板选择"背景"图层，右击并在快捷菜单中选择"复制图层"命令，打开"复制图层"对话框；单击"确定"按钮。

步骤4　选择添加颜色的景物。图层面板选择"背景 拷贝背景 拷贝"图层；在工具箱选择"磁性套索工具"或"快速选择工具"；设置工具属性栏选项；用光标选择景物图案如"门"建立选区，如图2-3-26所示。

图2-3-25   设置RGB模式

图2-3-26   选取需要填色的对象

步骤5   修改选区颜色。选择"图像"→"调整"→"色彩平衡"命令，打开"色彩平衡"对话框；修改"色彩平衡"参数改变选区颜色；选择"选择"→"取消选择"命令取消选区，如图2-3-27所示。

图2-3-27   设置色彩平衡

步骤6   重复步骤4和步骤5，对图像中其他景物图案添加颜色。

步骤7   文件存盘。选择"文件"→"存储为"命令，打开"存储为"对话框；"保存位置"选择"文档"文件夹，"文件名"输入lx2307，"格式"选择Photoshop（*.PSD;*.PDD;*.PSDT）；单击"确定"按钮。

2. 可选颜色

可选颜色是对某颜色范围进行修改，在不影响其他原色的情况下修改图像中的某种彩色，可用于校正色彩不平衡问题和调整颜色。

【实例】从网络下载"糖果.jpg"文件，并在Photoshop中完成修改图片色块的操作：①打开"糖果.jpg"文件；②用"图像"→"调整"→"可选颜色"命令修改图片色块；③文件以lx2308.psd为名保存到"文档"文件夹。

具体操作步骤如下：

步骤1　打开文件。启动Photoshop，选择"文件"→"打开"命令，打开"打开"对话框，选择"糖果.jpg"文件，单击"打开"按钮。

步骤2　复制背景图层。图层面板选择"背景"图层；右击并在快捷菜单中选择"复制图层"命令；打开"复制图层"对话框，单击"确定"按钮。

步骤3　调整某种颜色。选择"图像"→"调整"→"可选颜色"命令，打开"可选颜色"对话框；选择某种颜色如"颜色"选项选择"红色"项；移动参数滑块调整参数，修改图像中的"红色"色块，如图2-3-28所示。

图2-3-28　调整图片的红色色块

步骤4　重复步骤3，对图像中的其他色块进行修改；单击"确定"按钮。

步骤5　文件存盘。选择"文件"→"存储为"命令，打开"存储为"对话框；"保存位置"选择"文档"文件夹，"文件名"输入lx2308，"格式"选择Photoshop（*.PSD;*.PDD;*.PSDT）；单击"确定"按钮。

2.3.5　图层样式应用

Photoshop通过图层面板管理编辑对象，通常一个对象放置于一个图层。图层样式可对图层对象添加特效如投影、外发光、描边、斜面和浮雕等。

1. 利用图层样式制作特效字体

【实例】在Photoshop中完成制作五彩水晶字体的操作：①新建文件，设置编辑窗口"宽度"为30 cm，"高度"为25 cm；②新建文字图层；③设置文字图层的图层样式，使文字呈现五彩水晶字效果；④文件以lx2309.psd为名保存到"文档"文件夹。

具体操作步骤如下：

步骤1 新建文件。启动Photoshop，选择"文件"→"新建"命令，打开"新建"对话框；"宽度"设置为30 cm，"高度"设置为25 cm，"颜色模式"选项选择"RGB模式"项，"背景内容"选项选择"背景色"项，"名称"输入lx2309，单击"确定"按钮。

步骤2 设置背景图层为黑色。选择"窗口"→"色板"命令；窗口右侧打开"色板"面板；在工具箱选择"油漆桶工具"；"色板"面板中选择黑色作为前景色；图层面板选择"背景"图层；在图像编辑窗口中单击鼠标。

步骤3 新建文字图层。在工具箱选择"横排文字工具"；工具属性栏"字体"选项选择One Stroke Script LET项，"字体大小"选项选择"200点"项，"设置文本颜色"选项选择"绿色"项；单击图像编辑窗口，添加文本框；输入文字ABCDE；图层面板双击文字图层名称，改名为"英文"，如图2-3-29所示。

图2-3-29 横排文字工具设置和文字输入

步骤4 设置图层样式"渐变叠加"。双击图层面板中"英文"图层，打开"图层样式"对话框；单击对话框左侧的"渐变叠加"选项，打开"渐变叠加"设置窗口；单击"渐变"选项，打开"渐变编辑器"对话框；增加四个色标；调整六个色标位置；分别双击色标，打开"拾色器（色标颜色）"对话框；设置六个色标的颜色数值从左到右依次为#9ecaf0、#a5f99e、#f5b3f1、#f8ae97、#faf18e、#9df7fa；单击"确定"按钮；单击"渐变编辑器"窗口"确定"按钮，如图2-3-30所示。

步骤5 设置图层样式"光泽"。单击"图层样式"对话框左侧的"光泽"选项，打开"光泽"对话框；单击"等高线"选项，打开"等高线编辑器"对话框，等高线定义为图2-3-31所示参数；单击"确定"按钮。

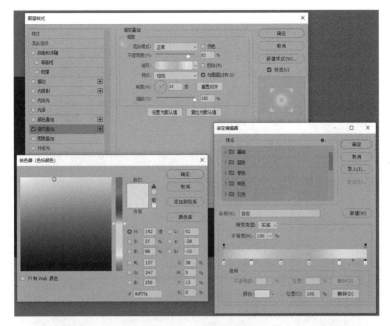

图2-3-30　设置渐变颜色

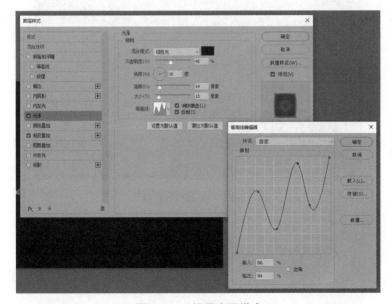

图2-3-31　设置光泽样式

步骤6　设置图层样式-内发光。选择"图层样式"对话框左侧的"内发光"选项；打开"内发光"对话框；微调"内发光"对话框参数，如图2-3-32所示。

步骤7　设置图层样式"内阴影"。选择"图层样式"对话框左侧的"内阴影"选项；打开"内阴影"对话框；单击"等高线"选项；打开"等高线编辑器"对话框，等高线定义参数；单击"确定"按钮，如图2-3-33所示。

步骤8　设置图层样式"斜面和浮雕"。选择"图层样式"对话框左侧的"斜面和浮雕"选项，打开"斜面和浮雕"对话框，设置参数，如图2-3-34所示。

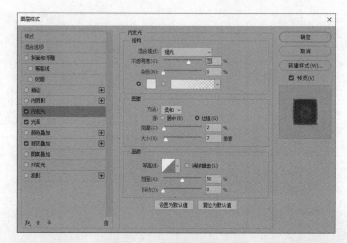

图2-3-32　设置内发光样式

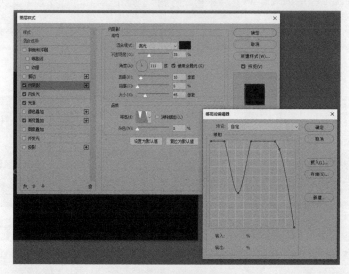

图2-3-33　设置内阴影样式

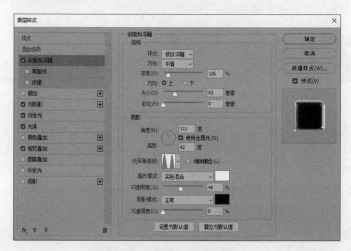

图2-3-34　设置斜面和浮雕样式

步骤9　设置图层样式"外发光"。单击"图层样式"对话框左侧的"外发光"选项；打开"外发光"对话框，设置参数；单击"确定"按钮，如图2-3-35所示。

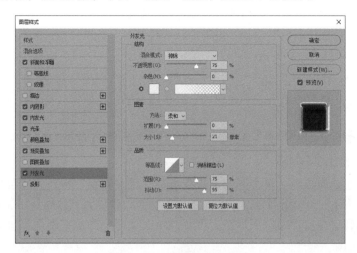

图2-3-35　设置外发光样式

步骤10　文件存盘。选择"文件"→"存储为"命令，打开"存储为"对话框；"保存位置"选择"文档"文件夹，"文件名"输入lx2309，"格式"选择Photoshop（*.PSD;*.PDD;*.PSDT）；单击"确定"按钮。水晶字最终效果如图2-3-36所示。

图2-3-36　水晶字最终效果

2. 利用图层样式制作物体外观

【实例】在Photoshop中完成制作金属链条的操作：①新建文件，编辑窗口设置"宽度"为30 cm、"高度"为25 cm；②新建图层，制作单个金属环；③设置金属环图层的图层样式，使金属环具有金属光泽；④制作多个金属环，并连接成一条金属链条；⑤文件以lx2310.psd为名保存到"文档"文件夹。

具体操作步骤如下：

步骤1　新建文件。启动Photoshop，选择"文件"→"新建"命令，打开"新建"对话框；"宽度"设置为30 cm，"高度"设置为25 cm，"颜色模式"选项选择"RGB模式"项，"背景内容"选项选择"背景色"项，"名称"输入lx2310；单击"确定"按钮。

步骤2 绘制大金属环。选择"图层"→"新建"→"图层"命令，打开"新建图层"对话框；在"名称"文本框中输入"大金属环"，单击"确定"按钮；在工具箱选择"圆角矩形工具"；工具属性栏"选择工具模式"选项选择"形状"项，"填充"选项选择"无颜色"项，"描边"选项选择"黑色"项，"设置形状描边宽度"选项选择"50点"项，在"设置圆角的半径"文本框中输入"1 000像素"；图像编辑窗口绘制一个圆角矩形。

步骤3 绘制小金属环。选择"图层"→"新建"→"图层"命令，打开"新建图层"对话框；在"名称"文本框中输入"小金属环"，单击"确定"按钮；在工具箱选择"圆角矩形工具"，工具属性栏"选择工具模式"选项选择"形状"项，"填充"选项选择"黑色"项，"描边"选项选择"无颜色"项，在"半径"文本框中输入"1 000像素"；图像编辑窗口绘制一个圆角矩形，如图2-3-37所示。

步骤4 新建金属环组。单击图层面板下方的"创建新组"按钮，图层面板新建图层组"组1"；双击"组1"图层组名称，进入文本输入状态，改名为"金属环组"；选择"大金属环"图层并拖动到"金属环组"图层组；选择"小金属环"图层并拖动到"金属环组"图层组，如图2-3-38所示。

图2-3-37　大小圆角矩形

图2-3-38　"金属环组"图层组

步骤5 设置图层样式"内阴影"。双击图层面板中的"金属环组"图层组，打开"图层样式"对话框；选择"内阴影"选项，打开"内阴影"对话框；"混合模式"选项选择"正片叠底"项，"设置阴影颜色"选项选择"蓝色"项，其他参数设置如图2-3-39所示。

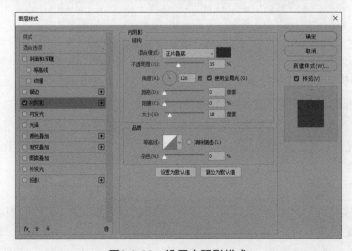

图2-3-39　设置内阴影样式

步骤6 设置图层样式"外发光"。选择"图层样式"窗口左侧的"外发光"选项，打开
"外发光"设置窗口；"混合模式"选项选择"正常"项，"方法"选项选择"柔和"项，其
他参数设置如图2-3-40所示。

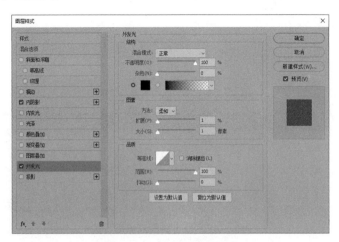

图2-3-40 设置外发光样式

步骤7 设置图层样式"内发光"。选择"图层样式"窗口左侧的"内发光"选项，打开
"内发光"对话框；"混合模式"选项选择"滤色"项，"方法"选项选择"柔和"项，其他
参数设置如图2-3-41所示。

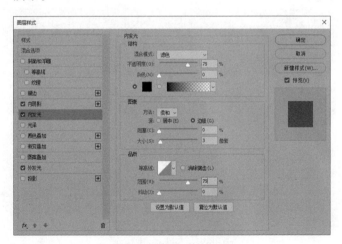

图2-3-41 设置内发光样式

步骤8 设置图层样式"斜面与浮雕"。选择"图层样式"窗口左侧的"斜面与浮雕"选
项，打开"斜面与浮雕"对话框；同时勾选"等高线"和"纹理"复选框；"斜面与浮雕"对
话框"样式"选项选择"内斜面"项，"方法"选项选择"雕刻清晰"项，"高光模式"选项
选择"滤色"项，"阴影模式"选项选择"正片叠底"项，其他参数设置如图2-3-42所示。

步骤9 设置图层样式"纹理"。选择"图层样式"窗口左侧的"纹理"选项，打开"纹
理"对话框；"图案"选项选择"图案"系列中"水滴"组中的"水-池"项，在"缩放"文本
框中输入629，在"深度"文本框中输入-673。

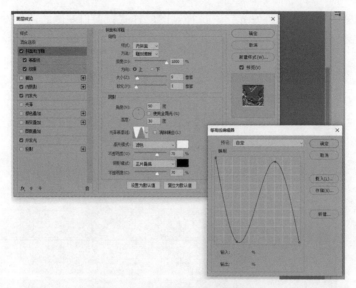

图2-3-42　设置斜面和浮雕样式

步骤10　设置图层样式"光泽"。选择"图层样式"窗口左侧的"光泽"选项，打开"光泽"对话框；"混合模式"选项选择"正片叠底"项，"设置效果颜色"选项选择"灰色"项，其他参数设置如图2-3-43所示。

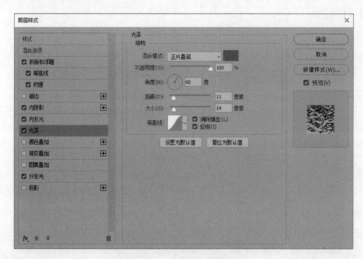

图2-3-43　设置光泽样式

步骤11　设置图层样式"颜色叠加"。选择"图层样式"窗口左侧的"颜色叠加"选项，打开"颜色叠加"对话框；"混合模式"选项选择"正常"项，"颜色"选项选择"白色"项，在"不透明度"文本框中输入100。

步骤12　设置图层样式"描边"。选择"图层样式"窗口左侧的"描边"选项，打开"描边"对话框；"位置"选项选择"外部"项，"混合模式"选项选择"正常"项，其他参数设置如图2-3-44所示；单击"确定"按钮。

步骤13　复制"金属环组"图层组。选择"金属环组"图层组，右击并在快捷菜单中选择"复制组"命令；打开"复制组"对话框；单击"确定"按钮，如图2-3-45所示。

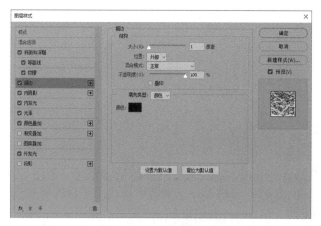

图2-3-44 设置描边样式

步骤 14 制作金属链条。重复步骤13，制作多个金属环组；选择所有金属环组图层组；在工具箱选择"移动工具"；调整金属环组在图像编辑窗口中的位置；选择"编辑"→"自由变换路径"命令，调整金属环的方向、大小，使金属环相互重叠，如图2-3-46所示。

图2-3-45 图层面板效果

图2-3-46 金属链条最终效果

步骤 15 文件存盘。选择"文件"→"存储为"命令，打开"存储为"对话框；"保存位置"选择"文档"文件夹，"文件名"输入lx2310，"格式"选择Photoshop（*.PSD;*.PDD;*.PSDT）；单击"确定"按钮。

2.3.6 滤镜应用

Photoshop的滤镜能对原有图像进行艺术加工，得到特殊显示效果。每个图像可应用一个或多个滤镜。

1. 利用滤镜绘制景物

【实例】在Photoshop中完成绘制云彩、海浪的操作：①新建文件，编辑窗口设置"宽度"为30 cm，"高度"为25 cm；②用"云彩"滤镜制作云彩；③用"波纹"滤镜绘制海浪；④文件以lx2311.psd为名保存到"文档"文件夹。

具体操作步骤如下：

步骤1　新建文件。启动Photoshop，选择"文件"→"新建"命令，打开"新建"对话框；"宽度"设置为30 cm，"高度"设置为25 cm，"颜色模式"选项选择"RGB模式"项，"背景内容"选项选择"白色"项，"名称"输入lx2311，单击"确定"按钮。

步骤2　制作云彩。工具箱分别选择"设置前景色""设置背景色"图标，打开"拾色器（前景色）"对话框和"拾色器（背景色）"对话框；分别设置前景色为#00AEEF代码的颜色，背景色为白色；选择"滤镜"→"渲染"→"云彩"命令，如图2-3-47所示。

步骤3　制作海浪选区和填充渐变色彩。选择"图层"→"新建"→"图层"命令，打开"新建图层"对话框；"名称"输入"蓝色"，单击"确定"按钮新建"蓝色"图层；选择"蓝色"图层；在工具箱选择"矩形选框工具"，选择图像编辑窗口下半部分作为选区；工具箱分别选择"设置前景色""设置背景色"选项，打开"拾色器（前景色）"对话框和"拾色器（背景色）"对话框；分别设置前景色为代码#00AEEF的颜色，背景色为白色；在工具箱选择"渐变工具"，工具属性栏选择"线性渐变"选项；在矩形选框中从下至上拖动鼠标填充颜色；选择"选择"→"取消选择"命令或按【Ctrl+D】组合键取消选区，如图2-3-48所示。

图2-3-47　云彩效果　　　　　　　　　图2-3-48　海浪选区和渐变效果

步骤4　制作海浪。选择"蓝色"图层；选择"滤镜"→"扭曲"→"波纹"命令；打开"波纹"对话框，在"数量"文本框中输入999，"大小"选项选择"大"项，单击"确定"按钮；再次选择"滤镜"→"扭曲"→"波纹"命令，打开"波纹"对话框，在"数量"文本框中输入999，"大小"选项选择"中"项，单击"确定"按钮；选择"滤镜"→"扭曲"→"旋转扭曲"命令，打开"旋转扭曲"对话框；在"角度"文本框中输入228，单击"确定"按钮。

步骤5　文件存盘。选择"文件"→"存储为"命令，打开"存储为"对话框；"保存位置"选择"文档"文件夹，"文件名"输入lx2311，"格式"选择Photoshop（*.PSD;*.PDD;*.PSDT）；单击"确定"按钮，如图2-3-49所示。

图2-3-49　波浪最终效果

2. 利用滤镜制作特效字体——火焰效果

【实例】在Photoshop中完成制作火焰字的操作：①新建文件，编辑窗口设置"宽度"为30 cm，"高度"为25 cm；②新建文字图层，输入文字"火焰字"；③给文字图层添加滤镜效果，制作火焰效果；④文件以lx2312.psd为名保存到"文档"文件夹。

具体操作步骤如下：

步骤1　新建文件。启动Photoshop，选择"文件"→"新建"命令，打开"新建"对话框；"宽度"设置为30 cm，"高度"设置为25 cm，"颜色模式"选项选择"RGB颜色"项，"背景内容"选项选择"白色"项，"名称"输入lx2312；单击"确定"按钮。

步骤2　设置背景图层为黑色。选择"窗口"→"色板"命令，打开色板面板；在工具箱选择"油漆桶工具"；在色板面板中选择黑色作为前景色；图层面板选择"背景"图层；在图像编辑窗口中单击鼠标。

步骤3　新建文字图层。在工具箱选择"横排文字工具"；工具属性栏"字体"选项选择"黑体"项，"字体大小"选项输入"150点"，"设置文本颜色"选项选择"黄色"；单击图像编辑窗口，添加文字输入文本框；输入"火焰字"；图层面板双击文字图层名称，改名为"文字"。

步骤4　合并所有图层。选择"图层"→"合并可见图层"命令。

步骤5　旋转图像。选择"图像"→"图像旋转"→"顺时针90度"。

步骤6　设置滤镜"风"。选择"滤镜"→"风格化"→"风"命令，打开"风"对话框；"方法"选项选择"风"项，"方向"选项选择"从左"项；单击"确定"按钮；重复设置滤镜"风"若干次，增加"风"特效，如图2-3-50所示。

图2-3-50　设置多次"风"滤镜的效果

步骤7　旋转图像。选择"图像"→"图像旋转"→"逆时针90度"。

步骤8　设置滤镜"高斯模糊"。选择"滤镜"→"模糊"→"高斯模糊"命令，打开"高斯模糊"对话框；在"半径"文本框中输入2.5，单击"确定"按钮，如图2-3-51所示。

步骤9　设置滤镜"波纹"。选择"滤镜"→"扭曲"→"波纹"命令，打开"波纹"对话框；在"数量"文本框中输入100，"大小"选项选择"中"项；单击"确定"按钮。

步骤10　设置模式。选择"图像"→"模式"→"灰度"命令，打开"信息"对话框，单击"扔掉"按钮；选择"图像"→"模式"→"索引颜色"命令；再选择"图像"→"模式"→"颜色表"命令，打开"颜色表"对话框；选择"黑体"；单击"确定"按钮，如图2-3-52所示。

图2-3-51　设置高斯模糊的效果　　　　　　图2-3-52　设置模式后的效果

步骤11　文件存盘。选择"文件"→"存储为"命令，打开"存储为"对话框；"保存位置"选择"文档"文件夹，"文件名"输入lx2312，"格式"选择Photoshop（*.PSD;*.PDD;*.PSDT）；单击"确定"按钮。

3. 利用滤镜制作特效字体——熔化效果

【实例】在Photoshop中完成制作熔化字的操作：①新建文件，编辑窗口设置"宽度"为30 cm，"高度"为25 cm；②新建文字图层，输入文字ice；③给文字图层添加滤镜效果，制作熔化效果；④文件以lx2313.psd为名保存到"文档"文件夹。

具体操作步骤如下：

步骤1　新建文件。启动Photoshop，选择"文件"→"新建"命令，打开"新建"对话框；"宽度"设置为30 cm，"高度"设置为25 cm，"颜色模式"选项选择"RGB颜色"项，"背景内容"选项选择"白色"项，"名称"输入lx2313；单击"确定"按钮。

步骤2　创建新通道。选择"窗口"→"通道"命令，打开通道面板；单击通道面板下方的"创建新通道"按钮，创建新通道Alpha 1，如图2-3-53所示。

步骤3　新建文字图层。选择"窗口"→"通道"命令，打开"通道"面板；在工具箱选择"横排文字工具"；工具属性栏"字体"选项选择Arial项，"字体大小"选项选择"200点"项，"设置文本颜色"选项选择"蓝色"；单击图像编辑窗口，添加文本框；输入文字ice，在工具箱选择"移动工具"，将文字移动到画布的中心。

步骤4　填充前景色。在工具箱选择"设置前景色"图标，打开"拾色器（前景色）"对话框；设置前景色为黄色；按【Alt+Delete】组合键用前景色填充文字选区；选择"选择"→"取消选择"命令，取消选区。

步骤5　设置滤镜"风"。选择"图像"→"图像旋转"→"逆时针90度"命令；选择"滤镜"→"风格化"→"风"命令，打开"风"对话框；"方法"选项选择"风"项，"方向"选项选择"从左"项，单击"确定"按钮；重复设置滤镜"风"若干次，增加"风"特效，如图2-3-54所示。

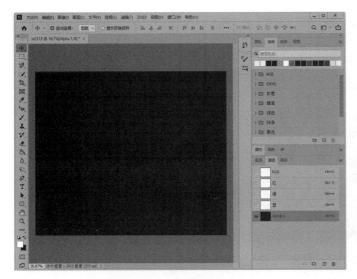

图2-3-53　新建通道Alpha 1

图2-3-54　设置多次"风"
滤镜的效果

步骤 6　设置滤镜"图章"。选择"图像"→"图像旋转"→"顺时针90度"命令旋转画布；选择"滤镜"→"滤镜库"命令，打开"滤镜库"窗口；在"滤镜库"窗口右侧选择"素描"→"图章"选项，"明暗平衡"输入28，"平滑度"输入38；单击"确定"按钮，如图2-3-55所示。

图2-3-55　设置"图章"滤镜的效果

步骤 7　设置滤镜"石膏"。选择"滤镜"→"滤镜库"命令，打开"滤镜库"对话框；对话框右侧选择"素描"→"石膏效果"选项，打开"石膏效果"选项；"图像平衡"输入5，"平滑度"输入3，"光照"选项选择"上"项；单击"确定"按钮，如图2-3-56所示。

步骤 8　载入选区。单击图层面板下方的"创建新图层"按钮，新建"图层1"图层；在工具箱选择"设置前景色"图标，打开"拾色器（前景色）"对话框；设置前景色为白色；选择"图层1"图层，按【Alt+Delete】组合键填充"图层1"图层；选择"选择"→"载入选区"命令，打开"载入选区"对话框；"通道"选项选择Alpha 1项；单击"确定"按钮。

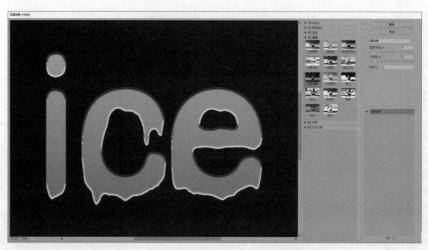

图2-3-56　设置"石膏"滤镜的效果

步骤9　填充选区。在工具箱选择"设置前景色"图标，打开"拾色器（前景色）"对话框；设置前景色为深灰色（R、G、B值均为56）；按【Alt+Delete】组合键填充选区；选择"选择"→"取消选择"命令取消选区，如图2-3-57所示。

步骤10　设置滤镜"USM锐化"。选择"滤镜"→"锐化"→"USM锐化"命令，打开"USM锐化"对话框；在"数量"文本框中输入255，在"半径"文本框中输入2，在"阈值"文本框中输入0；单击"确定"按钮。

步骤11　应用"曲线"功能。选择"图像"→"调整"→"曲线"命令，打开"曲线"对话框；设置曲线参数；单击"确定"按钮，如图2-3-58所示。

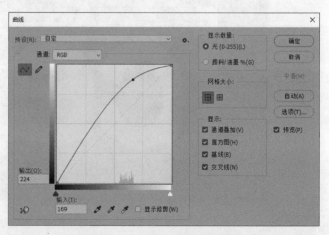

图2-3-57　填充文字选区效果　　　　　　图2-3-58　设置"曲线"对话框

步骤12　调整"色相/饱和度"。选择"图像"→"调整"→"色相/饱和度"命令，打开"着色"对话框；调整参数；单击"确定"按钮，如图2-3-59所示。

步骤13　文件存盘。选择"文件"→"存储为"命令，打开"存储为"对话框；"保存位置"选择"文档"文件夹，"文件名"输入lx2313，"格式"选择Photoshop（*.PSD;*.PDD;*.PSDT）；单击"确定"按钮。

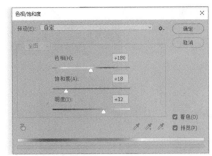

图2-3-59　设置"色相/饱和度"对话框

2.3.7　人物照片处理

1. 抠取人物发丝

【实例】从网络下载"发型.jpg"和"新背景.jpg"文件，并在Photoshop中完成以下操作：①打开"发型.jpg"文件；②把人物作为选区，选取范围精确到发丝；③把"新背景.jpg"文件作为人物的新背景；④文件以lx2314.psd为名保存到"文档"文件夹。

具体操作步骤如下：

步骤1　打开文件。启动Photoshop；选择"文件"→"打开"命令，打开"打开"对话框；选择"发型.jpg"文件；单击"打开"按钮。

步骤2　复制背景图层。图层面板选择"背景"图层；右击并在快捷菜单中选择"复制图层"命令，打开"复制图层"对话框；单击"确定"按钮。

步骤3　选取人物。选择"快速选择"工具，选择人物主体大致范围的选区，如图2-3-60所示。

图2-3-60　选取人物

步骤4　选择发丝。在工具属性栏单击"选择并遮住…"按钮；打开"选择并遮住"对话框，"视图"选项选择"黑底"项，如图2-3-61所示；适当调整不透明度；单击左侧工具箱中的"调整边缘画笔工具"；勾选"智能半径"复选框，微调"半径"项；"输出到"选项选择"新建带有图层蒙版的图层"项，工具属性栏"画笔选项"下拉列表中的"大小"选项选择66项，光标在人物头发边缘的发丝涂抹；单击"确定"按钮，如图2-3-62所示。

图2-3-61　"黑底"视图

图2-3-62　细致抠取发丝

　　步骤5　调整图层蒙版。"图层"面板选择"图层蒙版缩略图";在工具箱选择"设置前景色"图标,打开"拾色器(前景色)"对话框;设置前景色为白色;在工具箱选择"画笔"工具,工具属性栏单击打开"画笔预设"选取器,"大小"选项选择"80像素"项;在图层蒙版的人物衣服透明处涂抹;图层面板单击"背景"图层前的"眼睛(可见性)"按钮隐藏该图层;选择"选择"→"取消选择"命令,取消选区。

　　步骤6　置入新背景。选择"背景"图层;选择"文件"→"置入嵌入对象"命令,打开"置入嵌入的对象"窗口;选择"新背景.jpg"文件,单击"置入"按钮;调整图像大小和位置;右击图像并在快捷菜单中选择"置入"命令,如图2-3-63所示。

图2-3-63　置入新背景大小

　　步骤7　文件存盘。选择"文件"→"存储为"命令,打开"存储为"对话框;"保存位置"选择"文档"文件夹,"文件名"输入lx2314,"格式"选择Photoshop(*.PSD;*.PDD;*.PSDT);单击"确定"按钮。最终效果如图2-3-64所示。

图2-3-64　最终效果

2．美化人物皮肤

【实例】从网络下载"皮肤.jpg"文件，并在Photoshop中完成以下操作：①打开"皮肤.jpg"文件；②清除人物的雀斑、眼袋；③美白脸部皮肤；④文件以lx2315.psd为名保存到"文档"文件夹。

具体操作步骤如下：

步骤1　打开文件。启动Photoshop，选择"文件"→"打开"命令，打开"打开"对话框，选择"皮肤.jpg"文件，单击"打开"按钮。

步骤2　复制背景图层。图层面板选择"背景"图层，右击并在快捷菜单中选择"复制图层"命令，打开"复制图层"对话框；单击"确定"按钮。

步骤3　清除雀斑。图层面板选择"背景 拷贝"图层；在工具箱选择"仿制图章工具"；工具属性栏单击打开"画笔预设"选取器，"大小"选项选择"10像素"项，"硬度"选项选择0%项；按【Alt】键，同时单击雀斑图案旁皮肤取样；放开【Alt】键，光标涂抹雀斑。效果如图2-3-65所示。

图2-3-65　祛除雀斑前后

步骤4　去除眼袋。在工具箱选择"修补工具"；工具属性栏选择"新选区"选项；拖动光标选择眼袋图案建立选区；将选区拖动到眼袋附近较好的皮肤；选择"选择"→"取消选择"命令取消选区，如图2-3-66所示。

步骤5 建立选区。选择"窗口"→"通道"命令，打开"通道"面板，按【Ctrl】键，并单击RGB通道，建立选区，如图2-3-67所示。

图2-3-66 眼袋选区

图2-3-67 由通道获取选区

步骤6 美白皮肤。图层面板选择"背景 拷贝"图层；选择"编辑"→"填充"命令，打开"填充"对话框；"使用"选项选择"白色"项，单击"确定"按钮；选择"选择"→"取消选择"命令，取消选区。效果如图2-3-68所示。

步骤7 模糊皮肤。图层面板选择"背景 拷贝"图层；右击并在快捷菜单中选择"复制图层"命令，打开"复制图层"对话框；单击"确定"按钮新建"背景 拷贝2"图层；选择"滤镜"→"模糊"→"高斯模糊"命令，打开"高斯模糊"对话框；在"半径"文本框中输入"2.5"；单击"确定"按钮，如图2-3-69所示。

图2-3-68 美白效果

图2-3-69 高斯模糊

步骤8 保留眉毛、眼睛、嘴唇的原始效果。图层面板选择"背景 拷贝2"；单击图层面板下方的"添加图层蒙版"按钮；在工具箱选择"设置前景色"图标，打开"拾色器（前景色）"对话框；设置前景色为黑色；在工具箱选择"画笔工具"；工具属性栏单击打开"画笔预设"选取器，"大小"选项选择"20像素"项，"硬度"选项选择0%项，"不透明度"选项选择100%项；图像编辑窗口光标涂抹眉毛、眼睛、嘴唇图案，如图2-3-70所示。

图2-3-70 蒙版

步骤9　文件存盘。选择"文件"→"存储为"命令，打开"存储为"对话框；"保存位置"选择"文档"文件夹，"文件名"输入lx2315，"格式"选择Photoshop（*.PSD;*.PDD;*.PSDT）；单击"确定"按钮。

3. 人物合成——移花接木（变脸）

【实例】从网络下载"古代.jpg"和"现代.jpg"文件，并在Photoshop中完成以下操作：①打开"古代.jpg"文件；②把"古代.jpg"人物的脸换成"现代.jpg"人物的脸，其余部位不变；③文件以lx2316.psd为名保存到"文档"文件夹。

具体操作步骤如下：

步骤1　打开文件。启动Photoshop，选择"文件"→"打开"命令，打开"打开"对话框，选择"古代.jpg"文件，单击"打开"按钮。

步骤2　复制背景图层。图层面板选择"背景"图层；右击并在快捷菜单中选择"复制图层"命令，打开"复制图层"对话框；单击"确定"按钮。

图2-3-71　选择脸部轮廓

步骤3　选择新脸。选择"文件"→"打开"命令，打开"打开"对话框；选择"现代.jpg"文件，单击"打开"按钮；在工具箱选择"多边形套索工具"，光标选择"图2.jpg"人物脸部创建选区，如图2-3-71所示；在工具箱选择"移动工具"，将选区拖放到lx2316.psd文件，创建新图层"图层1"；双击"图层1"名称，改名为"新脸"，如图2-3-72所示。

步骤4　调整新脸。图层面板选择"新脸"图层；选择"编辑"→"自由变换"命令；缩小新脸，调整头部角度；选择"编辑"→"变换"→"变形"命令，调整新脸的五官位置；选择"新脸"图层，图层面板上方"不透明度"选项选择50%项；半透明状态下再次调整新脸，使新脸与旧脸匹配重合；在工具箱选择"移动工具"，如图2-3-73所示。

图2-3-72　移动新脸

图2-3-73　新脸变形

步骤5　匹配脸部。选中"新脸"图层，单击"图像"下的"调整"命令中的"匹配颜色"，源选择"古代.jpg"，中和勾选，渐隐等其他选项如图2-3-74所示，单击"确定"按钮。

步骤6　对背景拷贝层新脸位置部分进行删除。按住【Ctrl】键单击"新脸"图层，选出新脸部分选区；单击背景拷贝层，选择"选择"→"修改"→"收缩"命令，收缩5像素；按【Delete】键，删除此部分。

步骤7　合并图层。选择"新脸"和"背景拷贝"图层，选择"编辑"→"自动混合图层"命令，在打开的对话框中单击"确定"按钮。效果如图2-3-75所示。

图2-3-74　新脸图层匹配颜色效果

图2-3-75　自动混合图层

步骤8　文件存盘。选择"文件"→"存储为"命令，打开"存储为"对话框；"保存位置"选择"文档"文件夹，"文件名"输入lx2316，"格式"选择Photoshop（*.PSD;*.PDD;*.PSDT）；单击"确定"按钮。最终效果如图2-3-76所示。

图2-3-76　最终效果

2.3.8　综合应用实例

通过菜单命令，结合工具箱工具和多种面板的组合，可综合编辑图像。

1. 走出相框的狮子

【**实例**】从网络下载"狮子.jpg"文件，并在Photoshop中完成以下操作：①打开"狮子.jpg"文件；②在狮子周围绘制一个相框；③制作第一只狮子走出相框的效果；④文件以lx2317.psd为名保存到"文档"文件夹。

具体操作步骤如下：

步骤1　打开文件。启动Photoshop；选择"文件"→"打开"命令；打开"打开"对话框，选择"狮子.jpg"文件；单击"打开"按钮。

步骤2　复制背景图层。图层面板选择"背景"图层；右击并在快捷菜单中选择"复制图层"命令，打开"复制图层"对话框；单击"确定"按钮。

步骤3　选择第一只狮子。图层面板选择"背景 拷贝"图层；在工具箱选择"钢笔工具"；工具属性栏"选择工具模式"选项选择"路径"项，"路径操作"选项选择"排除重叠形状"项；在编辑窗口第一只狮子轮廓上连续单击，选择狮子轮廓创建路径；按【Ctrl+Enter】组合键，将狮子路径转变成选区；按【Ctrl+J】组合键复制选区新建"图层1"图层，如图2-3-77所示。

图2-3-77　用钢笔勾画狮子

步骤4　制作相框的雏形。图层面板选择"背景 拷贝"图层；在工具箱选择"矩形选框工具"；在编辑窗口绘制一个矩形选框，如图2-3-78所示。

图2-3-78　制作相框

步骤5　删除背景。选择"选择"→"反向"命令，按【Delete】键，删除矩形选框外的图像内容；选择"选择"→"取消选择"命令取消选区。

步骤6　绘制相框。图层面板选择"背景 拷贝"图层；选择"编辑"→"描边"命令，打开"描边"对话框；"宽度"输入"30像素"，"颜色"选择粉红色，"位置"选项选择"内部"项，如图2-3-79所示。加相框后的效果如图2-3-80所示。

图2-3-79　"描边"对话框

图2-3-80　相框描边后的初步效果

步骤7　设置图层样式"内阴影"。图层面板双击"背景 拷贝"图层，打开"图层样式"对话框；选择"内阴影"选项，打开"内阴影"设置窗口；"内阴影"设置窗口设置参数如图2-3-81所示；单击"确定"按钮；图层面板取消选择"眼睛"项，隐藏背景图层。

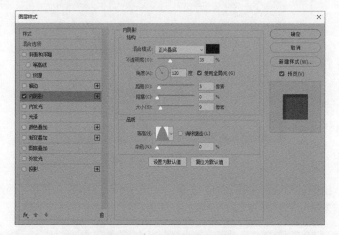

图2-3-81　设置内阴影样式

步骤8　文件存盘。选择"文件"→"存储为"命令，打开"存储为"对话框；"保存位置"选择"文档"文件夹，"文件名"输入lx2317，"格式"选择Photoshop（*.PSD;*.PDD;*.PSDT）；单击"确定"按钮。最终效果如图2-3-82所示。

图2-3-82　最终效果

2. 制作彩色渐变曲线

【实例】在Photoshop中完成以下操作：①新建文件，编辑窗口设置"宽度"为30 cm，"高度"为25 cm；②绘制曲线；③给曲线添加颜色；④文件以lx2318.psd为名保存到"文档"文件夹。

具体操作步骤如下：

步骤1 新建文件。启动Photoshop；选择"文件"→"新建"命令；打开"新建"对话框，"宽度"设置为30 cm，"高度"设置为25 cm，"颜色模式"选项选择"RGB颜色"项，"背景内容"选项选择"白色"项，"名称"输入lx2318；单击"确定"按钮。

步骤2 绘制曲线。选择"图层"→"新建"→"图层"命令，打开"新建图层"对话框，单击"确定"按钮，创建"图层1"；在工具箱选择"钢笔工具"，工具属性栏"选择工具模式"选项选择"路径"项，单击"路径操作"按钮，打开选项菜单，选择"合并形状"命令；在图像编辑窗口绘制曲线，如图2-3-83所示。

在工具箱选择"画笔工具"；工具属性栏单击打开"画笔预设"选取器，"大小"选项选择"2像素"项，"硬度"选项选择0%项；选择"窗口"→"路径"命令，打开"路径"面板；右击"工作路径"层，打开选项菜单，选择"描边路径"命令；打开"描边路径"对话框；"工具"选项选择"画笔"项，勾选"模拟压力"复选框，单击"确定"按钮，如图2-3-84所示。

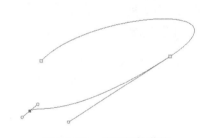

图2-3-83　绘制初始曲线

图2-3-84　选择"描边路径"选项

步骤3 复制八条曲线并轻微移动曲线位置。图层面板选择"图层1"图层；连续按八次【Ctrl+Shift+Alt+→】组合键。选择所有曲线图层（"背景"图层除外），选择"图层"→"合并图层"命令；双击曲线图层名称，改名为"曲线"，效果如图2-3-85所示。

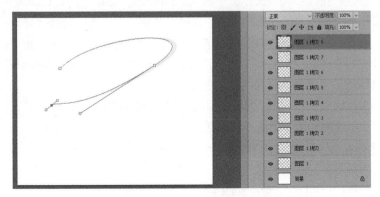

图2-3-85　复制图层

步骤4 曲线添加彩色。图层面板选择"曲线"图层；单击图层面板下方的"创建新图层"按钮，新建"图层1"图层；在工具箱选择"渐变工具"；工具属性栏"点按可编辑渐变"选项选择"彩虹色"组中的"彩虹15"项，选择"线性渐变"选项；图像编辑窗口从左下角往右上角拖动光标添加渐变色，如图2-3-86所示；图层面板"设置图层的混合模式"选项选择"色相"项，如图2-3-87所示。

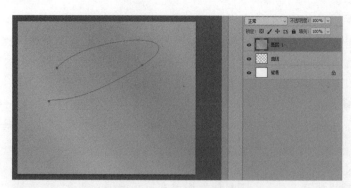

图2-3-86　线性渐变效果

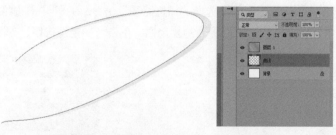

图2-3-87　图层混合模式改为"色相"选项

步骤5　合并图层。面层面板选择"背景"图层；按【Ctrl+J】组合键，新建"背景 拷贝"图层；图层面板取消选择"背景"图层"眼睛"选项，隐藏该图层；选择"图层"→"合并可见图层"命令；恢复显示"背景"图层。

步骤6　设置滤镜"高斯模糊"。图层面板选择"背景 拷贝"图层；按【Ctrl+J】组合键复制图层，新建"背景 拷贝2"图层；选择"滤镜"→"模糊"→"高斯模糊"命令，打开"高斯模糊"对话框；在"半径"文本框中输入2.5，单击"确定"按钮；图层面板上方"设置图层的混合模式"选项选择"正片叠底"项；选择"图层"→"向下合并"命令。

步骤7　设置滤镜"铜板雕刻"。图层面板选择"背景 拷贝"图层；按【Ctrl+J】组合键复制图层，新建"背景 拷贝2"图层；选择"滤镜"→"像素化"→"铜板雕刻"命令，打开"铜板雕刻"对话框；"类型"选项选择"精细点"项，单击"确定"按钮；图层面板上方"设置图层的混合模式"选项选择"柔光"项，"不透明度"选项选择70%项。

步骤8　文件存盘。选择"文件"→"存储为"命令，打开"存储为"对话框；"保存位置"选择"文档"文件夹，"文件名"输入lx2318，"格式"选择Photoshop（*.PSD;*.PDD;*.PSDT）；单击"确定"按钮。最终效果如图2-3-88所示。

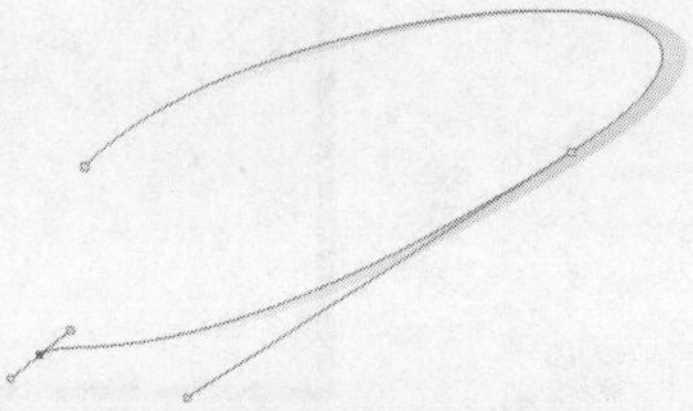

图2-3-88　最终效果

3. 雷电交加的暴风雨场景

【实例】从网络下载"大海.jpg"文件，并在Photoshop中完成以下操作：①打开"大海.jpg"文件；②制作乌云效果；③制作暴风效果；④制作闪电效果；⑤制作下雨效果；⑥制作水波纹效果；⑦文件以lx2319.psd为名保存到"文档"文件夹。

具体操作步骤如下：

步骤1 打开文件。启动Photoshop；选择"文件"→"打开"命令，打开"打开"对话框；选择"大海.jpg"文件；单击"打开"按钮。

步骤2 复制背景图层。图层面板选择"背景"图层；右击并在快捷菜单中选择"复制图层"命令；打开"复制图层"对话框，单击"确定"按钮；双击"背景 拷贝"图层名称，改名为"图层1"。

步骤3 调整图片亮度。图层面板选择"图层1"图层；选择"图像"→"调整"→"曲线"命令；打开"曲线"对话框，设置参数，如图2-3-89所示。

步骤4 模糊图片。图层面板选择"图层1"图层；右击并在快捷菜单中选择"复制图层"命令；打开"复制图层"对话框，单击"确定"按钮，新建"图层1拷贝"；选择"图层1拷贝"图层；选择"滤镜"→"模糊"→"径向模糊"命令，打开"径向模糊"对话框；设置参数及效果，如图2-3-90所示；图层面板上方"设置图层的混合模式"选项选择"正片叠底"项，"不透明度"选项选择40%项。

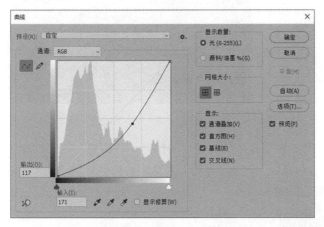

图2-3-89 "曲线"对话框

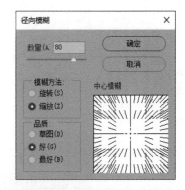

图2-3-90 "径向模糊"对话框

步骤5 制作乌云。单击图层面板下方的"创建新图层"按钮，新建"图层1"图层；双击"图层1"图层，改名为"乌云"；选择"滤镜"→"渲染"→"云彩"命令；选择"滤镜"→"渲染"→"分层云彩"命令；按六次【Ctrl+F】组合键；选择"图像"→"调整"→"色阶"命令，打开"色阶"对话框；移动滑块调整参数，直到云彩成为乌黑色；单击"确定"按钮；图层面板上方"设置图层的混合模式"选项选择"颜色减淡"项。

步骤6 修饰乌云效果。图层面板选择"乌云"图层；选择"编辑"→"自由变换"命令，调整乌云大小和位置；选择"编辑"→"变换"→"透视"命令，进行云彩变形。在工具箱选择"移动工具"。

打开通道面板，按【Ctrl】键并单击"红"通道的缩略图，载入选区；选择"选择"→"反选"命令；选择"选择"→"修改"→"羽化"命令，打开"羽化选区"对话框；在"羽化半径"文本框中输入10，单击"确定"按钮；打开图层面板，单击图层面板下方的"添加图层蒙版"按钮；在工具箱选择"设置前景色"选项，打开"拾色器（前景色）"对话框；设置前景色为黑色；在工具箱选择"画笔工具"；工具属性栏单击打开"画笔预设"选取器，"大小"选项选择"30像素"项，"硬度"选项选择100%项；图层面板选择"乌云"图层；图像编辑窗口涂抹较亮部分；选择"图像"→"调整"→"色阶"命令，打开"色阶"对话框；参数设置及效果如图2-3-91所示。

步骤7 添加闪电效果。选择"图层"→"新建"→"图层"命令；打开"新建图层"对话框，在"名称"文本框中输入"闪电"，单击"确定"按钮；在工具箱选择"矩形选框工具"；按【Shift】键并单击鼠标，在图像编辑窗口绘制正方形选区；在工具箱分别选择"设置前景色"和"设置背景色"图标，打开"拾色器（前景色）"对话框和"拾色器（背景色）"对话框；分别设置前景色为黑色，背景色为白色；在工具箱选择"渐变工具"；工具属性栏"点按可编辑渐变"选择"基础"中的"前景色到背景色渐变"项，选择"线性渐变"选项；拖动光标在正方形选区中部从左至右填充颜色，如图2-3-92所示。

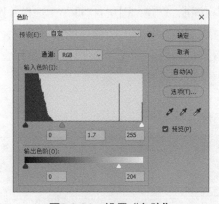

图2-3-91 设置"色阶"

图2-3-92 绘制线性渐变

选择"滤镜"→"渲染"→"分层云彩"命令；选择"图像"→"调整"→"反相"命令；选择"图像"→"调整"→"色阶"命令，打开"色阶"对话框；向右移动"输入色阶"选项滑块，如图2-3-93所示，单击"确定"按钮。

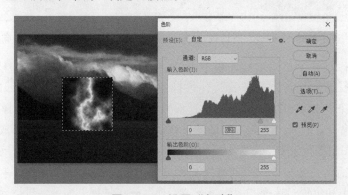

图2-3-93 设置"色阶"

选择"选择"→"取消选择"命令，取消选区；图层面板上方"设置图层的混合模式"选项选择"滤色"项；在工具箱选择"橡皮擦工具"；在工具属性栏"硬度"文本框中输入0%；

单击鼠标擦除闪电旁多余的颜色；选择"编辑"→"自由变换"命令，调整闪电大小和位置；在工具箱选择"移动工具"，效果如图2-3-94所示。

步骤8　制作另一条闪电。右击图层面板中的"闪电"图层并在快捷菜单中选择"复制图层"命令，打开"复制图层"对话框；单击"确定"按钮；选择"编辑"→"自由变换"命令，调整闪电大小和位置；单击移动工具；效果如图2-3-95所示。

图2-3-94　闪电效果

图2-3-95　制作另一条闪电

步骤9　制作下雨效果。选择"图层"→"新建"→"图层"命令，打开"新建图层"对话框；在"名称"文本框中输入"雨"，单击"确定"按钮；在工具箱选择"设置前景色"图标；打开"拾色器（前景色）"对话框，设置前景色为黑色；在工具箱选择"油漆桶工具"，移动光标到编辑窗口图像，单击填充颜色；选择"滤镜"→"像素化"→"点状化"命令；打开"点状化"对话框，"单元格大小"选项选择7项，单击"确定"按钮；选择"图像"→"调整"→"阈值"命令；打开"阈值"对话框，在"阈值色阶"文本框中输入163，单击"确定"按钮；图层面板上方"设置图层的混合模式"选项选择"滤色"项；选择"滤镜"→"模糊"→"动感模糊"命令；打开"动感模糊"对话框，在"角度"文本框中输入-78，在"距离"文本框中输入71，如图2-3-96所示，单击"确定"按钮。

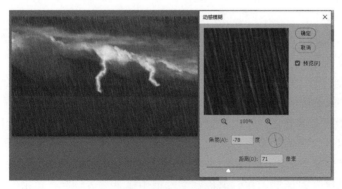

图2-3-96　设置"动感模糊"

步骤10　制作水波纹。图层面板选择"雨"图层；单击椭圆选框工具，按【Shift】键并单击鼠标绘制一个正圆选区；选择"编辑"→"拷贝"命令；选择"编辑"→"粘贴"命令，新建图层"图层1"；双击"图层1"图层名称，改名为"水波纹"；按【Ctrl】键并单击"水波纹"图层，选择"滤镜"→"扭曲"→"水波"命令；打开"水波"对话框，"数量"选项选择-69项，"起伏"选项选择6项，"样式"选项选择"围绕中心"项，如图2-3-97所示；单击"确定"按钮。

图层面板上方"设置图层的混合模式"选项选择"滤色"项；选择"编辑"→"自由变换"命令，调整水波纹形状、大小和位置；在工具箱选择"移动工具"；选择"选择"→"取消选择"命令，取消选区。

步骤11 制作另一个水波纹。图层面板选择"水波纹"图层；右击并在快捷菜单中选择"复制图层"命令；打开"复制图层"对话框；单击"确定"按钮；选择"编辑"→"自由变换"命令，调整水波纹形状、大小和位置；在工具箱选择"移动工具"。

步骤12 文件存盘。选择"文件"→"存储为"命令，打开"存储为"对话框；"保存位置"选择"文档"文件夹，"文件名"输入lx2319，"格式"选择Photoshop（*.PSD;*.PDD;*.PSDT）；单击"确定"按钮。最终效果如图2-3-98所示。

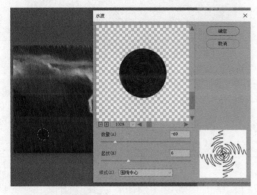

图2-3-97 设置"水波"

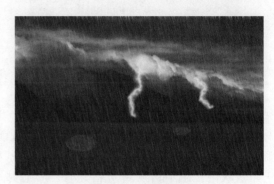

图2-3-98 最终效果

4. 图片中人物动作的微调

【实例】从网络下载"撑伞的女孩.jpg"文件，并在Photoshop中完成以下操作：①打开"撑伞的女孩.jpg"文件；②调整女孩的手脚位置；③文件以lx2320.psd为名保存到"文档"文件夹。

具体操作步骤如下：

步骤1 打开文件。启动Photoshop；选择"文件"→"打开"命令，打开"打开"对话框；选择"撑伞的女孩.jpg"文件，单击"打开"按钮。

步骤2 复制背景图层。图层面板选择"背景"图层；右击并在快捷菜单中选择"复制图层"命令，打开"复制图层"对话框；单击"确定"按钮。

步骤3 选取撑伞的女孩。在工具箱选择"快速选择工具"；工具属性栏选择"添加到选区"选项，单击打开"画笔预设"选取器，"大小"选项选择"12像素"项；连续单击撑伞的女孩，将人物轮廓创建为选区，如图2-3-99所示；右击选区并在快捷菜单中选择"存储选区"命令；打开"存储选区"对话框，在"名称"文本框中输入"人物"，单击"确定"按钮；选择"选择"→"修改"→"扩展"命令；打开"扩展"对话框，在"扩展量"文本框中输入3，单击"确定"按钮。

步骤4 智能识别和修复。选择"编辑"→"填充"命令；打开"填充"对话框，"使用"选项选择"内容识别"项；单击"确定"按钮，效果如图2-3-100所示；在工具箱选择"污点修复画笔工具"；工具属性栏选择"内容识别"项；移动光标修饰选区内不协调的部分，如人物去除后留下的印迹。

图2-3-99　选取人物

图2-3-100　填充"内容识别"效果

步骤5　单独抠除人物放在新层上。图层面板选择"新建"图层，新建"图层1"图层；选中背景层，打开通道面板，按住【Ctrl】键单击"人物"通道，载入"人物"选区，按【Ctrl+C】组合键；选中"图层1"，按【Ctrl+V】组合键，把人物复制到此图层上，如图2-3-101所示。

图2-3-101　分离人物到新图层效果

步骤6　调整人物手脚位置。选择"编辑"→"操控变形"命令，单击人物手脚关节位置，放置图钉，如图2-3-102所示；用鼠标拖动图钉，调整手脚位置；在工具箱选择"移动工具"，打开"是否应用操控变形"对话框，单击"应用"按钮。

步骤7　文件存盘。选择"文件"→"存储为"命令，打开"存储为"对话框；"保存位置"选择"文档"文件夹，"文件名"输入lx2320，"格式"选择Photoshop（*.PSD;*.PDD;*.PSDT）；单击"确定"按钮。最终效果如图2-3-103所示。

图2-3-102　添加操控变换图钉

图2-3-103　最终效果

2.3.9　图像批量处理

Photoshop对图像的批量处理，主要是通过录制动作来完成，批量的图像将按照记录的动作执行同一个编辑过程。图像的批量处理通过动作面板的动作完成。Photoshop自带12项默认动作，也可根据个人编辑图像需要创建新动作。

1. 使用默认动作

【实例】从网络下载"桥.jpg"文件，并在Photoshop中完成为图像添加木质画框的操作：①打开"桥.jpg"文件；②使用动作默认动作为图像添加木质画框；③文件以lx2321.psd为名保存到"文档"文件夹。

具体操作步骤如下：

步骤1　打开文件。启动Photoshop；选择"文件"→"打开"命令，打开"打开"对话框；选择"桥.jpg"文件，单击"打开"按钮。

步骤2　添加木质画框。选择"窗口"→"动作"命令，打开"动作"面板；单击动作面板"默认动作"组左边的黑色三角形，打开"默认动作"组；选择"木质画框-50像素"动作选项；单击动作面板下方的"播放选定的动作"按钮；打开"信息"对话框，单击"继续"按钮，如图2-3-104所示。

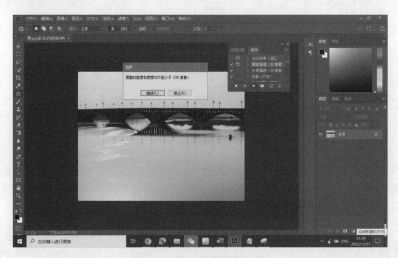

图2-3-104　"信息"对话框

步骤3　文件存盘。选择"文件"→"存储为"命令，打开"存储为"对话框；"保存位置"选择"文档"文件夹，"文件名"输入lx2321，"格式"选择Photoshop（*.PSD;*.PDD;*.PSDT）；单击"确定"按钮。最终效果如图2-3-105所示。

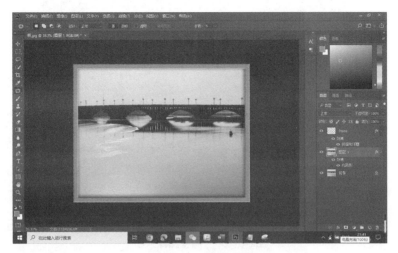

图2-3-105　最终效果

2. 创建并使用自定义动作

【实例】在Photoshop中完成为若干图像调整大小并添加拍摄日期的操作：①新建"处理前"和"处理后"文件夹；②打开"花.jpg"文件，以lx2322.psd为名保存到"文档"文件夹；③创建动作，记录"花.jpg"文件调整大小并添加拍摄日期的过程；④对"处理前"文件夹的所有图像调整大小并添加拍摄日期；⑤保存文件。

具体操作步骤如下：

步骤1　新建文件夹。在计算机上新建两个文件夹，分别命名为"处理前"和"处理后"；将批量处理的图像存放到"处理前"文件夹。

步骤2　打开文件。启动Photoshop；选择"文件"→"打开"命令，打开"打开"对话框；选择"花.jpg"文件；单击"打开"按钮。

步骤3　文件存盘。选择"文件"→"存储为"命令，打开"存储为"对话框；"保存位置"选择"文档"文件夹，"文件名"输入lx2322，"格式"选择Photoshop（*.PSD;*.PDD;*.PSDT）；单击"确定"按钮。

步骤4　创建新动作。选择"窗口"→"动作"命令，打开"动作"面板；单击动作面板下方的"创建新组"按钮；打开"新建组"对话框，在"名称"文本框中输入"我的动作"，单击"确定"按钮；单击动作面板"我的动作"组左边的黑色三角形，打开"我的动作"组；单击动作面板下方的"创建新动作"按钮，打开"新建动作"对话框，在"名称"文本框中输入"调整图片大小400*300及添加拍摄时间'2015.1.1'"；"组"项选择"我的动作"，单击"记录"按钮。

步骤5　调整图像大小。选择"图像"→"图像大小"命令；打开"图像大小"对话框，在"像素大小"选项的"宽度"文本框中输入400，"宽度"单位选项选择"像素"项，在"高度"文本框中输入300，"高度"单位选项选择"像素"项；单击"确定"按钮，如图2-3-106所示。

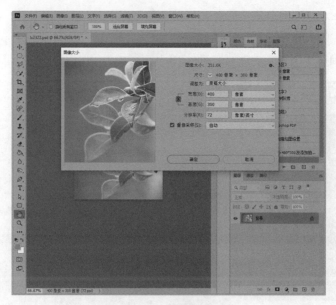

图2-3-106　调整图像大小

步骤6　添加拍摄日期。在工具箱选择"横排文字工具"；工具属性栏"字体"选项选择"宋体"项，"字体大小"选项选择"15点"项，"设置文本颜色"选项选择"红色"项；单击图像编辑窗口右下角，添加文本框，输入2015.1.1。

步骤7　保存动作。选择"文件"→"存储为"命令；打开"存储为"对话框，"保存位置"选择"处理后"文件夹，"格式"选择JPEG（*.JPG;*.JPEG;*.JPE）项，如图2-3-107所示；单击"确定"按钮；打开"JPEG选项"对话框，单击"确定"按钮；单击动作面板下方的"停止播放/记录"按钮，如图2-3-108所示。

步骤8　批量处理图片。选择"文件"→"自动"→"批处理"命令，打开"批处理"对话框；"批处理"对话框参数设置如图2-3-109所示，单击"确定"按钮。

图2-3-107　存储处理后图片

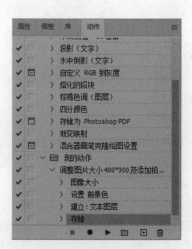

图2-3-108　动作面板

图2-3-109　设置批处理

步骤9　文件存盘。选择"文件"→"存储"命令。批量处理后的图片如图2-3-110所示。

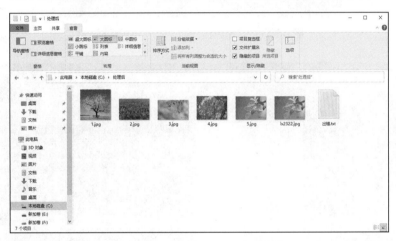

图2-3-110　"处理后"文件夹图像

2.3.10　平面设计应用

利用Photoshop进行平面设计，特别是宣传海报、广告展板的设计，需要确定宣传内容、收集有关图像和文字素材、构思展板中的素材布局、编辑素材等。

【实例】从网络下载"菊花.jpg""古典边框.jpg""山水.jpg""印章.jpg""祥云.jpg""重阳节简介.txt"文件，并在Photoshop中完成制作重阳节展板的操作：①新建文件，编辑窗口设置"宽度"为100 cm，"高度"为50 cm；②置入图像素材并编辑；③添加文字内容并编辑；④文件以lx2323.psd为名保存到"文档"文件夹。

具体操作步骤如下：

步骤1　新建文件。启动Photoshop；选择"文件"→"新建"命令；弹出"新建"对话框，"宽度"设置为100 cm，"高度"设置为50 cm，"颜色模式"选项选择"RGB颜色"项，"背景内容"选项选择"白色"项，"名称"输入lx2323；单击"确定"按钮。

步骤2　设置展板背景效果。

设置背景纯色效果。在工具箱选择"设置前景色"图标；弹出"拾色器（前景色）"对话框，如图2-3-111所示；设置前景色为淡灰色；在工具箱选择"油漆桶"关键，图像编辑窗口填充前景色，如图2-3-112所示。

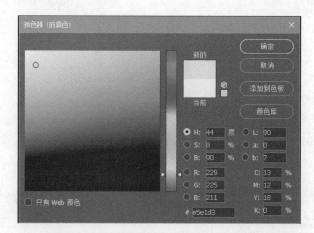

图2-3-111 "拾色器（前景色）"对话框

图2-3-112 背景效果

步骤3 添加"山水"图像。选择"文件"→"打开"命令；弹出"打开"对话框，选择"山水.jpg"文件；单击"打开"按钮；在工具箱选择"移动工具"；拖动光标将水墨山水移动到1x2323.psd文件，新建"图层1"图层；双击"图层1"图层名称，改名为"底部山水"；在图层面板单击"设置图层的混合模式"，选择"正片叠底"，让山水融入背景；单击图层面板底部的"添加蒙版"按钮，为"底部山水"层添加蒙版；在工具箱选择"渐变工具"，选择"线性渐变"选项；图像编辑窗口自上往下角绘制一直线，在蒙版上填充渐变背景色，让山水和背景上边缘过渡自然，如图2-3-113所示。

图2-3-113 添加底部山水图像

步骤4 添加左下角菊花元素。选择"文件"→"置入嵌入对象"命令；弹出"置入嵌入的对象"对话框，选择"菊花.jpg"文件；单击"置入"按钮；调整图像大小、方向和位置，如图2-3-114所示；图层面板选择"菊花"图层；在图层面板上方的"设置图层的混合模式"选项选择"正片叠底"项；为此图层添加蒙版，并选择"画笔"工具，设置不同画笔大小和透明度，在蒙版上进行涂抹，遮盖住不需要显示的部分，使菊花元素和画面相融。

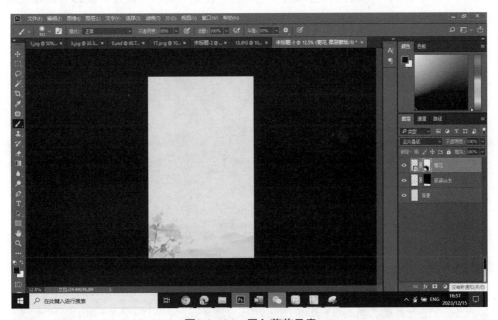

图2-3-114 置入菊花元素

步骤5 添加"太阳"图层。新建一个图层，命名为"太阳"；选择"椭圆选框工具"，在图像编辑区的上面绘制一个正圆选区；选择"渐变工具"，新建一个中国红到背景浅灰色的线性渐变，在正圆选区从上往下绘制一直线，填充成一轮太阳，如图2-3-115所示。

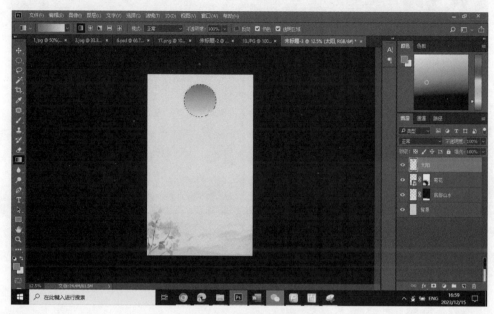

图2-3-115 添加太阳元素

步骤6 添加正上方"重阳"文字效果图，设置标题文字的图层样式。选择"文件"→"置入嵌入对象"命令；弹出"置入嵌入的对象"对话框，选择"重阳节.png"文件；单击"置入"按钮；调整图像大小、方向和位置，如图2-3-116所示；图层面板双击"标题"图层，弹出"图层样式"对话框；选择窗口左侧的"投影"选项，设置"投影"参数，效果如图2-3-117所示。

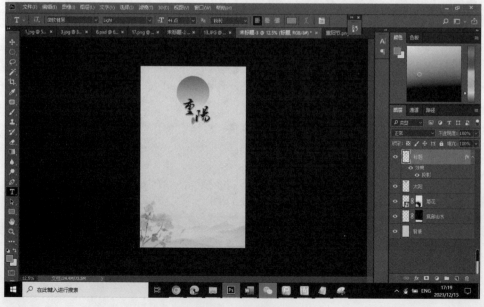

图2-3-116 添加重阳文字

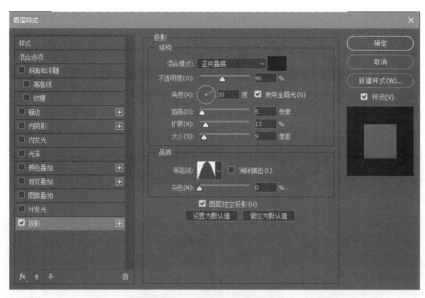

图2-3-117 设置"投影"参数

步骤7 添加中间"重阳节由来"文字效果。选择"古典边框.png"文件,单击"置入"按钮,调整图像大小、方向和位置,如图2-3-118所示;打开"重阳节简介.txt"文件,按【Ctrl+A】组合键全选文字,按【Ctrl+C】组合键复制文字;在工具箱选择"横排文字工具";工具属性栏"字体"选项选择"微软雅黑"项,"字体大小"选项选择"44点"项,"设置消除锯齿的方法"选项选择"锐利"项,"设置文本颜色"选项选择"浅咖色";拖动光标在图像编辑窗口创建文本框;按【Ctrl+V】组合键粘贴文字;光标拖选文字;工具属性栏选择"切换字符和段落面板"选项,弹出"字符"面板;"行距"选项选择"60点"项;双击文字图层名称,改名为"重阳节简介",如图2-3-119所示。最终效果如图2-3-120所示。

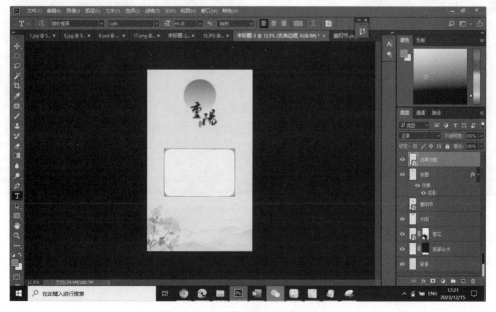

图2-3-118 添加简介的底图边框

图2-3-119 设置简介文字的字符面板参数

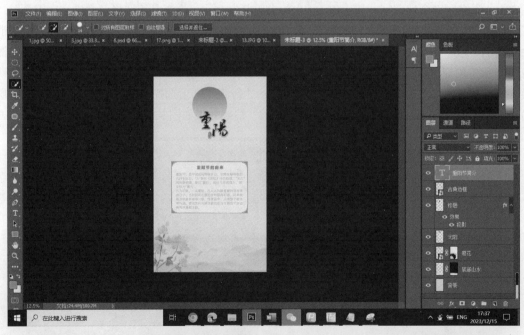

图2-3-120 设置简介文字的最终效果图

步骤8 添加右下角仙鹤元素图层。打开 "仙鹤.jpg" 文件，选择 "快速选择工具"，选中仙鹤，羽化2像素，如图2-3-121所示；复制粘贴到1x2323.psd文件，双击新建的 "图层1" 名称，改名为 "仙鹤"；调整仙鹤的位置和大小，在图层面板单击 "设置图层的混合模式"，选择 "正片叠底"，透明度55%，让仙鹤融入背景，如图2-3-122所示。

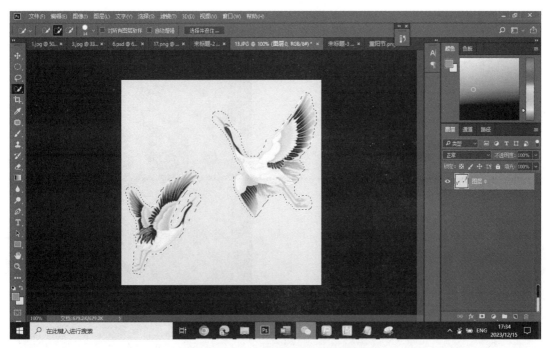

图2-3-121 选中仙鹤并羽化边缘

图2-3-122 加入仙鹤后的效果图

步骤 9 设置背景祥云的点缀元素。选择"文件"→"置入嵌入对象"命令，选择"祥云.jpg"文件，调整祥云大小、方向和位置；在图层面板单击"设置图层的混合模式"，选择"变暗"，多复制几份来烘托气氛，效果如图2-3-123所示；最终效果如图2-3-124所示。

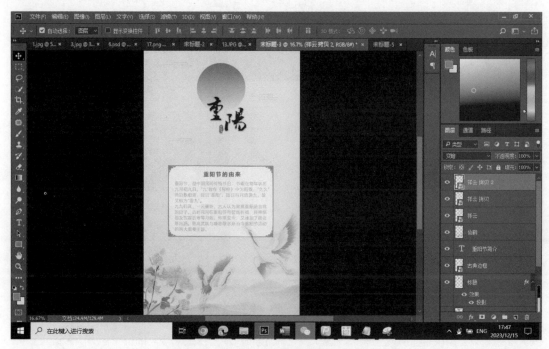

图2-3-123　变暗效果

图2-3-124　重阳节宣传图最终效果图

步骤 10 文件存盘。选择"文件"→"存储为"命令，弹出"存储为"对话框；"保存位置"选择"文档"文件夹，"文件名"输入lx2323，"格式"选择"Photoshop（*.PSD;*.PDD;*.PSDT）"项；单击"确定"按钮。

2.4 使用Photoshop制作动画

Photoshop具有制作GIF动画、视频编辑功能。制作动画需要使用时间轴面板，内含帧动画面板和视频时间轴面板。导入视频，视频以图层形式独立存放在图层面板，可使用工具箱和快捷键调整各图层视频帧的颜色、曝光度，使用菜单栏和面板为视频添加边框、纹理、滤镜等效果，还可加入音频。

2.4.1 帧动画

【实例】从网络下载"春.jpg""夏.jpg""秋.jpg""冬.jpg"文件，并在Photoshop中完成制作四季转换GIF动画的操作：①导入制作GIF动画的四季图像素材；②以lx2401.psd为名保存到"文档"文件夹；③为四季图像添加季节名称；④用时间轴面板制作四季转换的过程；⑤输出GIF动画。

具体操作步骤如下：

步骤 1 导入四季图像素材。选择"文件"→"脚本"→"将文件载入堆栈"命令，打开"载入图层"对话框；单击"浏览"按钮，打开"打开"对话框；选择"春.jpg""夏.jpg""秋.jpg""冬.jpg"文件；单击"确定"按钮，如图2-4-1所示。

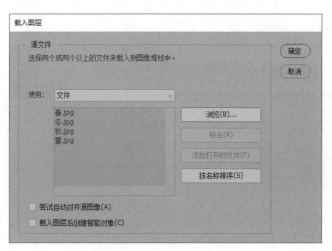

图2-4-1 选择文件载入图层

步骤 2 文件存盘。选择"文件"→"存储为"命令，打开"存储为"对话框；"保存位置"选择"文档"文件夹，"文件名"输入lx2401，"格式"选择Photoshop（*.PSD;*.PDD;*.PSDT）项；单击"确定"按钮。

步骤 3 调整"春.jpg"图像大小和位置。图层面板分别取消选择"夏""秋""冬"图层的"眼睛（👁）"选项，隐藏三个图层；选择"春"图层；选择"编辑"→"自由变换"命令，调整图像大小和位置，使图像大小与画布一致；在工具箱选择"移动工具"。

步骤4 调整其他图像大小和位置。重复步骤3，调整"夏""秋""冬"图层图像大小和位置。

步骤5 添加"春天"文字图层。图层面板分别选择"夏""秋""冬"图层的"眼睛（ 👁 ）"选项，显示所有图层；选择顶端图层，单击图层面板下方的"创建新图层"按钮，新建"图层1"图层；双击"图层1"图层名字，改名为"春天"；在工具箱选择"横排文字工具"；工具属性栏"字体"选项选择"宋体"项，"字体大小"选项选择"60点"项，"设置文本颜色"选项选择"红色"项；单击图像编辑窗口左上角创建文本框，输入"春"。

步骤6 添加其他文字图层。重复步骤5，添加"夏天""秋天""冬天"文字图层，如图2-4-2所示。

图2-4-2 文字图层

步骤7 调出帧动画时间轴。选择"窗口"→"时间轴"命令，打开"时间轴"面板；单击时间轴面板中间黑色三角形下拉箭头，打开选项菜单，选择"创建帧动画"项；单击"创建帧动画"按钮，打开帧动画时间轴，如图2-4-3所示。

图2-4-3 时间轴面板

步骤8 复制动画帧。选择时间轴第1帧，单击三次时间轴面板下方的"复制所选帧"按钮，创建四个一样的动画帧，如图2-4-4所示。

图2-4-4 复制四个帧

步骤 9　设置每个动画帧。选择时间轴面板第1帧，显示"春""春天"图层，隐藏其余图层；选择时间轴面板第2帧，显示"夏""夏天"图层，隐藏其余图层；选择时间轴面板第3帧，显示"秋""秋天"图层，隐藏其余图层；选择时间轴面板第4帧，显示"冬""冬天"图层，隐藏其余图层。

步骤 10　设置过渡动画帧。选择时间轴面板第1帧，单击时间轴面板下方的"过渡动画帧"按钮，打开"过渡"对话框；"过渡方式"选项选择"下一帧"项，在"要添加的帧数"文本框中输入3，"图层"选项选择"所有图层"项，如图2-4-5所示；同理设置"夏""秋"的动画帧；"冬"动画帧的设置如图2-4-6所示；单击时间轴面板下方的"选择循环选项"按钮，选择"永远"选项。

图2-4-5　设置过渡动画帧

图2-4-6　设置"冬"动画帧的过渡帧

步骤 11　设置每个帧的显示时间。选择时间轴面板第1帧，单击帧下方的黑色三角形下拉箭头，打开选项菜单，选择1.0项；同理设置其他动画帧的显示时间；单击时间轴面板下方的

"播放动画"按钮，观察动画效果。

步骤12 生成GIF动画。选择"文件"→"导出"→"存储为Web所用格式（旧版）…"命令，打开"存储为Web所用格式"对话框；设置参数如图2-4-7所示；单击"存储"按钮，打开"将优化结果存储为"对话框；"将优化结果存储为"对话框"保存在"选项选择"文档"文件夹，在"文件名"文本框中输入"四季转换"，"格式"选项选择"仅限图像"项；单击"保存"按钮。

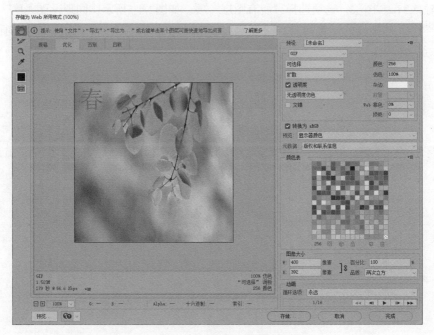

图2-4-7 存储GIF动画

步骤13 文件存盘。选择"文件"→"存储"命令。

2.4.2 视频时间轴动画

【实例】从网络下载"春.jpg""佳人写真.mpg""炮声.mp3"文件，并在Photoshop中完成用视频时间轴编辑视频的操作：①导入视频新建文件；②以lx2402.psd为名保存到"文档"文件夹；③置入图像并编辑图像动画；④添加文字并编辑文字动画；⑤添加音频文件；⑥渲染视频。

具体操作步骤如下：

步骤1 导入视频。选择"窗口"→"时间轴"命令；选择"文件"→"打开"命令，打开"打开"对话框；选择"佳人写真.mpg"，单击"打开"按钮，如图2-4-8所示。

步骤2 文件存盘。选择"文件"→"存储为"命令，打开"存储为"对话框；"保存位置"选择"文档"文件夹，"文件名"输入lx2402，"格式"选择Photoshop（*.PSD;*.PDD;*.PSDT）项；单击"确定"按钮。

步骤3 置入图像。图层面板选择"视频组1"图层；选择"文件"→"置入"命令；打开"置入"窗口，选择文件"春.jpg"；单击"置入"按钮；调整图像大小和位置；右击图像，在打开的快捷菜单中选择"置入"命令。

图2-4-8　导入视频

步骤4　新增文字图层。在工具箱选择"横排文字工具"；工具属性栏"字体"选项选择"黑体"项，"字体大小"选项选择"48点"项，"设置文本颜色"选项选择"紫色"项；单击图像编辑窗口左下角新建文本框，输入"欢迎观看"；双击文字图层名称，改名为"文字"，如图2-4-9所示。

图2-4-9　制作动画前的工作界面

步骤5　设置"文字"图层"变换"动画。单击视频时间轴面板左侧的三角形按钮，展开"文字"图层动画项目；时间指针移到时间轴起始点，当前时间为0:00:00:00，如图2-4-10所示；单击"变换"项目左边的"启用关键帧动画"按钮；在工具箱选择"移动工具"；将文字移动到窗口左下角；将时间指针移到0:00:02:00的位置，在工具箱选择"移动工具"；将文字移动到窗口右下角；将时间标指针移到0:00:04:00的位置，如图2-4-11所示，在工具箱选择"移动工具"；将文字移动到图像上方。

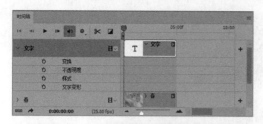
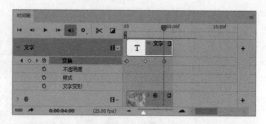

图2-4-10　时间指针位于时间轴起始点　　　图2-4-11　"文字"图层变换的时间轴面板

步骤6　设置"文字"图层"不透明度"动画。单击视频时间轴面板左侧的三角形按钮，展开"文字"图层的动画项目；时间指针移到时间轴起始点，当前时间为0:00:00:00；单击"不透明度"项目左边的"启用关键帧动画"按钮；图层面板"不透明度"选项选择100%项；时间指针移动到0:00:02:00位置；图层面板"不透明度"选项选择50%项；时间指针移动到0:00:04:00位置；图层面板"不透明度"选项选择100%项。

步骤7　设置"文字"图层"文字变形"动画。在视频时间轴面板展开"文字"图层的动画项目，时间指针移到时间轴起始点，当前时间为0:00:00:00；单击"文字变形"项目左边的"启用关键帧动画"按钮；时间指针移动到0:00:02:00位置；在工具箱选择"横排文字工具"，用鼠标选择窗口文字；工具属性栏单击"创建文字变形"按钮，打开"变形文字"对话框，"样式"选项选择"鱼眼"项，微调对话框其他参数，单击"确定"按钮；时间指针移动到0:00:04:00位置；在工具箱选择"横排文字工具"，用鼠标选择窗口文字；工具属性栏单击"创建文字变形"按钮，打开"变形文字"对话框；"样式"选项选择"扇形"项，微调对话框下方的参数；单击"确定"按钮，如图2-4-12所示。

图2-4-12　已设置"文字"图层动画的时间轴面板

步骤8　设置"春"图层"不透明度"动画。单击视频时间轴面板"春"左侧的三角形按钮，视频时间轴面板展开"春"图层的动画项目；时间指针移到时间轴起始点，当前时间为0:00:00:00；单击"不透明度"项目左边的"启用关键帧动画"按钮，图层面板"不透明度"选项选择50%项；时间指针移动到0:00:02:00位置，图层面板"不透明度"选项选择100%项；时间指针移动到0:00:04:00位置，图层面板"不透明度"选项选择70%项。

步骤 9 调整视频位置。视频时间轴面板选择"视频组1"轨道，用鼠标将视频拖放到"春"图片之后，如图2-4-13所示。

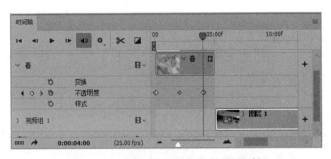

图2-4-13 调整"视频组1"的出现时间

步骤 10 添加音频文件。视频时间轴面板选择音轨，单击音轨右端的"+"按钮；打开"添加音频剪辑"窗口，选择文件"炮声.mp3"；单击"打开"按钮添加音频，如图2-4-14所示。

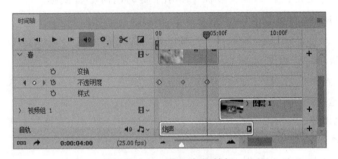

图2-4-14 添加音频剪辑

步骤 11 渲染视频。时间指针移动到时间轴起始点，时间为0:00:00:00；单击视频时间轴左上方的"播放"按钮，观看播放效果；单击视频时间轴面板左下方的"渲染视频"按钮，打开"渲染视频"对话框；设置参数，如图2-4-15所示；单击"渲染"按钮。

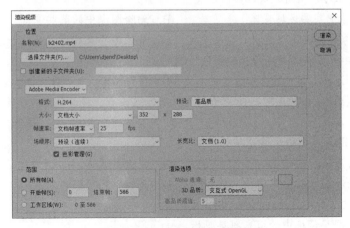

图2-4-15 "渲染视频"对话框

步骤 12 文件存盘。选择"文件"→"存储"命令。

习 题

一、单项选择题

1. 下列属于Photoshop图像最基本的组成单元是（   ）。

    A. 节点　　　　　　B. 色彩空间　　　　C. 像素　　　　　　D. 路径

2. 色彩深度是指在一个图像中（   ）的数量。

    A. 颜色　　　　　　B. 饱和度　　　　　C. 亮度　　　　　　D. 灰度

3. 索引颜色模式的图像包含（   ）种颜色。

    A. 2　　　　　　　B. 256　　　　　　C. 约6.5万　　　　D. 1 670万

4. 以下可以移动一条参考线的操作是（   ）。

    A. 选择移动工具拖放

    B. 无论当前使用何种工具，按住【Alt】键的同时单击鼠标

    C. 在工具箱中选择任何工具进行拖放

    D. 无论当前使用何种工具，按住【Shift】键的同时单击鼠标

5. 用于印刷的Photoshop图像文件必须设置为（   ）色彩模式。

    A. RGB　　　　　　B. 灰度　　　　　　C. CMYK　　　　　D. 黑白位图

6. 在喷枪选项中可以设定的内容是（   ）。

    A. 压力　　　　　　B. 自动抹除　　　　C. 湿边　　　　　　D. 样式

7. 自动抹除选项是（   ）工具栏中的功能。

    A. 画笔工具　　　　B. 喷笔工具　　　　C. 铅笔工具　　　　D. 直线工具

8. 可以使用橡皮图章工具在图像中取样的操作是（   ）。

    A. 在取样的位置单击鼠标并拖放

    B. 按住【Shift】键的同时单击取样位置来选择多个取样像素

    C. 按住【Alt】键的同时单击取样位置

    D. 按住【Ctrl】键的同时单击取样位置

9. 当编辑图像时，使用减淡工具可以（   ）。

    A. 使图像中某些区域变暗　　　　　　B. 删除图像中的某些像素

    C. 使图像中某些区域变亮　　　　　　D. 使图像中某些区域的饱和度增加

10. 下列工具中可以选择连续相似颜色区域的是（   ）。

    A. 矩形选框工具　　B. 椭圆选框工具　　C. 魔棒工具　　　　D. 磁性套索工具

11. 在按住【Alt】键的同时，使用（   ）选择路径后，拖放该路径将会复制该路径。

    A. 钢笔工具　　　　B. 自由钢笔工具　　C. 直接选择工具　　D. 移动工具

12. Alpha通道最主要的用途是（   ）。

    A. 保存图像色彩信息　　　　　　　　B. 创建新通道

    C. 存储和建立选择范围　　　　　　　D. 是为路径提供的通道

13. 下面可以将填充图层转化为一般图层的是（   ）。

    A. 双击图层调板中的填充图层图标

    B. 执行"图层"→"点阵化"→"填充内容"命令

    C. 按住【Alt】键单击图层控制板中的填充图层

D. 执行"图层"→"改变图层内容"命令

14. 字符文字可以通过（　　　）命令转化为段落文字。

A. 转化为段落文字　　　　　　　　　　B. 文字

C. 链接图层　　　　　　　　　　　　　D. 所有图层

15. 下面色彩调整命令中可提供最精确的调整的是（　　　）。

A. 色阶　　　　　B. 亮度/对比度　　　　C. 曲线　　　　　D. 色彩平衡

16. 当图像偏蓝时，使用变化功能应当给图像增加（　　　）。

A. 蓝色　　　　　B. 绿色　　　　　　　C. 黄色　　　　　D. 洋红

17. 如果扫描的图像不够清晰，可用（　　　）滤镜弥补。

A. 噪音　　　　　B. 风格化　　　　　　C. 锐化　　　　　D. 扭曲

18. 若一幅图像在扫描时放反了方向，使图像头朝下了，则应该（　　　）。

A. 将扫描后图像在软件中垂直翻转一下

B. 将扫描后图像在软件中旋转180°

C. 重扫一遍

D. 以上都不对

19. 下列文件格式中不支持无损压缩的是（　　　）。

A. PNG　　　　　B. JPEG　　　　　　C. Photoshop　　　D. GIF

20. 下列格式中可以通过"输出"而不是"存储"来创建的是（　　　）。

A. JPEG　　　　　B. GIF　　　　　　　C. PNG　　　　　D. PSD

21. Photoshop内默认的历史记录是（　　　）条。

A. 5　　　　　　　B. 10　　　　　　　C. 20　　　　　　D. 100

22. 如果选择了一个前面的历史记录，所有位于其后的历史记录都无效或变成了灰色显示，这说明（　　　）。

A. 如果从当前选中的历史记录开始继续修改图像，所有其后面的无效历史记录都会被删除

B. 这些变成灰色的历史记录已经被删除，但可以用撤销命令将其恢复

C. 允许非线性历史记录的选项处于选中状态

D. 应当清除历史记录

23. 下列滤镜中只对RGB滤镜起作用的是（　　　）。

A. 马赛克　　　　B. 光照效果　　　　　C. 波纹　　　　　D. 浮雕效果

24. 在使用切片功能制作割图时（　　　）。

A. 制作好的割图必须在其他HTML编辑软件中重新手工进行排版

B. 割图必须文件格式一致

C. 制作好的割图文件只能使用GIF、JPEG和PNG三种格式

D. 以上答案都不对

25. 以下键盘快捷方式中可以改变图像大小的是（　　　）。

A. 【Ctrl+T】　　B. 【Ctrl+X】　　　C. 【Ctrl+S】　　　D. 【Ctrl+V】

26. 使用椭圆选框工具时，需配合（　　　）键才能绘制出正圆。

A. 【Shift】　　　B. 【Ctrl】　　　　C. 【Tab】　　　　D. Photoshop不能画正圆

27. Photoshop中在路径控制面板中单击"从选区建立工作路径"按钮，即创建一条与选区相同形状的路径，利用直接选择工具对路径进行编辑，路径区域中的图像（　　）。

    A. 随着路径的编辑而发生相应的变化　B. 没有变化

    C. 位置不变，形状改变　　　　　　　　D. 形状不变，位置改变

28. Photoshop中在使用渐变工具创建渐变效果时，选择其"仿色"选项的原因是（　　）。

    A. 模仿某种颜色

    B. 使渐变具有条状质感

    C. 用较小的带宽创建较平滑的渐变效果

    D. 使文件更小

29. Photoshop中（　　）没有"消除锯齿"的复选框。

    A. 魔棒工具　　　　　　　　　　　　B. 矩形选框工具

    C. 套索工具　　　　　　　　　　　　D. "选择"→"色彩范围"命令

30. Photoshop中利用单行或单列选框工具选中的是（　　）。

    A. 拖动区域中的对象　　　　　　　　B. 图像行向或竖向的像素

    C. 一行或一列像素　　　　　　　　　D. 当前图层中的像素

二、操作题

1. 用Photoshop软件设计具有班级特色的班徽，文件以lx2501.psd为名保存到"文档"文件夹。

2. 用Photoshop软件制作一个红绿交通灯闪烁的GIF动画，文件以lx2502.psd为名保存到"文档"文件夹。

3. 选择若干个人照片，用Photoshop软件进行美化处理，并制作个人照片循环播放的GIF动画，文件以lx2503.psd为名保存到"文档"文件夹。

4. 用Photoshop软件制作书本翻页效果，文件以lx2504.psd为名保存到"文档"文件夹。

5. 选取若干校园照片，用Photoshop软件设计校园卡的正反面，校园卡上必须有学校的校名和校徽，文件以lx2505.psd为名保存到"文档"文件夹。

第3章

数字音频编辑

数字音频编辑包括音频的录制、剪辑、添加特效、合成、输出等操作。本章从数字音频的基本概念与基本理论出发，着重论述数字音频编辑的基本方法，同时论述音频与视频格式转换的简易方法。通过本章学习，学习者能够从理论上把握数字音频的基本理论，操作上达到编辑日常音频、满足工作需要的目的。

3.1　数字音频基础

3.1.1　音频的基本概念

音频是指人能够听到的声音。声音是通过空气传播、作用于听觉器官的连续波。音频的强弱体现在声波压力的大小方面，音调的高低体现在声音的频率方面。自然界的声音是一个随时间而变化的连续信号，可看成一种周期性的函数。通常用模拟的连续波形描述声波的形状，单一频率的声波可用一条正弦波表示，如图3-1-1所示。

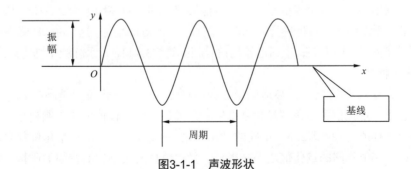

图3-1-1　声波形状

声波是随时间而连续变化的物理量，通过能量转换装置，可用随声波变化而改变的电压或电流信号来模拟，以模拟电压的幅度来表示声音的强弱。

音频信号分为模拟信号与数字信号。为使计算机能处理音频，必须数字化音频信号。

3.1.2 数字化音频

1. 音频的数字化

音频的数字化通过对模拟音频信号的采样、量化、编码来实现。音频用电表示时，音频信号在时间和幅度上是连续的模拟信号。声音进入计算机的第一步是数字化，连续时间的离散化通过采样实现。对模拟音频信号进行采样、量化、编码后，得到数字音频。音频的数字化的过程如图3-1-2～图3-1-4所示。

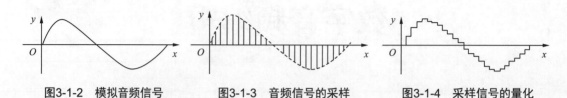

图3-1-2　模拟音频信号　　　　图3-1-3　音频信号的采样　　　　图3-1-4　采样信号的量化

模拟声音在时间上是连续的，或称连续时间函数$x(t)$。用计算机编辑这些信号时，必须先对连续信号采样，即按一定的时间间隔（T）在模拟声波上截取一个振幅值（通常为反映某一瞬间声波幅度的电压值），得到离散信号$x(nT)$（n为整数）。T称采样周期，$1/T$称为采样频率。为把采样得到的离散序列信号$x(nt)$存入计算机，必须将采样值量化成有限个幅度值的集合$x(nt)$，将采样值用二进制数字表示的过程称为量化编码。

2. 数字音频的质量

数字音频的质量取决于采样频率、量化位数和声道数三个因素。

（1）采样频率

采样频率是指1 s时间内采样的次数。在音频处理中，采样频率通常有三种：11.025 kHz（语音效果）、22.05 kHz（音乐效果）、44.1 kHz（高保真效果）。

采样频率的高低是根据奈奎斯特理论（Nyquist theory）和声音信号本身的最高频率决定的。奈奎斯特理论指出，采样频率不应低于声音信号最高频率的2倍，这样才能把数字表达的音频还原。采样即抽取某点的频率值，在1 s中内抽取的点越多，获取的频率信息越丰富。为复原波形，一次振动中必须有两个点的采样。人耳能够感觉到的最高频率为20 kHz，因此要满足人耳的听觉要求，则需要至少每秒进行40 000次采样，用40 kHz表达，这个40 kHz就是采样频率。常见的CD采样频率为44.1 kHz；电话语音的信号频率约为3.4 kHz，采样频率则为8 kHz。

（2）量化位数

记录音频除了频率信息，还必须记录音频的量化位数。量化位数越高，表示音频的组成元素种类数越多。量化位数也称"量化精度"，是描述每个采样值的二进制位数。如8 bit量化位数表示每个采样值可用2^8即256个不同的量化值之一来表示，而16 bit量化位数表示每个采样值可用2^{16}即65 536个不同的量化值之一来表示。量化位数的大小影响音频的质量，位数越多，声音的质量越高，同时存储空间也越大。常用的量化位数有8 bit、12 bit、16 bit。常见的CD为16 bit，即组成音频的元素种类有2^{16}种。

（3）声道数

音频通道的个数称为声道数，是指一次采样所记录产生的声音波形个数。记录声音时，如果每次生成一个声波数据，称为单声道；每次生成两个声波数据，称为双声道（立体声）。随着声道数的增加，所占用的存储容量也成倍增加。数字音频文件的存储量以字节为单位，模拟波形声音被数字化后音频文件的存储量为：存储量=采样频率×量化位数/8×声道数×时间。如用44.1 kHz的采样频率进行采样，量化位数选用16 bit，则录制1 s的立体声节目，其波形文件所需的存储量为44 100×16／8×2×1=176 400（字节）。

① 单声道（mono）。单声道是指用一个声音通道，一个传声器拾取声音，一个扬声器播放的音频。单声道在听觉上声音只由一只音箱产生，可明显听出声音的来源即音箱摆放位置，其本身的表现力较为平淡。当通过两个扬声器回放单声道信息时，可感觉到声音是从两个音箱中间传递出来。自从1877年美国发明家托马斯·爱迪生发明滚桶式留声机开始，音频世界进入单声道的录音时代。由于受技术条件的制约，直到1958年人们记录和播放音频的方式仍以单声道为主。

② 立体声（stereo）。立体声是指立体声利用两个独立声道进行录音，具有立体感的音频。立体声系统的再现需要一对音箱完成，它通过调整系统中两只音箱发出声音的大小，让听者感到声源来自两只音箱之间直线段中的任意位置。特别是使用耳机时，由于左右两边的声音串音情况很少发生，因此声音的定位比较准确。立体声的表现力比单声道真实，但对音箱的位置摆放要求较高。立体声录音技术诞生于1954年，美国无线电公司（RCA）于1957年第一次将立体声唱片引入商业应用领域，首先采用双音轨的磁带作为存储介质，后来采用黑胶唱片进行存储。

③ 多声道环绕声。多声道环绕声是指使用两个以上声道进行录音、多个音箱播放的音频。多声道环绕声包括杜比AC-3（Dolby audio code3或Dolby digital，杜比数字）、数字影院系统（digital theater system，DTS）、THX家庭影院系统等。其中AC-3杜比数码环绕声系统为杜比实验室于1991年开发出的一种杜比数码环绕声系统（Dolby surround digital），AC-3杜比数码环绕声系统由五个完全独立的全音域声道（3～20 000 Hz）和一个超低频声道（3～120 Hz）组成，又称5.1声道。其中五个独立声道为前置左声道、前置右声道、中置声道、环绕左声道、环绕右声道；0.1声道即一个用来重放120 Hz以下的超低频声道。多声道环绕声的实现上需要多个音箱，一般一个声道对应至少一个音箱，如杜比数字系统需要五个全音频范围的音箱，再加一个低音音箱。多声道环绕声系统后期发展到5.2声道、7.1声道、7.2声道、9.2声道、11.2声道、13.2声道等多种类型。AC-3杜比数码环绕声系统由杜比实验室于1991年开发。

④ 虚拟环绕声（virtual surround）。虚拟环绕声是指通过两个声道模拟出多声道环绕声效果的音频。虚拟环绕声是把多声道的信号经过处理，在两个平行放置的音箱中回放，让人感觉到环绕声的效果。它是利用单耳效应和双耳效应对环绕声信号进行虚拟化处理，尽管只有两个重放声道，但可以产生多声道效果。虚拟环绕声技术主要有SRS公司的SRS TruSurround、Q-sound公司的Qsurround、Aureal公司的A3D、Spatializer公司的N-2-2DVS等技术，

3. 压缩编码

压缩编码是指音频数字化后，对采样量化后的数据进行编码，使其成为具有一定字长的二进制数字序列，形成音频文件。经过采样、量化得到的脉冲编码调制（pulse code modulation，PCM）数据是数字音频信号，可直接在计算机中传输和存储。但这些数据的体积庞大，为便于存储和传输，需要进一步压缩，故产生各种压缩算法，如利用MP3、AAC、AAC+、WMA等编码压缩算法将PCM数据转换为MP3、AAC、WMA等格式的音频。

4. 声卡

声卡（sound card）也称音频卡，是指计算机上实现声波和数字信号相互转换、录音、播音

和声音合成的物理设备。声卡通过插入主板扩展槽与主机相连，卡上的输入/输出接口与相应的输入/输出设备相连。常见的输入设备包括传声器、收录机、电子乐器等，常见的输出设备包括扬声器、音响设备等。声卡由声源获取声音，并进行模拟/数字转换或压缩，而后存入计算机。声卡还可将经过计算机处理的数字化音频通过解压缩、数字/模拟转换后，送到输出设备进行播放或录制。声卡主要功能包括录制与播放波形音频文件、编辑与合成波形音频文件、MIDI音乐录制和合成、文语转换和语音识别。

3.2 常见的音频编辑软件

3.2.1 GoldWave

GoldWave是GoldWave公司出品的声音编辑器，是一个集数字音频编辑、播放、录制和格式转换为一体的音频编辑工具。可兼容的音频文件格式包括WAV、OGG、VOC、IFF、AIFF、AIFC、AU、SND、MP3、MAT、DWD、SMP、VOX、SDS、AVI、MOV、APE等，也可从CD、VCD、DVD或其他视频文件中提取声音。GoldWave内含丰富的音频处理特效，从一般特效如多普勒、回声、混响、降噪到高级的公式计算。数字化重灌旧的录音文件，如从磁带、唱片、收音机等录音；通过传声器录音；复制CD并存储为WMA、MP3、OGG等格式的文件；实时浏览VU效果图。GoldWave除了拥有普通的音频编辑器的功能外，还内置其他工具，如批处理器、CD播放器等。

3.2.2 Cool Edit Pro

Cool Edit Pro是美国Syntrillium Software Corporation公司开发的一款多轨录音和音频处理软件，具有丰富的音频处理效果，并能进行实时预览和多轨音频的混缩合成，是个人音乐工作室的音频处理首选软件。有人把Cool Edit形容为音频"绘画"程序，可以编辑音调、歌曲的一部分、声音、弦乐、颤音、噪声或调整静音等；同时提供有多种特效为作品增色，如放大、降低噪声、压缩、扩展、回声、失真、延迟等；可以同时处理多个文件，在几个文件间进行剪切、粘贴、合并、重叠声音等操作。Cool Edit Pro可以在AIF、AU、MP3、SAM、VOC、VOX、WAV等文件格式之间进行转换。Cool Edit Pro主要特性有：①128轨。②增强的音频编辑能力。③超过40种音频效果器，mastering和音频分析工具，以及音频降噪、修复工具。④音乐CD烧录。⑤实时效果器和EQ。⑥32 bit处理精度。⑦支持24 bit/192 kHz以及更高的精度。⑧loop编辑、混音。⑨支持SMPTE/MTC Master，支持MIDI回放，支持视频文件的回放和混缩。

3.2.3 Adobe Audition

Adobe推出Adobe Audition软件是一个完整的、应用于运行PC Windows系统上的多音轨唱片工作室。该产品此前叫做Cool Edit Pro 2.1，在2003年5月从Syntrillium Software公司成功购买，其出品版本包括Adobe Audition 1.0、1.5、2.0、3.0、CS5、CS6、……、2020、2021、2022、2023等。

Adobe Audition提供高级混音、编辑、控制和特效处理能力，是一个专业级的音频工具，允许用户编辑个性化的音频文件、创建循环、引进了45个以上的DSP特效以及128个音轨。

Adobe Audition拥有集成的多音轨和编辑视图、实时特效、环绕支持、分析工具、恢复特性和视频支持等功能，为音乐、视频、音频和声音设计专业人员提供全面集成的音频编辑和混音解决方案。

Adobe Audition为视频项目提供高品质的音频，允许用户对能够观看影片重放的AVI声音音轨进行编辑、混合和增加特效。广泛支持工业标准音频文件格式，包括WAV、AIFF、MP3、MP3 Pro和WMA，还能够利用32位的位深度来处理文件，取样速度超过192 kHz，从而能够以最高品质的声音输出磁带、CD、DVD或DVD音频。

3.3 使用Adobe Audition编辑音频

3.3.1 Adobe Audition概述

1. Adobe Audition的界面

Adobe Audition编辑界面（以2020版为例）分为波形编辑模式、多轨编辑模式、CD模式三种。三种模式可通过选择"文件"→"新建"→"多轨会话"或"音频文件"或"CD布局"命令切换；或通过选择"视图"→"多轨编辑器"或"波形编辑器"或"CD编辑器"命令切换。其中波形编辑、多轨编辑两种模式的切换，也可通过单击工具栏中相应的按钮实现。

波形编辑主要用于单个音频文件的编辑。波形编辑界面从上至下依次为菜单栏、工具栏、编辑器、播放控制波形缩放栏、状态栏等。通过菜单"视图"可以改变视图模式，添加或取消频谱显示、时间显示、状态栏显示状态等，如图3-3-1所示。

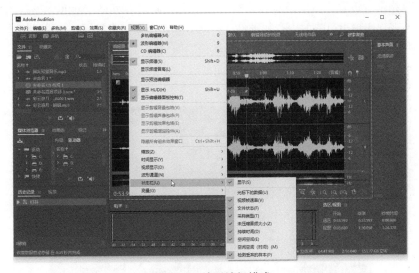

图3-3-1 波形编辑模式

多轨编辑主要进行多轨音频混音的编辑与操作，界面与波形编辑相近。不同的是编辑器包含多个轨道，每个轨道左侧为音轨控制台。音轨控制台可显示音轨名称、音量、录音/回放设备选择，或对指定音轨进行静音、录音等设置，如图3-3-2所示。

CD布局主要用于曲目安排与刻录CD光盘。

Adobe Audition窗口左侧有一个窗格，其中包括"文件""媒体浏览器""效果夹""收藏夹"等面板。窗口下方是"多功能面板"区，其中包括"时间""播放控制器""缩放""电平""选区/视图"等面板。空格键具有"播放"与"暂停"的功能。

图3-3-2　多轨编辑模式

Adobe Audition的操作通过菜单或快捷键来完成，菜单栏中的菜单项主要包括文件、编辑、多轨、剪辑、效果、收藏夹、视图、窗口、帮助等九项。不同编辑模式下，菜单内容有所不同。

2. Adobe Audition编辑状态设置

（1）首选项设置

首选项是指配置设置，可对该软件的各项配置进行调整。Adobe Audition的首选项可设置系统的常规、外观、音频声道映射、音频硬件、自动保存、操纵面、数据、效果、媒体与暂存盘、标记与元数据、媒体与磁盘缓存、多轨、多轨编辑、回放和录制、频谱显示器、时间显示、视频等。如通过外观可变窗口的配色方案、通过时间显示可改变帧速率等，如图3-3-3所示。

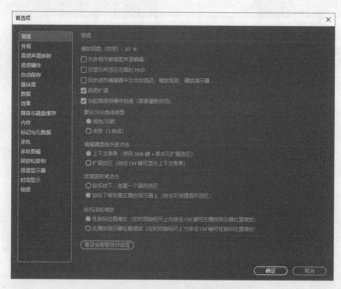

图3-3-3　"首选项"对话框

改变外观配色方案，可切换到"外观"选项卡，若选择"亮度"项参数为50%（较亮）则界面背景色变为浅灰色，若选择不同的"预设"参数则系统更改为相应配色方案。

（2）选择频谱视图

频谱视图主要包括"频谱显示""显示频谱音高"两种，其作用是波形编辑模式，在音频轨道下方添加与取消添加"频谱显示""显示频谱音高"视图窗格。其添加与取消添加的基本方法有如下两种：

方法1：单击工具栏中的 ▨ ▨ 按钮则在音频轨道下方添加"频谱显示""频谱音调显示"视图窗格；重复单击工具栏中的 ▨ ▨ 按钮则取消添加视图窗格。

方法2：选择"视图"→"频谱显示"或"显示频谱音高"命令，则在音频轨道下方添加"频谱显示"或"显示频谱音高"视图窗格；取消选择相关的命令，则取消添加相应的视图窗格。

（3）选择编辑声道

波形编辑模式下，编辑声道系统默认为所有声道。若编辑其中的某个声道，选择"编辑"→"启用声道"命令打开"启用声道"子菜单，或编辑窗格右侧选择L、R等选项；可设置编辑立体声的左声道或右声道、5.1声道中的某些声道等，如图3-3-4所示。

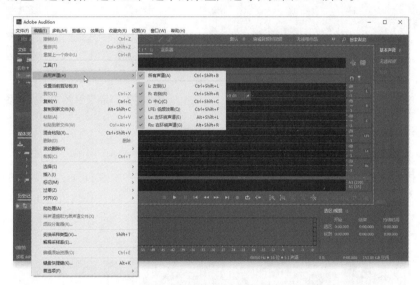

图3-3-4　5.1声道模式下的声道选择

（4）选择R、S、M状态

多轨混音模式下，各轨道窗格左侧音轨控制台有R、S、M按钮，分别表示该轨道的录音状态、独奏状态、静音状态。R表示录音状态，按下该按钮时进入录音状态，接入传声器，按下录音键可录制声音。S表示独奏状态，按下该按钮进入独奏状态，仅能播放该音轨音频，其他音轨的音频处于静音状态。M表示静音状态，按下该按钮进入静音状态，该音轨音频静音，其他音轨的音频可播放，如图3-3-5所示。

图3-3-5　音轨控制台

3.3.2　新建、打开与保存文件

Adobe Audition音频编辑中主要用到两种类型的文件：音频文件与项目文件。音频文件

是指存储音频波形数据信息的文件。该类文件可用音频播放器打开，其文件类型通常为.mp3
或.wav等。项目文件是指用于记录音频文件编辑状态和管理素材库的文件。该类文件只被Adobe
Audition编辑软件打开，其文件类型通常为.ses或.sesx（适用于"多轨编辑"模式）。

1. 新建

"新建"命令用于新建项目文件或音频文件。通过选择"文件"→"新建"→"多轨会
话"或"音频文件"或"CD布局"命令，可分别新建"多轨会话"项目或"音频文件"或
"CD布局"文件。新建项目或文件时，可选择单声道、立体声、5.1声道三种格式；采样率可采用
默认值或选择其他参数；位深度（量化精度）可选8、16、24、32等，如图3-3-6和图3-3-7所示。

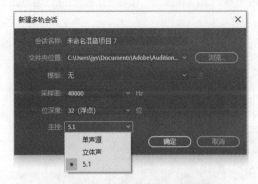

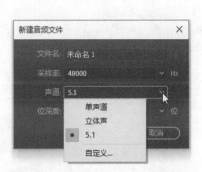

图3-3-6 "新建多轨会话"对话框   图3-3-7 "新建音频文件"对话框

2. 打开

"打开"命令用于打开项目文件或音频文件。波形编辑模式下，选择"文件"→"打开"命
令，可打开指定的音频文件。多轨会话模式下，若选择"文件"→"打开"命令则可直接打开某
个音频文件，并进入波形编辑模式。若在某轨道打开音频文件，则选择轨道右击并在快捷菜单中
选择"插入"→"文件"命令，如图3-3-8所示，打开"导入文件"对话框；选择音频文件打开。

图3-3-8 多轨会话模式-插入音频文件

3. 文件保存

不同编辑模式下，文件保存略有差异。多轨会话模式下，有两种文件保存格式。①项目文件保存，选择"文件"→"另存为"命令，将保存为项目.sesx格式文件。②音频文件保存，选择"文件"→"导出"→"多轨混音"→"整个会话"命令，打开"导出多轨混音"窗口，"格式"对话框选择文件保存格式。波形编辑模式下，选择"文件"→"保存"或"另存为"命令，将音频文件保存为指定格式。

4. 打开并附加

"打开并附加"主要应用于波形编辑模式，是指将外部音频文件拼接到已打开文件尾部。这样两个音频文件拼接成一个音频波形文件，长度为两个音频源文件之和。注意拼接文件的格式需相同。选择"文件"→"打开并附加"命令，将会出现选项子菜单：在多轨会话模式下子菜单内容为"到新建文件"将音频文件新建一个文件；在波形编辑模式子菜单内容为"到新建文件""到当前文件"，可选择将音频文件新建一个文件或拼接到当前文件之后。

【实例】从网络下载歌曲"拔萝卜.mp3"与"让我们荡起双桨.mp3"，并在Adobe Audition中完成下列操作：①打开歌曲"拔萝卜.mp3"；②将歌曲"让我们荡起双桨.mp3"追加到歌曲"拔萝卜.mp3"之后，拼接在一起形成歌曲联唱；③将追加合成的文件以lx3301.mp3为名保存到"文档"文件夹。

具体操作步骤如下：

步骤1 利用搜索引擎在网络上搜索歌曲"拔萝卜.mp3"与"让我们荡起双桨.mp3"，并下载保存到"下载"文件夹。

步骤2 打开歌曲"拔萝卜.mp3"文件。启动Adobe Audition；选择"文件"→"打开"命令；打开"打开文件"窗口，选择"下载"文件夹中的文件"拔萝卜.mp3"；单击"打开"按钮。

步骤3 追加"让我们荡起双桨.mp3"文件到当前文件之后。选择"文件"→"打开并附加"→"到当前文件"命令；打开"打开并附加到当前文件"窗口，选择"下载"文件夹中的"让我们荡起双桨.mp3"文件；单击"打开"按钮。

步骤4 调整音量使两首歌曲音量趋于一致。方法1：采用"压限"。音频轨选择调整音量的音频波形；选择"效果"→"振幅与压限"→"多频段压缩器"命令，打开"效果-多频段压缩器"对话框；"预设"选项选择一种效果或手动调整参数；单击"应用"按钮，如图3-3-9所示。（方法2：个别调整音量。音频轨选择调整音量的音频波形；选择"效果"→"振幅与压限"→"增幅"命令，打开"效果-增幅"对话框；手动修改左右声道增益值；单击"应用"按钮。）

步骤5 保存文件。选择"文件"→"另存为"命令；打开"另存为"对话框，"位置"选择"文档"文件夹、"文件名"输入lx3301、"格式"选择"MP3音频（*.mp3）"项；单击"确定"按钮，如图3-3-10所示。

5. 从CD中提取音频

从CD中提取音频又称CD抓轨，是指获取CD音轨的音频文件并转换成MP3、WAV等格式音频文件的过程。和普通音频编解码转换不同，CD光盘存储的文件扩展名为.cda，文件大小全部是44.1 KB，该类文件包含的是CD轨道信息，不是音频信息，无法直接保存到计算机。CD抓轨则是将CD轨道信息转换成普通音频，并保存到计算机存储设备。

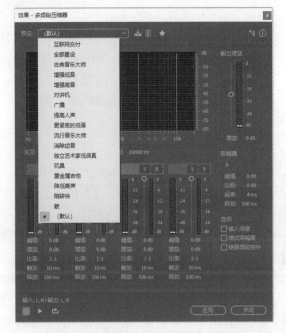

图3-3-9 "效果-多频段压缩器"对话框

图3-3-10 "另存为"对话框

　　从CD中提取音频的具体操作方法是：将CD光盘放入光驱中；选择"文件"→"从CD中提取音频"命令，打开"从CD中提取音频"对话框，如图3-3-11所示；单击某个轨道前的播放按钮试听音频，选择需要获取的CD音轨；单击"确定"按钮；系统进入波形编辑模式，逐个轨道获取音频文件存放到"文件"素材库；"文件"素材库选择音频文件，选择"文件"→"另存为"命令，保存音频文件为需要的格式（如.mp3）。

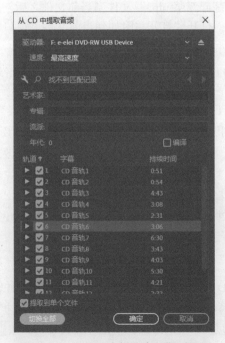

图3-3-11 "从CD中提取音频"对话框

3.3.3 选择、复制、删除音频

1. 选择波形

选择波形指选择音轨中的全部或部分波形。选择全部波形是指选择音轨上的整个波形，具体操作方法是：双击鼠标或选择"编辑"→"选择"→"全选"命令。选择部分波形即选择音频轨道部分音频波形，具体操作方法是按鼠标左键拖选。

若选择某音轨的波形，由切换到波形编辑模式，先选择需要的波形段，然后选择"编辑"→"启用声道"→"*声道"命令。

2. 设置当前剪贴板

音频辑的过程中，可选择当前使用的剪贴板。系统共计六个剪贴板，其中Adobe Audition有五个、Windows系统一个。一次可选一个剪贴板。选择剪贴板的方法是：选择"编辑"→"设置当前剪贴板"→"剪贴板*"命令（*代表1、2、3、4、5）。若不选择则系统默认使用剪贴板1。

可将选择的信息存储于不同的剪贴板，然后从剪贴板中进行粘贴，简化操作。使用"剪贴板*"复制的具体操作方法是：选择轨道中的音频；选择"编辑"→"设置当前剪贴板"→"剪贴板*"命令；选择"编辑"→"复制"命令。使用"剪贴板*"粘贴的具体操作方法是：选择"编辑"→"设置当前剪贴板"→"剪贴板*"命令；选择轨道中的目标位置；选择"编辑"→"粘贴"命令。

3. 复制、裁剪、粘贴、移动

"复制"与"粘贴"用于复制与粘贴选定的音频区域。"裁剪"用于将选择区域的音频从整体文件中剪切出来，舍弃未选择的部分。"粘贴到新文件"将剪贴板中的文件粘贴为新文件。"复制到新文件"将当前文件或当前文件选择部分复制为一个新波形文件，文件名为"未命名*"（*代表1、2、3、4、5）。移动音轨中的波形文件，按住鼠标右键拖动音轨中的波形，根据需要调整位置。"混合式粘贴"在波形编辑模式下将剪贴板中的波形内容与当前波形文件混合，在对话框中可选择混音方式如反转已复制的音频，还可设置插入、重叠、覆盖、调制等方式的混合粘贴，如图3-3-12所示。

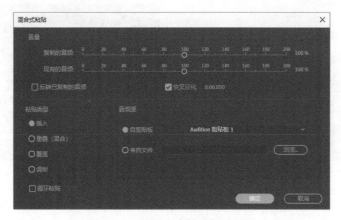

图3-3-12 "混合式粘贴"对话框

具体操作方法是：选择波形；选择"编辑"→"剪切"或"粘贴到新文件"或"复制到新文件"或"混合式粘贴"等命令。

4. 删除音频

删除音频即删除当前选择的波形，具体操作方法是：选择波形；按【Delete】键或选择"编辑"→"删除"命令。

5. 撤销、重做、重复执行上次操作

撤销、重做、重复执行上次操作分别用于撤销操作、重做上一步操作、重复上一次操作。具体操作方法是：选择"编辑"→"撤销"或"重做"或"重复上一个命令"命令。撤销也可按【Ctrl+Z】组合键；若撤销到此前若干步可连续按【Ctrl+Z】组合键。

6. 智能分割含多首歌曲的音频文件

对于多首歌连接到一起的歌曲，若将某歌曲从中分离出来，具体操作方法是：波形编辑模式下，打开音频文件；选择"编辑"→"标记"→"添加提示标记"命令；音轨上方显示提示标记（每首歌的开头至结尾），双击标签，选择一段音频；选择"文件"→"将选区保存为"命令，保存所选音频。

3.3.4 音量大小与淡化

1. 改变音频文件音量

如果音频的音量波形过小或过大，则需改变其大小以适应操作者的需要。Adobe Audition中改变音频音量大小的方法有两种。①使用"标准化"效果器。具体操作方法是：选择音频波形；选择"效果"→"振幅与压限"→"标准化"命令，打开音量"标准化"对话框，如图3-3-13所示；设置参数，若提高音量则数值设置大于100，若减小音量则数值设置为小于100；单击"应用"按钮。②使用"增幅"效果器。具体操作方法是：选择音频波形；选择"效果"→"振幅与压限"→"增幅"命令，打开"效果-增幅"对话框，如图3-3-14所示；手动修改左右声道增益值，或选择预设参数；单击"应用"按钮。

图3-3-13 "标准化"对话框

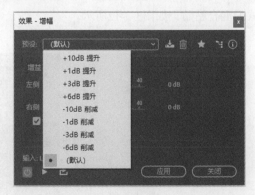

图3-3-14 "效果-增幅"对话框

【实例】从网络下载歌曲"我和我的祖国.mp3"，并在Adobe Audition中完成以下操作：①将"我和我的祖国.mp3"右声道的音量降低50%；②将"我和我的祖国.mp3"左声道的音量提高50%；③文件以原名保存到"文档"文件夹。

具体操作步骤如下：

步骤1 从网络下载歌曲"我和我的祖国.mp3"。

步骤2 打开音频文件。启动Adobe Audition，选择"文件"→"打开"命令；打开"打开"对话框，找到文件"我和我的祖国.mp3"；单击"打开"按钮；切换到波形编辑模式。

步骤3 减小右声道的音量50%。

方法1：使用"增幅"效果器。选择"效果"→"振幅与压限"→"增幅"命令，打开"效果-增幅"对话框；取消选择"链接滑块根"复选框，将右声道增益参数修改为-50，单击"确定"按钮。

方法2：使用"标准化"效果器。选择右声道，选择"编辑"→"启用声道"→"R:右侧(R)"命令；减小右声道音量，选择"效果"→"振幅与压限"→"标准化"命令，打开"标准化"对话框；将"标准化到"参数修改为50，取消选择"平均标准化所有声道"复选框；单击"确定"按钮。

步骤4 参考步骤3的方法，设置左声道音量提高50%。

步骤5 保存文件。选择"文件"→"另存为"命令；打开"另存为"对话框，选择"文档"文件夹；单击"确定"按钮。

2. 音量淡入淡出效果的设置

音量淡入淡出是指在指定的时间内，音量由无到大或由大到无的变化过程。应用音频时，通常采用音量的淡入与淡出效果，即对音频文件开头和结尾的几秒添加淡入淡出效果。具体操作方法是：选择音频文件的波形区域；选择"效果"→"振幅与压限"→"淡化包络"命令，打开"效果-淡化包络"对话框；"预设"选项选择"平滑淡入"或"平滑淡出"等项，如图3-3-15所示；单击"预览"按钮试听效果；单击"应用"按钮。

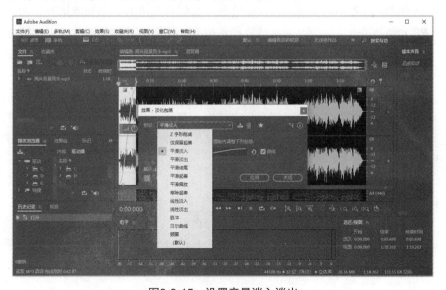

图3-3-15 设置音量淡入淡出

【实例】从网络下载歌曲"团结就是力量.mp3"，并在Adobe Audition中完成以下操作：①截取"团结就是力量.mp3"中前50 s音频内容；②设置前2 s平滑淡入；③设置最后2 s线性淡出；④文件以lx3302.mp3为名保存到"文档"文件夹。

具体操作步骤如下：

步骤1　打开音频文件。启动 Adobe Audition；选择"文件"→"打开"命令，打开"打开"对话框；选择"团结就是力量.mp3"文件；单击"打开"按钮；将系统切换到波形编辑模式。

步骤2　截取前50 s音频。删除不需要的音频区间，窗口右下角的"选区/视图"面板中"选区"选项卡"开始"项输入0:50:000，"结束"项输入文件末端数据（"视图"栏"结束"项数据），如图3-3-16所示；按【Delete】键删除。

选区/视图 ≡			
	开始	结束	持续时间
选区	0:50.000	1:18.262	0:28.262
视图	0:00.000	1:18.262	1:18.262

图3-3-16　设置选区参数

步骤3　设置前2 s平滑淡入。选择设置淡入的2 s音频区间，在"选区/视图"面板中"选区"选项卡"开始"项输入0:02:000，或按鼠标左键拖选音频文件的开始2 s的区间；选择"效果"→"振幅与压限"→"淡化包络"命令，打开"效果-淡化包络"对话框；"预设"选项选择"平滑淡入"项；单击"应用"按钮。

步骤4　设置最后2 s线性淡出。选择设置淡出的2 s音频区间，在"选区/视图"面板中"选区"选项卡"开始"项输入0:48:000，或按鼠标左键拖选音频文件的结尾2 s的区间；选择"效果"→"振幅与压限"→"淡化包络"命令，打开"效果-淡化包络"对话框；"预设"选项选择"线性淡出"项；单击"应用"按钮。

步骤5　保存文件。选择"文件"→"另存为"命令；打开"另存为"对话框，选择"文档"文件夹；在"文件名"文本框中输入lx3302；"格式"选择"MP3音频（*.mp3）"项；单击"确定"按钮。

3.3.5　会话混音输出

1. 多轨音频合成编辑

多轨会话模式，可在不同轨道编辑多个音频，并将其合成为一个音调协调、主次分明、叙事合理的音频文件。多轨音频的合成常见的操作包括文件插入、位置调整、文件拆分、音量调节等。

（1）文件插入

文件插入是指从"文件"素材库或计算机存储器中获取音频文件，并插入到音轨的操作。"文件"素材库中的音频文件插入可用鼠标直接拖入音轨；计算机存储器中音频文件插入则选择音轨，右击并在快捷菜单中选择"插入"→"文件"命令；打开"导入文件"对话框；选择存储器中音频文件；单击"打开"按钮。

（2）位置调整

利用鼠标左键拖动音频波形，可上、下、左、右调整所选波形在轨道中的位置。

（3）文件拆分

文件拆分是指将放置在音轨的音频文件分割为几部分的操作。拆分后每个部分音频波形可独立编辑。拆分文件的方法是：选择音轨；移动播放指针到拆分目标点；右击并在快捷菜单中选择"拆分"命令。

（4）音量调节

多个轨道插入音频文件后，各轨道音频文件音量有所不同，主音频带与伴奏音频的音量比例需要调整，使其主次分明。当主音频没有出现时，伴奏音频以正常音量播放；当主音频出现时，伴奏音频渐弱到一恒定音量；主音频结束后，伴奏音频音量再渐强到正常。

音量调节需要通过调整音量包络线来实现。在"视图"菜单依次选取"显示剪辑声像包络""显示剪辑音量包络"命令，如图3-3-17所示；在每条音轨中上部出现黄绿色的音量控制包络线、音轨中间蓝色的相位控制包络线。在音频轨任意处单击可选择音轨；单击音轨中的音量包络线可添加控制点；上下拖动控制点，可提高或减弱音量，拖动时鼠标旁会显示出音量。采用同样的方法，可调整相位，使音频音源来自不同的方位。

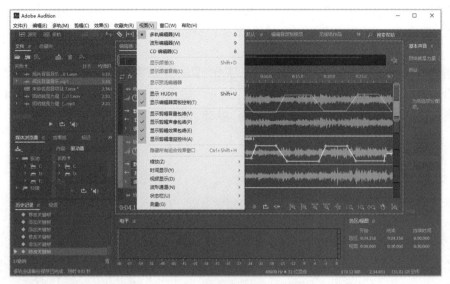

图3-3-17　调整音量包络、声相包络

2. 会话混音输出

会话混音是将分布于多个音轨的音频文件合成为一个音频文件。多轨编辑的音频文件是音频项目文件，不是常用的音频文件，需要将项目文件混音为常用音频格式合成输出，保存类型可选择多种音频格式如WAV、MP3、APE等。

将多轨会话项目文件混音为音频文件的具体操作方法有三种。选择"多轨"→"将会话混音为新文件"→"整个会话"命令，将多个轨道的音频文件混音为一个新音频文件，并进入波形编辑模式。②选择"文件"→"导出"→"多轨混音"→"整个会话"命令，将多个轨道的音频混音为一个音频文件，并保存到计算机中。③在音轨右击并在快捷菜单中选择"混音会话到新建文件"命令，将多个轨道的音频文件混音形成一个新音频文件。

【实例】从网络下载"战争音效"音频素材与歌曲"我和我的祖国.mp3"，并在Adobe Audition 中完成以下操作：①给歌曲"我和我的祖国"添加多个"战争音效"素材，如枪炮声等，添加位置自定；②调节"战争音效"素材的音量，营造出远近不同的音效；③将文件以lx3303.mp3为名保存到"文档"文件夹。

具体操作步骤如下：

步骤1　进入多轨会话。打开Adobe Audition；选择"文件"→"新建"→"多轨会话"命令，打开"新建多轨会话"对话框；选择存盘位置、输入项目文件名称；单击"确定"按钮。

步骤2　插入"我和我的祖国.mp3"文件。选择轨道1，右击并在快捷菜单中选择"插入"→"文件"命令，打开"导入文件"对话框；选择文件"我和我的祖国.mp3"，单击"打开"按钮。

步骤3　插入"战争音效"素材文件。选择轨道2，右击并在快捷菜单中选择"插入"→"文件"命令，打开"导入文件"对话框；选择"战争音效"素材文件（枪炮声等），单击"打开"按钮。重复此操作，插入多个枪炮声音频素材。

步骤4　调整战争音频素材位置。光标指向音频轨道的枪炮音频文件，用鼠标左键拖动到恰当位置。

步骤5　调整音量大小与声相。在"视图"菜单依次选取"显示剪辑声像包络""显示剪辑音量包络"命令；用鼠标左键调节音量包络线、相位包络线到合适声音效果，使枪炮声错落有致。

步骤6　保存文件。选择"文件"→"导出"→"多轨混音"→"整个会话"命令，打开"导出多轨混音"对话框；在"文件名"文本框中输入lx3303，"位置"选择"文档"文件夹，"格式"选择"MP3音频（*.mp3）"项；单击"确定"按钮。

3.3.6　录音、降噪与添加音效

1. 录音

录音是将自然界声音以数字化的形式采集到计算机，并保存到存储器。使用Adobe Audition录制音频，需要先完成以下两项准备工作：①设备准备。将耳机、传声器接入计算机，并调试好；②设置波形录音标准。新建文件时，在"新建文件"对话框，可选择采样率、录音声道和采样精度（如44 100 Hz、立体声、16位等），一般采用系统默认值。若更改录音参数，则在波形编辑模式，选择"编辑"→"变换采样类型"命令；打开"变换采样类型"对话框，更改参数，如图3-3-18所示；单击"确定"按钮。

图3-3-18　"变换采样类型"对话框

录音可在多轨会话模式或波形编辑模式下进行，二者的主要区别在于：多轨会话模式下需要先选择轨道，并激活录音按钮R，再按录音键进行录音；波形编辑模式下，直接单击录音键，进入录音状态。

通常为方便降噪的操作，先对环境噪声进行采样，然后再录音。

【实例】 从网络下载古筝音频文件"蕉窗夜雨.mp3"，并在Adobe Audition中完成以下配乐诗朗诵：①在音轨1插入音频文件"蕉窗夜雨.mp3"；②在音频文件"蕉窗夜雨.mp3"伴奏下，朗读古诗《春晓》并在音轨2录音："春晓，孟浩然。春眠不觉晓，处处闻啼鸟。夜来风雨声，花落知多少。"；③将文件以lx3304.mp3为名保存到"文档"文件夹。

具体操作步骤如下：

步骤1　进入录音状态。启动Adobe Audition；选择"文件"→"新建"→"多轨会话"命令；打开"多轨混音项目"对话框，使用默认值；单击"确定"按钮。

步骤2　音轨1插入音频文件"蕉窗夜雨.mp3"。选择音轨1；右击并在快捷菜单中选择"插入"→"文件"命令，打开"导入文件"窗口；选择音频文件"蕉窗夜雨.mp3"，单击"确定"按钮。

步骤3　录制人声。选择音轨2，单击音轨2 音频控制台的R按钮；单击红色"录音"键开始录音，通过传声器朗读《春晓》，录音结束；单击"停止"按钮。

步骤4　删除多余的伴奏音频。选择音轨1，将播放指针移到诗朗诵结束处；右击并在快捷菜单中选择"拆分"命令分割音频"蕉窗夜雨.mp3"；选择拆分的后半部分音频波形，按【Delete】键。

步骤5　保存文件。选择"文件"→"导出"→"多轨混音"→"整个会话"命令，打开"导出多轨混音"对话框；在"文件名"文本框中输入lx3304，"位置"选择"文档"文件夹，"格式"选择"MP3音频（＊.mp3）"项；单击"确定"按钮。

2. 修饰声音——添加音效

通过Adobe Audition的各种效果器可给音频文件添加降噪、混响、均衡器等各种音效，达到修饰声音的目的。

（1）降噪

通常从网络或光盘中获取的音频素材不需要降噪。自己录制的音频，由于大部分用户在非专业录音设备的计算机中进行，故录音中会有很多噪声（环境音），为此需要对录音进行降噪，去除其中不必要的环境音与其他干扰声音。降噪有嘶声消除、采样降噪等多种方法，其中最常用且有效的方法是采样降噪。

采样降噪是指通过噪声采样获取当前噪声（环境音），然后将采样的噪声（环境音）从录制的音频中减去的过程。采样降噪的具体操作通常有以下三个环节。①噪声采样。利用传声器录制噪声（环境音）；选择录制的噪声（环境音）波形；选择"效果"→"降噪/恢复"→"降噪（处理）"命令，打开"效果-降噪"对话框；单击"捕捉噪声样本"按钮，获取噪音样本；单击"保存当前噪声样本（🔽）"按钮保存噪声样本。②加载噪声样本。选择"效果"→"降噪/恢复"→"降噪"命令，打开"效果-降噪"对话框；单击"打开（📂）"按钮，打开"打开Audition噪声样本文件"对话框；选择并加载前期采样的噪音样本文件；③降噪。单击"选择完整文件"按钮选择音轨中的全部波形，如图3-3-19所示；单击"应用"按钮降噪。

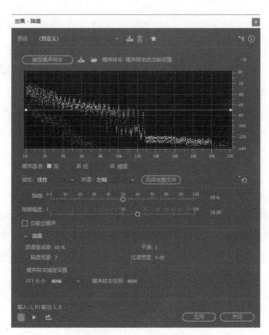

图3-3-19　"效果-降噪"对话框

"效果-降噪"对话框中，上方窗口的黄色表示当前状态，绿色表示噪声，蓝线可以动态调节降噪程度。高级选项中，衰减表示对噪声衰减后的分贝数，数值越低噪声就越小，对原音的破坏性也越大。衰减值一般在20~40 dB之间，因为低于20 dB的声音人耳几乎听不到，超过40 dB容易察觉。精度：数值越大，噪声特征越明显，降噪时间越长，小于7会产生抖动声。平滑：值越小噪声越低，对原音破坏越大。过渡范围：值越小噪声越小。FFT：数值越大，图中点越密集，越小越稀松。噪声样本快照：值越高，获取精度越大，计算时间越长。

单击对话框下方的"播放"按钮，可进行试听。

【实例】在Adobe Audition中完成以下操作：①获取当前环境噪声样本；②朗读本节第2部分第（1）项中的第一自然段"通常从网络或光盘中获取……"，并录音；③消除录制音频中的噪声；④将文件以lx3305.mp3为名保存到"文档"文件夹。

具体操作步骤如下：

步骤1　进入录音状态。启动Adobe Audition，选择"文件"→"新建"→"音频文件"命令；打开"新建音频文件"对话框，使用默认值；单击"确定"按钮。

步骤2　录制噪声。单击红色"录音"按钮，录制一段10 s左右的环境声；单击"停止"按钮，结束录音。

步骤3　噪声采样。选择音轨中的音频波形；选择"效果"→"降噪/恢复"→"降噪"命令，打开"效果-降噪"对话框；单击"捕捉噪声样本"按钮，获取噪声样本；单击"保存（📁）"按钮，将获取噪声样本以"噪声采样"为名存盘；单击"关闭"按钮。

步骤4　录音。选择音轨中的波形，按【Delete】键删除；单击红色"录音"键开始录音，通过传声器朗读本节第2部分第（1）项中的第一自然段"通常从网络或光盘中获取……"；录音结束，单击"停止"按钮。

步骤5　选择降噪的音频区间。双击音轨，选择音轨中的全部音频波形。

步骤6　降噪。选择"效果"→"降噪/恢复"→"降噪"命令，打开"效果-降噪"对话框；单击"打开"按钮加载前期采样的文件"噪声采样"（此步骤可省略）；单击"应用"按钮进行降噪。

步骤7　清除杂音。通常，录音起始与结束时，会有异常的杂音录入，试听检查并删除降噪后音频中的杂音信息。

步骤8　调节音量。选择全部音频，用"标准化"或"增幅"效果器，将音量调节到合适的位置。

步骤9　文件存盘。选择"文件"→"另存为"命令，打开"另存为"对话框；在"文件名"文本框中输入lx3305，"位置"选择"文档"文件夹，"格式"选择"MP3音频（*.mp3）"项；单击"确定"按钮。

嘶声消除可消除音频信号中的嘶嘶声。在波形编辑模式，选择需降噪的音频波形；选择"效果"→"降噪/恢复"→"降低嘶声（处理）"命令，打开"降低嘶声"对话框；进行预览试听，单击"应用"按钮。"消除嗡嗡声"可消除音频信号中的嗡嗡声。切换到波形编辑模式，选择音频区间；选择"效果"→"降噪/恢复"→"消除嗡嗡声"命令，打开"效果-消除嗡嗡声"对话框；选择不同的预设方案，进行预览试听，如图3-3-20所示；单击"应用"按钮。

（2）均衡器

均衡器用于增强或减弱某频段的信号，达到改变音色的目的，增强或减弱通常用dB来衡量。Adobe Audition均衡器包括图形均衡器、FFT滤波、参数均衡器等。采用均衡器可调节音频各频段的音量，使声音听起来更自然、清晰，富有表现力。本案以"图示均衡器"为例介绍均衡器的应用方法，具体操作方法是：切换到波形编辑模式，选择音频区间；选择"效果"→"滤波与均衡"→"图形均衡器（*段）"命令，其中包括10段均衡（1个八度）、20段均衡（1/2个八度）、30段均衡等选项，如图3-3-21所示；打开"效果-图形均衡器"对话框，手动调整或选择预设参数，如图3-3-22所示；单击"播放"按钮试听，单击"应用"按钮完成操作。

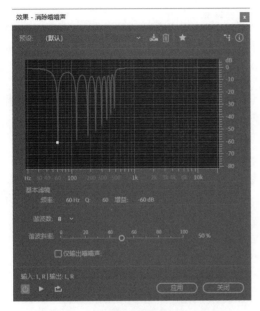

图3-3-20　"效果-消除嗡嗡声"对话框

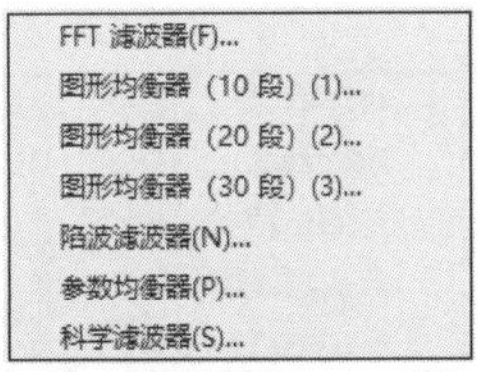

图3-3-21　"滤波与均衡"子菜单

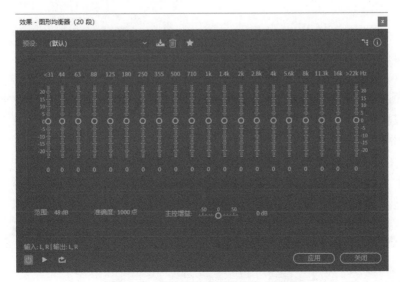

图3-3-22　"效果-图形均衡器"对话框

（3）音频的变速与变调

变速是指改变音频的速率，用于加快或放慢音速语速。变调是指改变音频的声调，用于提高或降低声调。音频变速与变调的具体操作方法是：选择音频区间；选择"效果"→"时间与变调"命令；打开"时间与变调"子菜单，其中包括自动音调校正、手动音调校整、伸缩与变调选项，如图3-3-23所示；选择"伸缩与变调"命令，打开"效果-伸缩与变调"对话框，手动调整或选择预设参数，如图3-3-24所示；单击"播放"按钮试听，单击"应用"按钮完成操作。其中"伸缩"项可调整音频的播放速度，"变调"项可用于调整音频的声调。

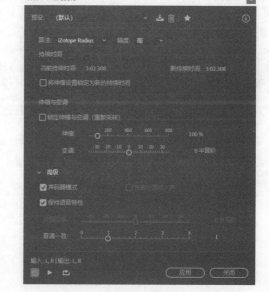

自动音调更正(A)…	
手动音调更正（处理）(M)…	
变调器（处理）(B)…	
音高换档器(P)…	
伸缩与变调（处理）(S)…	

图3-3-23　"时间与变调"子菜单　　　　图3-3-24　"效果-伸缩与变调"对话框

（4）压限

压限是指均衡音频音量，控制音频信号输出的动态范围，使较微弱的信号变大、较大的信号变小的操作过程。压限可视为音量调节旋钮，能将音频文件的大音量波形调小，把小音量的音频波形提升，使音量始终保持在某个平均线，避免声音忽大忽小。应用压限的具体操作方法是：选择音频区间；选择"效果"→"振幅和压限"命令；打开"振幅和压限"子菜单，其中包括"单频段压缩器""多频段压缩器"等多个选项，如图3-3-25所示。若选择"单频段压缩器"命令，则打开"效果-单频段压缩器"对话框，手动调节或选择"预设"选项，如图3-3-26所示；单击"播放"按钮试听，单击"应用"按钮完成操作。

【实例】在Adobe Audition中完成以下操作：①通过传声器朗读本节2.—（4）中的第一自然段"压限是指均衡音频音量……"文字并录音；②对录制的音频降噪；③应用"图形均衡器（20段）"效果器中的预设项"明亮而有力"修饰音频；④应用"单频段压缩器"中的预设项"人声提升器"修饰音频；⑤应用"伸缩与变调"效果器将"伸缩"项参数设为130%；⑥文件以lx3306.mp3为名保存到"文档"文件夹。

具体操作步骤如下：

步骤1　进入录音状态。启动Adobe Audition，选择"文件"→"新建"→"音频文件"命令；打开"新建音频文件"对话框，使用默认值；单击"确定"按钮。

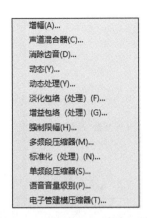

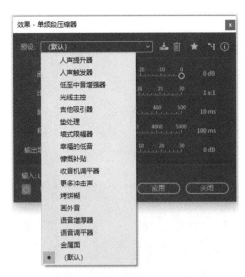

图3-3-25　"振幅与压限"子菜单　　图3-3-26　"效果-单频段压缩器"对话框

步骤2　录音。单击红色"录音"键开始录音，通过传声器朗读本节2.—（4）中的第一自然段"压限是指均衡音频音量……"文字；录音结束，单击"停止"按钮。

步骤3　降噪。①噪声采样。选择音轨中的没有人声的部分音频波形；选择"效果"→"降噪/恢复"→"降噪"命令，打开"效果-降噪"对话框；单击"捕捉噪声样本"按钮，获取噪声样本。②选择降噪的音频区间。单击"选择全部文件"或双击音轨，全选音轨中的音频波形。③单击"应用"按钮进行降噪。

步骤4　应用"图示均衡器（20段）"美化音频。全选音轨波形；选择"效果"→"滤波与均衡"→"图形均衡器（20段）"命令，打开"效果-图形均衡器"对话框；"预设"选项选择"明亮而有力"项；单击"播放"按钮试听，单击"应用"按钮。

步骤5　声音压限。全选音轨波形；选择"效果"→"振幅和压限"→"单频段压缩器"命令，打开"效果-单频段压缩器"对话框；"预设"选项中选择"人声提升器"项；单击"播放"按钮试听，单击"应用"按钮。

步骤6　音频速率提高到130%。选择"效果"→"时间与变调"→"伸缩与变调"命令，打开"效果-伸缩与变调"对话框；将"伸缩"项参数设为130%；单击"播放"按钮试听，单击"应用"按钮。

步骤7　文件存盘。选择"文件"→"另存为"命令，打开"另存为"对话框；在"文件名"文本框中输入lx3306，"位置"选择"文档"文件夹，"格式"选择"MP3音频（*.mp3）"项；单击"确定"按钮。

（5）延迟

延迟是指将音频输出信号的一部分反馈回输入端，使之延时播放，产生重复的回声效果。延时将输入信号录制到数字化内存，经过一段短暂的时间后再读出，产生回旋、回声、合唱、立体声模拟等效果。设置延时效果的具体操作方法是：选择音频波形区间；选择"效果"→"延迟与回声"→"延迟"命令，打开"效果-延迟"对话框；手动调整或选择预设参数设置延时效果，如图3-3-27所示；单击"播放"按钮试听；单击"应用"按钮完成操作。其中"预设"选项包含"山谷回声""口吃"等多项内容，如图3-3-28所示。

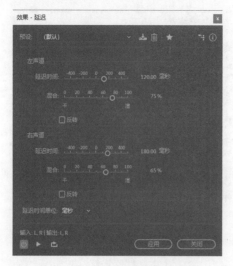

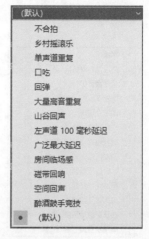

图3-3-27 "效果-延迟"对话框　　　　　图3-3-28 "延迟-预设"下拉列表

（6）混响

混响是指模拟声音在声学空间（如大房间或礼堂等）反射的过程。混响效果器通过某种算法，用滤波器建立一系列延时，模仿真实空间中声波遇到反射物后发生反射的音效。Adobe Audition包含"完全混响""混响""卷积混响"等多种混响效果器。本案以"完全混响"为例介绍设置混响的方法。具体操作方法是：选择音频波形区间；选择"效果"→"混响"→"完全混响"命令，打开"效果-完全混响"对话框；手动调整或选择预设参数设置完全混响效果，如图3-3-29所示；单击"播放"按钮试听；单击"应用"按钮完成操作。其中"预设"选项包含"中型音乐厅""体育馆"等多项内容，如图3-3-30所示。

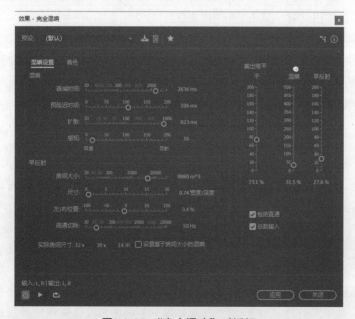

图3-3-29 "完全混响"对话框　　　　　图3-3-30 完全混响"预设"选项

【实例】在Adobe Audition中完成以下操作：①打开前实例中的音频文件lx3306.mp3文件；

②应用"延迟"效果器中的预设项"磁带回声"修饰音频；③应用"完全混响"效果器的预设项"立体声反射板"修饰音频；④文件以lx3307.mp3为名保存到"文档"文件夹。

具体操作步骤如下：

步骤1　打开文件lx3306.mp3。启动Adobe Audition；选择"文件"→"打开"命令；打开"打开文件"对话框，"文档"文件夹选择lx3306.mp3文件；单击"打开"按钮。

步骤2　应用"效果-延迟"效果器。选择音频波形区间；选择"效果"→"延迟与回声"→"延迟"命令，打开"效果-延迟"对话框；"预设"选项选择"磁带回声"项；单击"播放"按钮试听；单击"应用"按钮。

步骤3　应用"完全混响"效果器。选择音频波形区间；选择"效果"→"混响"→"完全混响"命令，打开"完全混响"对话框；"预设"选择"立体声反射板"项；单击"播放"按钮试听；单击"应用"按钮。

步骤4　文件存盘。选择"文件"→"另存为"命令，打开"另存为"对话框；在"文件名"文本框中输入lx3307，"位置"选择"文档"文件夹，"格式"选择"MP3音频（*.mp3）"项；单击"确定"按钮。

3.3.7　消除人声

消除人声是指消除音频文件中的人声，仅保留伴奏音乐。利用Adobe Audition消除音频文件中的人声，需要根据音频文件的具体情况确定。通常人声与伴奏音乐的合成有两种情况：一是人声与伴奏音乐分左右声道独立存放；二是人声与伴奏音乐混合在一起，即左右声道中的声音完全一样。

1. 消除伴奏和人声独立存放于左右声道的人声

伴奏和人声独立存储于左右声道音频文件的人声消除，通过播放音频文件测试左、右声道中哪个声道中存放人声；选择存放人声的声道，删除其中的音频波形。判断伴音声道不同编辑模式下可选用不同的方法。多轨会话模式下，可向上或向下拖动"声相线"（左、右声道间蓝色线），改变声音输出声道，确定人声所处的声道。波形编辑模式下，可按【Space】键播放音频文件；选择"编辑"→"编辑声道"命令，打开"编辑声道"子菜单；分别选择左、右声道试听，确定人声所处的声道。

【实例】从网络下载"两只蝴蝶.mp3"文件，并在Adobe Audition中完成以下操作：①通过传声器朗读本节1.中的第一自然段"伴奏和人声独立存储于……"文字并录音；②对录制的音频降噪；③消除"两只蝴蝶.mp3"文件中的人声；④将人声录音与"两只蝴蝶.mp3"文件的伴音分左、右声道存放；⑤文件以lx3308.mp3为名保存到"文档"文件夹。

具体操作步骤如下：

步骤1　进入录音状态。启动Adobe Audition；选择"文件"→"新建"→"音频文件"命令；打开"新建音频文件"对话框，"声道"选项选择"立体声"项；单击"确定"按钮。

步骤2　录音。单击红色"录音"键开始录音，通过传声器朗读本节1.中的第一自然段"伴奏和人声独立存储于……"文字；录音结束，单击"停止"按钮。

步骤3　降噪。①噪声采样。选择音轨中的没有人声的部分音频波形；选择"效果"→"降噪/恢复"→"降噪"命令，打开"效果-降噪"对话框；单击"捕捉噪声样本"按钮，获取噪声样本。②选择降噪的音频区间。双击音轨或单击"选择完整文件"按钮，选择音轨中的全部音频波形。③单击"应用"按钮进行降噪。

步骤4　保存录音文件。选择"文件"→"另存为"命令，打开"另存为"对话框；在"文件名"文本框中输入lx3308，"位置"选择"文档"文件夹，"格式"选择"MP3音频（∗.mp3）"项；单击"确定"按钮。同时在"文件"素材库中保存该文件。

步骤5　打开"两只蝴蝶.mp3"文件。选择"文件"→"打开"命令，打开"打开文件"对话框，选择"两只蝴蝶.mp3"文件；单击"打开"按钮。

步骤6　判断人声声道。按【Space】键播放音频文件；选择"编辑"→"编辑声道"命令，打开"编辑声道"子菜单；分别选择左、右声道试听，确定右声道为人声、左声道为伴奏。

步骤7　消除人声。双击音轨，选择音轨中的全部音频波形；选择"编辑"→"编辑声道"→"右声道"命令，选择右声道音频波形；按【Delete】键删除右声道的音频波形。

步骤8　复制左声道音频。选择音轨中的全部音频波形；选择"编辑"→"编辑声道"→"左声道"命令，选择左声道音频波形；按【Ctrl+C】组合键复制左声道中的音频波形。

步骤9　将"两只蝴蝶.mp3"文件伴音放在lx3308.mp3文件的右声道。双击"文件"素材库中的lx3308.mp3文件打开；选择音轨中的全部音频波形；选择"编辑"→"编辑声道"→"右声道"命令，选择右声道音频波形；按【Ctrl+V】组合键粘贴音频波形。

步骤10　文件存盘。选择"文件"→"保存"命令。

2. 消除混合音频中的人声

对于声道混合型音频文件（左、右声道声音相同），则需要利用效果器进行修饰，衰减或清除人声频率比较集中范围的信号。通常人声的频率范围以中频为主，气声和齿音主要在6 000～18 000 Hz之间。消除混合音频中人声的具体操作方法是：选择音频区间；选择"效果"→"立体声声相"→"中置声道提取"命令，打开"效果-中置声道提取"对话框，如图3-3-31所示；手动调整频率参数或从预置选项中选择"人声移除"项；单击"应用"按钮。其中"预设"包含"人声移除""提高人声""无伴奏合唱"等多个选项，如图3-3-32所示。"人声移除"虽然能消除大部分人声，但效果不理想，消除人声的效果与原音频文件有关系。

【实例】从网络下载"拔萝卜.mp3"音频文件，并在Adobe Audition中完成以下操作：①消除"拔萝卜.mp3"中的人声；②进行低频补偿；③文件以lx3309.mp3为名存盘。

步骤1　打开"拔萝卜.mp3"文件。选择"文件"→"打开"命令，打开"打开文件"对话框，选择"拔萝卜.mp3"文件，单击"打开"按钮。

步骤2　消除人声，选择"效果"→"立体声声相"→"中置声道提取"命令，打开"效果-中置声道提取"对话框；"预置"选项选择"人声移除"项；单击"应用"按钮。将文件保存为"拔萝卜1.mp3"。

图3-3-31 "效果-中置声道提取"对话框

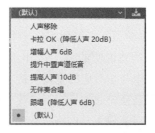

图3-3-32 "预设"选项

步骤3 低频补偿。经过消除人声后，伴奏的低频部分音频产生衰减，需要补偿，使用均衡器获取原声中的低频部分作为伴奏补偿。再次打开"拔萝卜.mp3"文件；选择"效果"→"滤波与均衡"→"参数均衡器"命令，打开"效果-参数均衡器"对话框；"预设"选项选择"重金属吉他"项并将高频音曲线下调；单击"应用"按钮，将获取的低频部分文件保存为"拔萝卜2.mp3"。

步骤4 多轨合成。切换到多轨会话模式；插入"拔萝卜1.mp3"到第1轨；插入"拔萝卜2.mp3"到第2轨，对齐位置。

步骤5 文件存盘。选择"文件"→"导出"→"多轨会话"→"整个会话"命令，打开"导出多轨混音"对话框；在"文件名"文本框中输入lx3309，"位置"选择"文档"文件夹，"格式"选择"MP3音频（*.mp3）"项；单击"确定"按钮。

3.3.8 制作5.1声道音频文件

Adobe Audition可编辑单声道、立体声、5.1声道的音频，其中5.1声道是指同时通过左（L）、右（R）、中心（C）、低频（LFE）、左环绕（Ls）、右环绕（Rs）六个声道播放音频的模式，如图3-3-33所示。

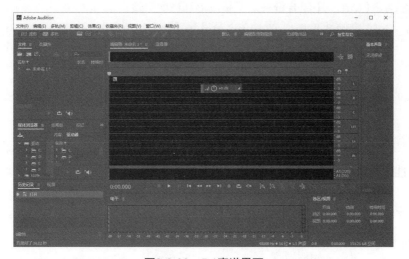

图3-3-33 5.1声道界面

Adobe Audition中编辑 5.1声道，具体操作方法是：首先建立5.1声道的项目或音频文件，选择"文件"→"新建"→"多轨会音"或"音频文件"命令，声道选择"5.1声道"项，单击"确定"按钮；其次选择某声道，选择"编辑"→"编辑声道"命令，打开"编辑声道"子菜单，选择某声道，如图3-3-34所示。最后编辑其中的音频文件，保存文件。

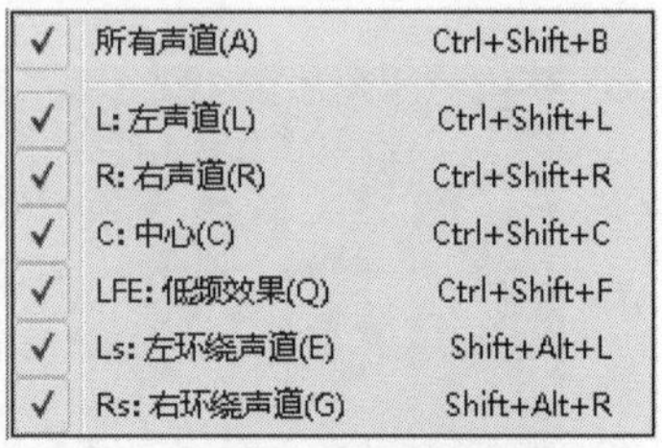

✓ 所有声道(A)	Ctrl+Shift+B
✓ L: 左声道(L)	Ctrl+Shift+L
✓ R: 右声道(R)	Ctrl+Shift+R
✓ C: 中心(C)	Ctrl+Shift+C
✓ LFE: 低频效果(Q)	Ctrl+Shift+F
✓ Ls: 左环绕声道(E)	Shift+Alt+L
✓ Rs: 右环绕声道(G)	Shift+Alt+R

图3-3-34　5.1"编辑声道"子菜单

需要说明的是，5.1声道的音频文件的播放，需要5.1声道的声卡与相对应的音箱支持才能听到到5.1声道的音效。若用立体声设备播放通常只能听到其中左右声道的音频声音。

【实例】从网络下载"团结就是力量.mp3"与"战争音效"文件，并在Adobe Audition中完成以下操作：①新建 5.1声道音频文件；②将"团结就是力量.mp3"文件左声道的音频复制到所建音频文件的"中心（C）"声道；③将战争音效文件复制到其他五个声道，每声道不少于三个音频文件，位置自定；④文件以lx3310.mp3为名保存到"文档"文件夹。

具体操作步骤如下：

步骤1 新建 5.1声道音频文件。启动Adobe Audition，选择"文件"→"新建"→"音频文件"命令；打开"新建音频文件"对话框，"声道"选择"5.1声道"项，单击"确定"按钮。

步骤2 文件存盘。选择"文件"→"另存为"命令，打开"另存为"对话框；在"文件名"文本框中输入lx3310，"位置"选择"文档"文件夹，"格式"选择"MP3音频（*.mp3）"项；单击"确定"按钮。

步骤3 复制"团结就是力量.mp3"文件左声道的音频。选择"文件"→"打开"命令，打开"打开文件"窗口，选择"团结就是力量.mp3"文件；单击"打开"按钮。双击音频轨道，全选音频波形；选择"编辑"→"编辑声道"→"左声道"命令；按【Ctrl+C】组合键复制所选左声道音频。

步骤4 粘贴音频波形到所建音频文件的"中心（C）"声道。双击"文件"素材库中的lx3310.mp3文件打开；选择"编辑"→"编辑声道"→"中心（C）"命令，切换到"中心（C）"声道；按【Ctrl+V】组合键粘贴音频波形到当前声道。

步骤5 重复步骤3和步骤4，将战争音效音频文件波形分别复制到其他五个声道。

步骤6 文件存盘。选择"文件"→"保存"命令。

3.4　音频视频格式转换

3.4.1　狸窝概述

狸窝全能视频转换器是一款音频视频转换及编辑工具，可实现音频视频格式之间的相互转换。同时，可对音视频文件进行简单编辑如音频视频转换、截取、合并等。还可设置参数如视频质量、尺寸、分辨率等，支持批量转换多个文件。

1. 狸窝4.2的操作界面

狸窝4.2的界面顶部为菜单栏，主要包括"添加视频""视频编辑""3D效果"等功能按钮。"添加视频"按钮用于打开视频与音频文件；"视频编辑"按钮用于视频与音频的截取、剪切、添加水印等操作；"3D效果"按钮用于将2D视频转换为3D视频。

界面中部为"使用与操作向导"区与"预览"区。"使用与操作向导"区初始显示为完成转换的四步操作流程；当添加音频视频文件后此处成为文件列表区，显示待处理的文件。"预览"区用于预览文件列表中的文件内容，可试听或观看列表中的音频或视频。

界面下部主要有"预置方案""视频质量""音频质量""高级设置""输出目录""打开目录""应用到所有""合并成一个文件""执行（◉）"按钮等项目，如图3-4-1所示。"预置方案"用于设置即将转换输出的文件格式。"视频质量""音频质量"用于设置即将转换输出的音频、视频质量；"高级设置"用于自定义即将转换输出的音频、视频质量。"输出目录"用于设置转换后的文件存放目录；"打开目录"用于打开转换后文件的存放目录；"应用到所有"用于将文件列表中所有的文件都应用前面的设置；"合并成一个文件"用于将文件列表中所有的文件合并为一个文件转换输出；"执行（◉）"按钮用于开始执行格式转换。

图3-4-1　狸窝操作界面

2. 添加文件

（1）添加文件

添加文件是指将文件或文件夹添加到狸窝软件的文件列表窗口。狸窝中添加文件有三种方法。①单击"添加视频"按钮，打开"打开"对话框；选择音频、视频文件；单击"打开"按钮。②双击"使用与操作向导"区，打开"打开"对话框；选择音频、视频文件；单击"打开"按钮。③选择"菜单（▤）"→"文件"→"添加文件"或"添加文件夹"命令，打开"打开"对话框；选择音频、视频文件；单击"打开"按钮。

（2）调整文件在列表中的位置

调整文件在列表中的位置即重新排列文件列表中音频、视频文件的先后次序，有"上移"与"下移"两种选择。具体操作方法是：在文件列表中选择需移动的文件；单击文件列表窗口下方的"上移（⬆）""下移（⬇）"按钮，如图3-4-2所示。

图3-4-2　调整文件在列表中的位置

（3）删除或清空文件

删除是指删除文件列表中的某个文件。具体操作方法是：选择文件列表中的某个文件；单击文件列表下方的"删除（✖）"按钮。清空是指删除文件列表中所有的文件。具体操作方法是：单击文件列表下方的"清除（☰）"按钮。

（4）设置输出目录

设置输出目录是指设置格式转换后输出文件存放的文件夹。设置输出目录的具体操作方法是：单击"输出目录"选项中的"浏览（▦）"按钮，打开"选择文件夹"窗口；选择或新建文件夹；单击"选择文件夹"按钮。

3.4.2　使用狸窝编辑音频

狸窝4.2编辑音频主要是指进行音频格式转换、截取、合并等操作。文件输出时，输出路径默认为"我的文档\LeawoVideo_Converter"文件夹；文件名默认为原文件名或第一个文件名（合并时）。

1. 音频格式转换

音频格式转换是指将音频文件由一种存储格式转换为另一种存储格式的过程。狸窝全能格式转换器支持的音频格式包括AAC、CDA、MP3、MP2、WAV、WMA、RA、RM、OGG、AMR、AC3、AU、FLAC等。具体操作方法是：将音频文件添加到狸窝的文件列表；单击"预置方案"按钮，打开"预置方案"选项菜单；选择目标音频文件格式；单击"执行（◉）"按钮。

【实例】从网络下载音频文件"让我们荡起双桨.mp3""拔萝卜.mp3""两只蝴蝶.mp3"，并在狸窝4.2中完成以下操作：①将三个文件格式转换为.wav；②文件以原名保存到"文档"文件夹。

具体操作步骤如下：

步骤 1 添加文件。启动狸窝4.2；单击"添加视频"按钮，打开"打开"对话框；选择"让我们荡起双桨.mp3""拔萝卜.mp3""两只蝴蝶.mp3"；单击"打开"按钮。

步骤 2 选择文件。在文件列表中单击每个文件前的复选框，选择三个目标文件。

步骤 3 设置转换格式。选择"预置方案"→"常用音频"命令，打开格式列表；选择.wav格式，如图3-4-3所示。

图3-4-3 "预置方案"常用音频选项列表

步骤 4 设置转换参数。在屏幕下方，"音频质量"选择"高等质量"选项；选择"应用到所有"复选框。

步骤 5 设置"输出目录"。单击"输出目录"中的"浏览（ ）"按钮，打开"浏览文件夹"对话框；选择"文档"文件夹；单击"选择文件夹"按钮。

步骤 6 执行转换。单击"执行（ ）"按钮。

2. 截取音频

截取音频是指截取音频中的某部分，即从打开的音频文件中任意截取一段转换为需要的音频格式。具体操作方法是：选择目标音频文件；单击"视频编辑"按钮，进入视频编辑界面；设置截取音频区间；单击"确定"按钮返回转换操作界面，单击"执行（ ）"按钮，开始进行截取与格式转换。

选择截取音频区间有三种方法。①拖动截取。通过拖动左区间、右区间标记设置截取区间。②设置开始时间与结束时间截取。"开始时间"格式为00:00:00.000（时:分:秒:毫秒），开始时间前面的片段将被截掉；"结束时间"格式为00:00:00.000（时:分:秒:毫秒），结束时间后面的片段将被截掉，如图3-4-4所示。③试听过程中，单击"左区间（ ）""右区间（ ）"按钮设置左右区间的位置。

图3-4-4 设置截取音频区间

3. 合并音频文件

合并音频文件是指将文件列表中选定的若干单个文件合并为一个文件转换输出的操作。其中的文件可作截取设置，若不作截取设置，则默认为文件的全部。具体操作方法是：添加音频视频文件到狸窝的文件列表中；选择目标音频文件；单击"视频编辑"按钮，进入视频编辑窗口，设置截取音频区间；单击"确定"按钮返回转换操作窗口；单击"预设方案"选择目标文件格式；单击"执行（ ⊙ ）"按钮，进行截取与合并。

【实例】从网络下载音频文件"让我们荡起双桨.mp3""拔萝卜.mp3""两只蝴蝶.mp3"，并在狸窝完成以下操作：①将下载的三个音频文件添加到狸窝文件列表；②截取"让我们荡起双桨.mp3"唱词第一段音频；③将三个文件合并输出，制作一个歌曲联唱音频文件；④文件以lx3401.mp3为名保存到"文档"文件夹。

具体操作步骤如下：

步骤1 添加文件。启动狸窝4.2；单击"添加视频"按钮，打开"打开"对话框；选择"让我们荡起双桨.mp3""拔萝卜.mp3""两只蝴蝶.mp3"；单击"打开"按钮。

步骤2 截取"让我们荡起双桨.mp3"唱词第一段音频。选择文件列表的"让我们荡起双桨.mp3"音频文件；单击"视频编辑"按钮，进入视频编辑窗口；设置截取音频区间，试听并选择唱词的第一段音频；单击"确定"按钮返回。

步骤3 选择文件。在文件列表中单击每个文件前的复选框，选择三个目标文件"让我们荡起双桨.mp3""拔萝卜.mp3""两只蝴蝶.mp3"。

步骤4 设置转换格式。选择"预置方案"→"常用音频"命令，打开格式列表菜单；选择.mp3格式。

步骤5 设置转换参数。屏幕下方的"音频质量"选项选择"高等质量"项；勾选"应用到所有"复选框；勾选"合并成一个文件"复选框。

步骤6 设置"输出目录"。单击"输出目录"中的"浏览（ ▦ ）"按钮，打开"浏览文件夹"对话框；选择"文档"文件夹；单击"选择文件夹"按钮。

步骤7 执行转换。单击"执行（◎）"按钮。

步骤8 更改文件名。选择选择"文档"文件夹中输出的音频文件，更名为lx3401.mp3。

4. 获取视频伴音

获取视频伴音是指获取视频文件的音频使其成为一个独立存储的音频文件。具体操作方法是：打开视频文件；选择"预置方案"→"常用音频"命令，打开格式列表菜单；选择音频格式如.mp3等；单击"执行（◎）"按钮。

【实例】从网络下载视频文件"美好记忆.mpg"，并在狸窝中完成以下操作：①将视频"美好记忆.mpg"添加到狸窝的文件列表；②获取视频"美好记忆.mpg"的伴音；③文档以lx3402.mp3为名保存到"文档"文件夹。

具体操作步骤如下：

步骤1 添加文件。启动狸窝4.2；单击"添加视频"按钮，打开"打开"对话框；选择"美好记忆.mpg"；单击"打开"按钮。

步骤2 选择文件。在文件列表中选择"美好记忆.mpg"复选框，选择目标文件"美好记忆.mpg"。

步骤3 设置转换格式。选择"预置方案"→"常用音频"命令，打开格式列表菜单；选择.mp3格式。

步骤4 设置转换参数。屏幕下方的"音频质量"选项选择"高等质量"项。

步骤5 设置"输出目录"。单击"输出目录"中的"浏览（▤）"按钮，打开"浏览文件夹"对话框；选择"文档"文件夹；单击"选择文件夹"按钮。

步骤6 执行转换。单击"执行（◎）"按钮。

步骤7 更改文件名。选择选择"文档"文件夹中输出的"美好记忆.mp3"音频文件，更名为lx3402.mp3。

3.4.3 使用狸窝编辑视频

使用狸窝4.2编辑视频主要用于视频的格式转换、截取、合并、旋转等操作。文件输出时，文件名默认为原文件名或第一个文件名（合并时）；输出路径默认为"我的文档\LeawoVideo_Converter"文件夹。

1. 视频格式转换

视频格式转换是指将视频文件由一种存储格式转换为另一种存储格式的过程。具体操作方法是：将视频文件添加到狸窝的文件列表；单击"预置方案"按钮，打开"预置方案"选项菜单，选择目标视频文件格式；单击"执行（◎）"按钮。狸窝全能视频转换器支持的文件视频格式包括RM、RMVB、AVI、MPEG、MPG、DAT、ASF、WMV、MOV、MP4、OGG、OGM等，如图3-4-5所示。

2. 视频编辑

视频编辑主要包括视频的截取、剪切、效果、水印四项功能。

图3-4-5 "预置方案"常用视频选项列表

（1）截取

截取视频是指截取视频文件中的某部分视频片段，即从打开的视频文件中任意截取一段视频转换为需要的格式。具体操作方法是：选择目标视频文件；单击"视频编辑"按钮，进入视频编辑界面；设置截取视频区间；单击"确定"按钮返回；单击"执行（ ）"按钮，开始进行截取与格式转换。

选择截取视频区间有三种方法。①拖动截取。通过拖动左区间、右区间标记设置截取区间。②设置开始时间与结束时间截取；"开始时间"格式为00:00:00.000（时:分:秒:毫秒），开始时间前面的片段将被截掉；"结束时间"格式为00:00:00.000（时:分:秒:毫秒），结束时间后面的片段将被截掉。③试听过程中，单击"左区间（【 ）""右区间（】 ）"按钮设置左右区间的位置。

（2）剪切

剪切是指截取视频画面，保留部分区域视频画面。狸窝的剪切功能可将视频画面的某区域画面裁剪出来，删除画面其他部分。利用此项功能，可实现局部放大画面、制作遮幅式画面等效果。具体操作方法是：选择目标视频文件；单击"视频编辑"按钮，进入视频编辑界面；单击"剪切"标签切换到"剪切"选项面板；设置剪切视频画面，在"缩放"选项设置各项参数或调节"原始视图"选区控制框，确定保留画面区域；单击"确定"按钮返回；单击"执行（ ）"按钮，如图3-4-6所示。

（3）效果

效果是指调节视频画面的亮度、对比度、饱和度、音量等。应用效果的具体操作方法是：选择目标视频文件；单击"视频编辑"按钮，进入视频编辑界面；单击"效果"标签切换到"效果"选项面板；分别调节"亮度""对比度""饱和度""音量"项参数；单击"确定"按钮返回；单击"执行（ ）"按钮。

图3-4-6　剪切选项

（4）水印

水印是指给出视频画面添加文字或图片水印。添加水印的具体操作方法是：选择目标视频文件；单击"视频编辑"按钮，进入视频编辑界面；单击"水印"标签切换到"水印"选项面板；勾选"添加水印"复选框，选择"文字水印"或"图片水印"项；添加文字或图片；单击"确定"按钮返回；单击"执行（ ⦿ ）"按钮，如图3-4-7所示。

图3-4-7　水印选项

3. 合并视频文件

合并视频文件是指将多个视频文件连接合并为一个视频文件转换输出。其中每个文件可作截取、剪切、效果、水印等设置，如果不作设置，则默认为文件的原始内容。利用此项功能可进行简单视频剪辑，具体操作方法是：添加视频文件到狸窝的文件列表；选择目标视频文件；

单击"视频编辑"按钮，进入视频编辑窗口，设置截取音频区间，单击"确定"按钮返回转换操作窗口；单击"预设方案"选择目标文件格式；勾选"合并成一个文件"复选框；单击"执行（◉）"按钮，进行截取、剪切与合并。

4. 高级设置

高级设置是指设置音频、视频输出转换参数，如编码器、比特率、宽高比、声道参数等，使转换的音频、视频符合特定要求。高级设置的具体操作方法是：添加视频文件到狸窝的文件列表；选择目标视频文件；单击"预设方案"选择目标文件格式；单击"高级设置（✂）"按钮，打开"高级设置"对话框，如图3-4-8所示；设置音频、视频输出参数（编码器、比特率、宽高比、视频参数、声道参数等）；单击"确定"按钮返回；单击"执行（◉）"按钮。

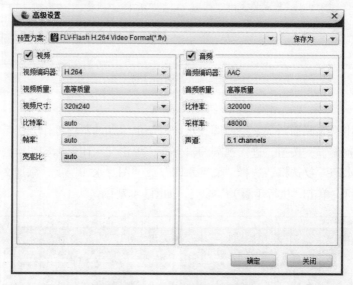

图3-4-8 "高级设置"对话框

【实例】从网络下载视频文件"美好记忆.mpg""佳人写真.mpg"，并在狸窝中完成以下操作：①将视频"美好记忆.mpg""佳人写真.mpg"添加到狸窝文件列表；②截取"美好记忆.mpg"前10 s视频；③剪切"佳人写真.mpg"视频画面，参数"左"为0，"上"为40，"剪切大小"为380×221；④给"佳人写真.mpg"画面添加文字水印"样片"；⑤高级设置中"视频尺寸"为480×320，"宽高比"为16∶9；⑥文件以lx3403.mp4为名保存到"文档"文件夹。

具体操作步骤如下：

步骤1 添加文件。启动狸窝4.2；单击"添加视频"按钮，打开"打开"对话框；选择"美好记忆.mpg""佳人写真.mpg"；单击"打开"按钮。

步骤2 截取视频。文件列表中选择"美好记忆.mpg"；单击"视频编辑"按钮，进入视频编辑界面；设置截取视频区间"开始时间"为00:00:00.000、"结束时间"为00:00:10.000；单击"确定"按钮。

步骤3 设置转换格式。选择"预置方案"→"常用视频"命令，打开格式列表，选择.mp4格式。

步骤4 剪切视频。文件列表中选择"佳人写真.mpg"；单击"视频编辑"按钮，进入视频编辑界面；单击"剪切"标签切换到"剪切"选项面板，画面参数设置"左"为0，"上"为40，"剪切大小"为380×221；单击"确定"按钮。

步骤5 添加水印。单击"水印"标签切换到"水印"选项面板；勾选"添加水印"复选框，选择"文字水印"；输入文字"样片"；单击"确定"按钮。

步骤6 高级设置。单击"高级设置（✂）"按钮，打开"高级设置"对话框；设置"视频尺寸"为480×320，"宽高比"为16∶9；单击"确定"按钮。

步骤7 设置"输出目录"。单击"输出目录"中的"浏览（📁）"按钮，打开"浏览文件夹"窗口；选择"文档"文件夹；单击"选择文件夹"按钮。

步骤8 执行转换并更改文件名。单击"执行（◉）"按钮。选择选择"文档"文件夹中输出的MP4视频文件，更名为lx3403.mp4。

习　题

一、单项选择题

1. 以下（　　）软件不属于声音编辑软件。
   A. Adobe Audition　B. GoldWave　　C. Cool Edit Pro　D. PowerPoint

2. 采样频率是指1 s时间内采样的次数。在计算机多媒体音频编辑中，采样频率通常采用三种：11.025 kHz（语音效果）、22.05 kHz（音乐效果）、（　　）。
   A. 40.0 kHz(高保真效果)　　　　B. 44.1 kHz(高保真效果)
   C. 34.1 kHz(高保真效果)　　　　D. 24.1 kHz(高保真效果)

3. 在Adobe Audition中，各个轨道的左侧的按钮中，有三个按钮R、S、M，分别表示该轨道的不同状态，其中表示录音状态的是（　　）按钮。
   A. R　　　　　　B. S　　　　　　C. M　　　　　　D. S、M

4. 在Adobe Audition 中，界面分为波形编辑模式、（　　）、CD模式三种。
   A. 视图模式　　　B. 多轨会话　　　C. 单轨模式　　　D. 预览模式

5. 狸窝全能视频转换器是一款全能型（　　）。
   A. 视频转换　　　　　　　　B. 音频视频转换
   C. 音频转换　　　　　　　　D. 视频截取

6. 以下文件类型中，（　　）是音频格式。
   A. .wav　　　　　B. .gif　　　　　C. .bmp　　　　　D. .jpg

7. 下列采集的波形声音，（　　）的质量最好。
   A. 单声道、8位量化、22.05 kHz采样频率
   B. 双声道、8位量化、44.1 kHz采样频率
   C. 单声道、16位量化、22.05 kHz采样频率
   D. 双声道、16位量化、44.1 kHz采样频率

8. 以下（　　）是Windows的通用声音格式。
   A. WAV　　　　　B. MP3　　　　　C. M4A　　　　　D. AAC

9. 小明用计算机录制了自己演唱的一首歌，这首歌播放时间5 min、采样频率为44.1 kHz、

量化位数为16位、立体声，那么小明演唱的这首歌的数据量大约为（　　　）。

  A．10 MB   B．20 MB   C．30 MB   D．50 MB

10．MP3是（　　　）格式。

  A．音频数字化 B．图形数字化 C．字符数字化 D．动画数字化

11．数字音频采样和量化过程所用的主要硬件是（　　　）。

  A．数字编码器   B．模拟到数字的转换器（A／D转换器）

  C．数字解码器   D．数字到模拟的转换器（D／A转换器）

12．MIDI音频文件是（　　　）。

  A．一种MP3格式

  B．一种采用PCM压缩的波形文件

  C．一种波形文件

  D．一种符号化的音频信号，记录的是一种指令序列

13．下列用于编辑声音的软件是（　　　）。

  A．Flash   B．Premiere   C．Audition   D．Winamp

14．想制作一首大约90 s的个人单曲，具体步骤是（　　　）。

①设置计算机的传声器录音。②在Audition软件中录制人声。③网络搜索伴奏音乐。④在Audition软件中合成人声与伴奏。⑤在"附件"的"录音机"中录制人声。

  A．①②③④ B．③①②④ C．①⑤③④ D．③①⑤④

15．从一部电影视频中剪取一段，可用的软件是（　　　）。

  A．Goldwave   B．Real Player

  C．狸窝全能转换器   D．Authorware

16．在Audition中，可完成从CD盘上获取音频文件的操作，其生成文件不能是（　　　）格式。

  A．WAV   B．MP3   C．MPG   D．MP2

17．李明买了一个MP3播放器，在网络下载了一些非常喜欢的歌曲，有RM、MP3、WAV等格式。结果有些歌曲在计算机中可以播放，但添加到MP3播放器中不能播放，认为可能的原因是（　　　）。

  A．MP3播放器已损坏

  B．MP3播放器不支持某些音频文件格式

  C．这些音频文件已损坏

  D．MP3播放器不支持除MP3格式外的音频格式

18．把时间连续的模拟信号转换为在时间上离散、幅度上连续的数字信号的过程称为（　　　）。

  A．数模转换 B．信号采样 C．量化 D．编码

19．影响音频质量的因素不包括（　　　）。

  A．声道数目 B．采样频率 C．量化位数 D．存储介质

20．音频卡不出声，可能的原因是（　　　）。

①音频卡没插好。②I/O地址、IRQ、DMA冲突。③静音。④噪声干扰。

  A．①   B．①②   C．①②③   D．①②③④

21. 关于MIDI，下列叙述不正确的是（　　）。
    A. MIDI是合成声音　　　　　　　B. MIDI的回放依赖设备
    C. MIDI文件是一系列指令的集合　　D. MIDI与WAV文件一样都是波形文件

22. 新建Audition音频文件时，不能选择的音频声道是（　　）。
    A. 5.1声道　　　B. 立体声　　　C. 单声道　　　D. 2.1声道

23. 在Audition对现场人声录音进行降噪时，正确的操作顺序是（　　）。
    A. 录制人声、降噪　　　　　　　B. 采集噪声样本、录制人声、降噪
    C. 降噪、录制人声　　　　　　　D. 采集噪声样本、降噪、录制人声

24. Audition的项目文件的文件类型是（　　）。
    A. .ses或.sesx　　B. .mp3　　　C. .wav　　　D. .mpeg

25. 目前音频卡具备以下（　　）功能。
①录制和回放数字音频文件。②混音。③语音特征识别。④实时解/压缩数字单频文件。
    A. ①③④　　　B. ①②④　　　C. ②③④　　　D. ①②③④

26. Audition中将音频的音量放大，操作是选择（　　）命令。
    A. "效果"→"振幅与压限"→"标准化"
    B. "编辑"→"振幅与压限"→"标准化"
    C. "效果"→"编辑声道"→"标准化"
    D. "素材"→"振幅与压限"→"标准化"

27. AC-3数字音频编码提供了六个声道，频率范围是（　　）。
    A. 20 Hz～2 kHz　　　　　　　B. 100 Hz～1 kHz
    C. 20 Hz～20 kHz　　　　　　　D. 20 Hz～200 kHz

28. 通常音频卡是按（　　）分类的。
    A. 采样频率　　B. 声道数　　　C. 采样量化位数　D. 压缩方式

29. MIDI文件中记录的是（　　）。
①乐谱。②MIDI消息和数据。③波形采样。④声道。
    A. ①　　　　B. ①②　　　C. ①②③　　　D. ①②③④

30. 使用计算机进行录音，必须使用下列（　　）设备。
    A. 声卡　　　B. 网卡　　　C. 显卡　　　D. 光驱

二、操作题

1. 从网络下载一首独唱歌曲，使用Adobe Audition消除其中的人声，并以.mp3格式、以lx3501.mp3为名存盘。

2. 从网络下载动画片《三个和尚》，使用音频视频格式转换软件狸窝，截取视频文件的前3 min伴音，以lx3502.mp3为名存盘。

3. 使用Adobe Audition，朗读下面一段文字并录音，对录制的人声降噪，以lx3503.mp3为名存盘。

背景音乐（background music，BGM）也称配乐，通常是指在电视剧、电影、动画、电子游戏、网站中用于调节气氛的一种音乐。背景音乐插入对话之中，能够增强情感的表达，达到一种让观众身临其境的感受。另外，在一些公共场合（如咖啡厅、商场）播放的音乐也称背景音乐。

4. 从网络下载歌曲"拔萝卜"，并在Adobe Audition为其添加回声音效，其中左声道"延迟时间"为600 ms、右声道"延迟时间"为300 ms；以lx3504.mp3为名存盘。

5. 从网络下载音频文件"少女的祈祷"，并在Adobe Audition中将其音量提高到150%，以lx3505.mp3为名存盘。

第4章

数字视频编辑

非线性编辑的概念与镜头组接原理是数字视频编辑的基础。数字视频编辑包括数字视频素材的输入、编辑、输出三个步骤。本章通过视频编辑软件会声会影的具体应用，论述非线性视频编辑的基本方法与操作技巧，以及非线性编辑中视频、图像、音频、文字字幕的使用技巧。通过学习，学习者可以达到初步掌握非线性数字视频编辑技能的目的。

4.1　非线性编辑基础

4.1.1　非线性编辑的概念

线性编辑是指传统的、以时间顺序进行的视频剪辑方法。传统的线性编辑是录像机通过机械运动、使用磁头将视频信号顺序记录在磁带上，编辑时须按时间顺序寻找所需视频画面，进行画面位置调整、删除等操作后须重新录制，故每编辑一次视频质量都会下降。非线性编辑是指运用信息技术进行数字视频编辑的过程中，突破单一时间顺序限制，使素材调用编辑与其存储顺序、存储位置无直接关联的视频剪辑方法。非线性编辑借助信息技术进行数字化制作，素材存储可不按时间顺序排列；在编辑过程中可反复调用素材，其信号质量保持不变。非线性编辑需要专用的编辑软件支持，与计算机系统一起构成非线性编辑系统。非线性编辑系统中，所有素材都以文件的形式存储于记录媒体（如硬盘、光盘、移动存储器），并以树状目录结构管理。

4.1.2　非线性编辑流程

非线性编辑的工作流程可归纳为输入、编辑、输出三个步骤。

1. 输入

输入是指将视频、音频、图形图像、动画等存储到计算机，成为非线性编辑系统可使用的视频素材的操作过程。数字化外围设备（如DC、DV等）中的数据信息可通过USB接口复制输入到计算机。非数字化设备（如录像带等）中的数据（模拟信号）输入计算机，则需要在计算机中添加采集设备，如图像需要扫描仪或DC、音频需要传声器、视频需要视频采集卡等，通过这些采集设备将模拟信号转换为非线性编辑系统可使用的数字信号，输入计算机。

2. 编辑

编辑是指在非线性编辑系统中对多媒体素材进行导入、剪辑、布局、特技等的操作过程。

素材剪辑是指设置素材的起始点与终止点，按时间顺序在编辑轨道组接素材的过程。素材剪辑主要包括素材浏览、裁剪、复制、删除、镜头组接等操作。

特技处理是指给视频素材添加动态效果或音效，达到突出主题、强调人物事件、吸引观众的目的。视频素材的特技处理包括转场、特效、合成叠加等；音频素材的特技处理包括转场、特效等。

字幕添加是指给视频画面添加标题、字幕的操作。字幕是视频画面重要的组成部分，字幕可帮助观众理解视频内容，突现视频主题。

音频添加是指给视频添加背景音乐、旁白解说等操作。

3. 输出

输出是指将编辑完成的项目文件，通过渲染输出为可播放视频文件的过程。视频编辑完成后，需要渲染输出为视频文件格式如MP4，才能形成完整的影视作品。这个过程由非线性编辑系统完成，需要较长时间。

4.1.3 镜头组接原则

镜头是指连续摄录的视频画面，或两个剪接点之间的连续视频画面。镜头组接是指不同镜头画面的连接与组合。镜头组接的目的是使情节更加自然顺畅。镜头组接原则是指组成影视作品的镜头需要遵循的规律。影视作品是指由一系列镜头经过有机组合形成的逻辑连贯、富于节奏、含义完整的视频文件。这些镜头需要依据一个主题、按照一定的次序组接、遵循一定的发展变化规律，具体包括以下原则：

1. 围绕主题选择镜头

主题是一部影视作品灵魂，镜头选择与组接必须以主题为中心、为主题服务。通过一系列与主题相关的镜头组接，表达出作者的诉求，推进情节的发展、变化与升华，使影视作品主题突出、意义完整。

2. 符合观众思维逻辑

观众是影视作品的使用者，观众对事物的发展变化具有一定的认知和逻辑判断。因此，影视作品的镜头组接，需要符合观众的认知、符合生活实际、符合事物的发展规律。根据观众的思维逻辑选用、组接镜头，形成的影视作品才会为观众所接收。

3. 景别变化循序渐进

景别是指画面中景物的范围和主体的大小。景别分为五种，由近至远分别为特写（人体肩部以上）、近景（人体胸部以上）、中景（人体膝部以上）、全景（人体的全部和周围背景）、远景（被摄体所处环境），如图4-1-1所示。镜头组接中，景别的发展变化需要采取循序渐进的方法，以便形成顺畅的各种蒙太奇句型。常见的景别变化有前进式句型、后退式句型、环行句型、穿插式句型等。

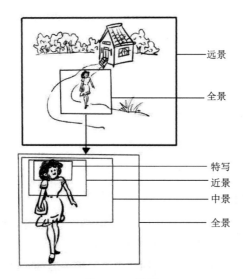

图4-1-1 景别

前进式句型是指景物由远到近过渡的句型，即按"远景→全景→中景→近景→特写"顺序组接镜头的句型，主要用于表现由低沉到高昂向上的情绪和剧情，也可表现局部与整体的关系。

后退式句型是指由近到远过渡的句型，即按"特写→近景→中景→全景→远景"顺序组接镜头的句型，主要用于表现从高昂到低沉压抑的情绪和剧情，也可表现局部与整体的关系。

环行句型是指将前进式和后退式句型结合起来使用的句型，即按"远景→全景→中景→近景→特写"及"特写→近景→中景→全景→远景"顺序组接镜头的句型，或反过来运用，主要用于表现情绪由低沉到高昂，再由高昂转向低沉的情绪和剧情。

穿插式句型是指景别变化采用远近交替的方式组接的句型，主要用于表现纷繁复杂的情绪和剧情。

4. 遵循轴线规律

轴线是指视频画面主体的视线方向或运动方向与其他对象间形成的一条逻辑关系线。轴线规律是指视频画面组接的视角位置始终在主体轴线的同侧，如图4-1-2所示。否则就称为"跳轴"。因此，剪辑视频时，应确保选用的镜头遵循轴线规律，使画面视角始终处于主体轴线的同一侧。

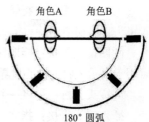

图4-1-2 轴线规律

5. 动接动和静接静

动接动是指视频画面动态变化的镜头组接画面同样变化的镜头。静接静是指视频画面静止的镜头组接画面同样静止的镜头。使用动接动、静接静镜头组接方法可达到镜头间过渡自然顺畅的目的。为了特殊效果，也有静接动、动接静的镜头。通常，镜头运动前静止的片刻称为"起幅"，镜头结尾处停止的片刻称为"落幅"，起幅与落幅保持时间为1～3 s。若使用静接静的方法组接运动镜头，必须在前一个画面主体的完整动作停下来后，再接从静止到开始运动的镜头。

6. 镜头长度选择符合情节

影视作品每个镜头时间的长度，需要根据表达内容的难易程度、观众的接受能力、景别、情节需要等因素来决定。如远景、中景等镜头画面包含的内容多，所需时间相对较长，而近景、特写等镜头包含的内容少，所需时间相对较短。另外，同样画面的镜头长度，若画面明亮可短些，画面昏暗可长些；若动态画面可短些，静态画面可长些。通常，若非特别的需要，一个镜头长度为5～8 s较为合适。

7. 影调色彩统一协调

影调是指画面基调，包括画面的明暗层次、虚实对比、色彩色相等。影调用颜色深浅来表现，表示画面上占主要优势的基本格调。视频画面组接时，相邻画面的影调色彩需保持一致，如明亮画面组接明亮画面等。

8. 编排节奏符合主题情节

节奏是指组接镜头画面形成的叙事速度的快慢变化。影视作品的节奏除了通过演员表演、镜头运动、音乐、场景、时间、空间变化等因素体现外，还可运用镜头组接来表现，通过控制镜头的数量与时长形成一种节奏。例如，用快节奏的镜头转换表现惊险激烈的情节；用慢节奏的镜头转换表现宁静祥和的情节。

4.1.4 镜头组接方法

镜头组接方法是指镜头编排连接方法。镜头的组接方法多种多样，没有具体的规定和限制，可根据主题、情节、内容来创新。常见的镜头组接方法主要有以下几种：

连接组接：用相连的两个或两个以上的系列镜头表现同一主体的动作。

队列组接：指不同主体的相连镜头组接。由于主体的变化，下一镜头主体的出现，使观众联想到上下画面的关系，以揭示一种新含义。

黑白格组接：指组接镜头时，将闪亮画面部分用白色画格代替或将暗色画面部分用黑色画格代替，如车辆相接瞬间的画面后组接若干黑色画格。

两级镜头组接：指镜头的景别隔级跳切组接。例如，特写镜头直接跳切到全景镜头或从全景镜头直接切换到特写镜头。

闪回镜头组接：指顺序播放的镜头中插入前面的镜头组接。例如，插入人物的往事镜头，可用于揭示人物的内心世界。

同镜头分析：指将一个镜头分别在多个位置使用的组接。

插入镜头组接：指在一个镜头中间插入表现另一个主体的镜头组接。例如，一个人正在马路行走的画面插入一个主观镜头，表现该人物看到的景物。

动作组接：指借助于人物、动物、交通工具等动作进行镜头组接。

特写镜头组接：指通过特写镜头切换不同场景的组接，即前一个镜头以特写画面结束，后一个镜头以特写画面开始，逐渐扩大视野，展示另一场景。

景物镜头的组接：指通过画面景物镜头切换不同场景的组接。例如，前一镜头体育馆中飞向空中的篮球，落下时进入乡村篮球场。

声音转场：指利用声音转场的组接。例如，前一镜头中出现后一镜头中的声音，从而引导切换到后一镜头。

多屏画面转场：指将视频画面分隔为多个小视窗，以此进行视频画面组接。例如，在打电话场景中，打电话时两边的人同时出现在画面，打完电话，打电话人的画面退出，接电话人的画面切入。

4.2 常用的非线性视频编辑软件

4.2.1 Adobe Premiere

Adobe Premiere是Adobe公司1993年推出的基于非线性编辑设备的视音频编辑软件，Premiere最早版本为Premiere for Windows，到2023年发展到Premiere Pro 2023。Premiere凭借其强大的功能以及相对低廉的价格，已成为PC和Macintosh平台上的主流视频非线性编辑软件。该软件对计算机硬件要求较高。Premiere提供采集、剪辑、调色、美化音频、字幕添加、输出、DVD刻录的一整套流程，可对视频、声音、动画、图片、文本进行编辑加工；另外加入了关键帧的概念，可在轨道中添加、移动、删除和编辑关键帧。Premiere同时可以与其他Adobe软件如After Effects紧密集成，组成完整的视频设计解决方案。Premiere现被广泛应用于电视台、广告制作、电影剪辑等领域。Adobe Premiere界面如图4-2-1所示。

图4-2-1 Adobe Premiere界面

4.2.2 Edius

Edius是日本Canopus公司1998年推出的优秀非线性编辑软件，到2021年已发展到Edius X。Edius拥有完善的基于文件工作流程，提供实时、多轨道、多格式混编、合成、色键、字幕和时间线输出功能。Edius X 支持所有通用的文件格式，包括Sony XDCAM、Panasonic P2、Canon XF以及EOS视频和RED格式。在后期制作中，可采用Grass Valley高性能的10 bit HQX编码和背景渲染来构建适合各种场合的工作流程。除了标准的Edius系列格式，还支持 Infinity JPEG 2000、DVCPRO、P2、VariCam、Ikegami GigaFlash、MXF、XDCAM和XDCAM EX视频素材；同时支持所有DV、HDV摄像机和录像机。Edius可实时地在不同HD和SD清晰度、长宽比和帧速率间执行转换；原码编辑支持包括DV、HDV、AVCHD、无压缩等。

4.2.3 Corel Video Studio

Corel Video Studio（会声会影）是1993年推出的一款非线性视频编辑软件（Ulead Video Studio），2006年更名为Corel Video Studio。会声会影具有图像获取和编辑功能，可获取与转换MV、DV、V8、TV和实时视频等，提供超过100种的编制功能与效果；可输出多种视频格式及制作DVD和VCD光盘。支持各类编码包括音频和视频编码。支持杜比AC-3音频，使视频作品配乐更精准立体。拥有128组影片转场、37组视频滤镜、76种标题动画等丰富效果，让视频作品更加精彩。会声会影是一款简单好用的非线性视频剪辑软件。相对于Premiere，该软件对计算机硬件要求较低，系统提供的模板较多，适于初学者快速入门。

4.3 使用会声会影编辑视频

4.3.1 会声会影概述

会声会影是一款64 bit的非线性编辑软件（本书以2020版为例介绍其基本操作与应用），简单易用，具备拖放式标题、转场、覆叠、滤镜、色彩分级、动态分屏视频、遮罩创建器等功能，借助系统提供的数百种滤镜、效果、标题、转场、即时项目等模板，能快速实现影院级视频编辑效果。整个视频编辑输出过程通过捕获、编辑、分享视频三步完成，具有4K和多轨道渲染功能。

会声会影的文件包括视频项目文件与视频文件。其中视频项目文件记录视频编辑信息，包括素材位置、剪切、"素材库"、项目参数、输出视频格式等信息，文件格式为.vsp。视频文件记录视频画面信息，文件格式为通用视频文件格式如.mp4等。

1. 系统安装要求

会声会影（2020）的系统安装要求：Intel Core2 Duo 2.4 GHz或更快的处理器；Windows 10（32 bit/64 bit）操作系统；2 GB RAM或更高；512 MB的VRAM或更高；显示器分辨率不低于1 024×768；声卡；DVD-R/RW或BD刻录机；SATA接口硬盘。

2. 会声会影的操作界面

会声会影的操作界面主要包括步骤面板、菜单栏、时间轴面板、播放器面板、素材库面板。其中，步骤面板包含捕获、编辑和共享按钮，分别对应视频编辑过程中的三个步骤；菜单栏包含文件、编辑、工具、设置和帮助菜单；播放器面板包含预览窗口和导览面板；素材库面板包含媒体库、媒体滤镜等选项面板；时间轴面板包含工具栏和时间轴，如图4-3-1所示。

面板操作主要有移动面板与停靠面板两种。移动面板：双击各面板左上角，激活面板，可最小化、最大化、调整面板大小；对于双显示屏设置，可将面板拖动到第二个显示屏区域。停靠面板：单击面板左上角并按住活动面板，界面出现"停靠指南（⬆、⬇、⬅、➡）"箭头，将鼠标拖动到某"停靠指南"箭头处，松开鼠标左键，面板将停靠到相应位置，如图4-3-2所示。

预览窗口面板　　菜单栏　　　　步骤面板　　　　素材库面板　　　　时间轴面板

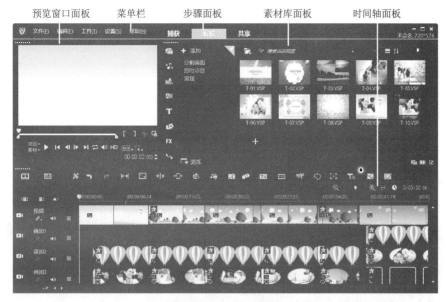

图4-3-1　会声会影界面

图4-3-2　停靠面板操作

（1）步骤面板

会声会影将视频制作过程简化为捕捉、编辑、共享三个步骤。单击步骤面板中相应的按钮，可在三个步骤之间切换。

捕捉是指从摄像机、摄像头、光盘、屏幕等外围设备中获取视频素材，并存储于计算机存储器的操作。通过捕捉可将视频素材存储于计算机的存储器以备使用。从外围设备需要先安装外围设备的驱动程序。

编辑是指添加、排列、剪切、修整音视频素材并为其添加效果的操作。通过编辑可将视频素材制作为符合操作者要求的影视作品项目文件。

共享是指将编辑的影视作品项目文件，渲染输出为常用视频播放器可播放的视频格式文件。通过共享可实现多种类型视频文件的渲染、输出，如创建DVD光盘、MP4文件等，也可将视频发布到网络。

（2）菜单栏

菜单栏用于放置会声会影的各项操作命令，包括文件、编辑、工具、设置、帮助五个菜单项。提供用于项目属性设置、项目参数选择、项目文件打开和保存、绘图创建器、DV转DVD向导、电子相册制作等各种操作命令。

（3）工具栏

工具栏用于放置常用的快捷操作命令按钮。通过工具栏可便捷使用操作命令，如切换项目视图、放大和缩小视图、启动编辑工具等，如图4-3-3所示。

图4-3-3　工具栏

图4-3-3中各注释说明如下：

1—故事板视图：按时间顺序显示媒体缩略图。

2—时间轴视图：在轨道中对素材执行精确到帧的编辑操作，添加和定位标题、覆叠、语音和音乐等。

3—自定义工具栏：打开自定义工具选项面板，确定工具栏显示的工具。

4—撤销。撤销上一次操作。

5—重复。重复上一次撤销的操作。

6—滑动。调整剪辑的输入输出帧。

7—延伸。调整素材的速度。

8—卷动。调整2个素材之间的编辑点。

9—滑动。调整素材的开始与结束位置。

10—录制/捕捉选项。显示"录制/捕捉选项"窗口，执行捕获视频、录制摄像头、画外音、快照等操作。

11—混音器。启动"环绕混音"和多音轨"音频时间轴"功能，自定义音频设置。

12—自动音乐。启动"自动音乐"面板，为项目添加各种风格和基调的Smartsound背景音乐。

13—运动跟踪。标记视频片段镜头运动轨迹。

14—字幕编辑器。用于快速在所选画面下方添加字幕。

15—多相机编辑器。打开"多相机编辑器"，进行多路视频合成编辑。

16—重新映射时间。打开"时间重新映射"窗口，重新设置所选素材的速度、时间。

17—遮罩创建器。打开"遮罩创建器"，手动创建遮罩图案。

18—摇动和缩放。打开"摇动和缩放"窗口，手动创建所选素材的摇动和缩放效果。

19—3D标题编辑器。打开"3D标题编辑器"，在视频轨手动创建3D动态标题。

20—分屏模板创建器。打开分屏"模板创建器"，手动分割分屏布局。

21—绘图创建器。打开分屏"绘图创建器"，手动创建手绘动画。

22—缩放控件。通过使用缩放滑动条调整"时间轴"视图。

23—将项目调到时间轴窗口大小。项目视图调到适合于整个"时间轴"显示状态。

24—项目区间。显示项目区间时长。

（3）时间轴

时间轴主要用于排列编辑项目中媒体素材位置，记录媒体素材的出场时间、位置、特效编排等信息。时间轴有两种视图显示类型：故事板视图和时间轴视图。工具栏左侧选择"故事板视图（▦）"或"时间轴视图（▤）"命令，可在两种视图间切换。

故事板视图是指采用缩略图形式显示素材及其排列顺序的视图模式。其中素材包括图像、色彩、视频和转场。缩略图下方显示每个素材的区间时长，可拖动缩略图调整其排列位置；可在素材间插入转场特效；可在"预览窗口"修整所选素材，如图4-3-4所示。

图4-3-4 故事板视图

时间轴视图是指采用时间轴与多种轨道形式显示素材排列顺序及其相互位置关系的视图模式。其中素材包括视频、图像、色彩、转场、字幕、音频、滤镜特效等。轨道包括视频轨、覆叠轨、标题轨、声音轨和音乐轨。可拖动轨道中的素材调整其排列位置；可在素材间插入转场特效；可在"预览窗口"剪辑所选素材。时间轴视图为视频项目元素提供最全面的显示，如图4-3-5所示。

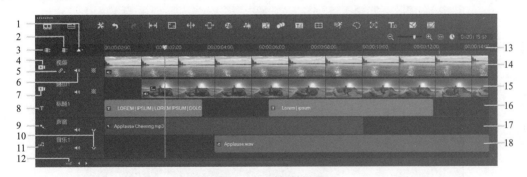

图4-3-5 时间轴视图

图4-3-5中各注释说明如下：

1—添加/删除章节点：在视频中设置章节提示点。

2—轨道管理器：可以管理"项目时间轴"中可见的轨道。

3—显示全部可视化轨道：显示项目中的所有轨道。

4—禁用/启用视频轨按钮：禁用或启用当前视频轨道。

5—启用/禁用连续编辑：当插入素材时锁定或解除锁定任何移动。

6—静音/取消静音：当前轨道静音/取消静音。

7—禁用/启用覆叠轨按钮：禁用或启用当前覆叠轨道。

8—禁用/启用标题轨按钮：禁用或启用当前标题轨道。

9—禁用/启用声音轨按钮：禁用或启用当前声音轨道。

10—音频调节：打开当前声音轨道的音频调节对话框。

11—禁用/启用音乐轨按钮：禁用或启用当前音乐轨道。

12—自动滚动时间轴：预览的素材超出当前视图时，启用或禁用时间轴的自动滚动。

13—时间轴标尺：通过"时:分:秒:帧"的形式显示项目的时间码增量。

14—视频轨：放置视频、图像、色彩、转场、滤镜等。

15—覆叠轨：放置覆叠素材，包括视频、图像、色彩、转场、滤镜、音频、字幕等。

16—标题轨：放置标题、字幕素材。

17—声音轨：放置现场录音、音乐素材。

18—音乐轨：放置音频文件如音乐等素材。

时间轴视图通过轨道管理器管理轨道。轨道管理器可添加或隐藏轨道，具体操作方法是：选择"设置"→"轨道管理器"命令，打开"轨道管理器"对话框；选择添加的轨道数，单击"确定"按钮。其中包含视频轨1个，覆叠轨49个，标题轨2个，音频轨9个（声音轨1个、音乐轨8个）。视频轨与覆叠轨用于放置视频、图像、色彩、滤镜、转场等；标题轨用于放置标题字幕；音频轨用于放置音频素材，如图4-3-6所示。

图4-3-6 "轨道管理器"对话框

（4）素材库

素材库用于存储视频编辑所用的媒体（视频、图像、纯色、声音等）、音频、模板、转场、标题、覆叠、滤镜、运动路径等素材，如图4-3-7所示。

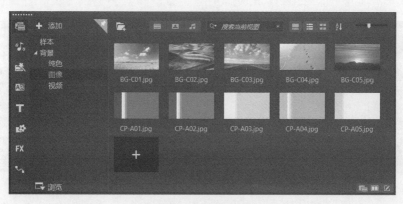

图4-3-7 素材库

① 素材类型。素材库中包含视频、音频、图像、标题、色彩、模板、滤镜、运动路径等多种类型的媒体素材，且分类存放，选择媒体素材前，须先选择素材类型。通过选择素材库面板命令（按钮），可选择类型素材，具体命令功能见表4-3-1。

表4-3-1 素材库面板操作命令（按钮）

命令图标	名　称	包含素材类型及功能
	媒体	存储视频、音频、图像、色彩等素材
	声音	存储音频素材

续表

命令图标	名　称	包含素材类型及功能
	模板	存储精彩视频片段、分割画面等模板，替换其中的视频、图像等素材
AB	转场	存储包括3D、相册、取代、时钟、果皮等128组转场特效
T	标题	存储多达76种标题动画
	覆叠	存储基本形状、动画覆叠、图形等多种覆叠矢量素材
FX	滤镜	存储相机镜头、三维纹理映射、标题特效等37组视频滤镜
	运动路径	存储素材运动的多种路径

② 选择素材与查看属性。选择一个素材则单击素材库列表素材；选择连续的多个素材则按住【Shift】键依次单击素材库列表素材；选择不连续的多个素材则按住【Ctrl】键依次单击素材库列表素材。通过"素材库"选项面板右下方的"显示库面板""显示库和选项面板""显示选项面板" 按钮命令，可在三种选项面板切换，其中"显示库和选项面板""显示选项面板"中可查看与修改所选素材的属性。单纯查看素材属性，也可以右击素材库素材并在快捷菜单中选择"属性"命令；打开"属性"对话框，查看该素材的属性。

③ 调用素材库素材。调用素材库素材是指将素材库中的素材放入时间轴。具体方法是：选择素材库；选择素材；按住鼠标左键将素材拖放到时间轴。

④ 素材库添加文件夹。素材库可添加新的文件夹，以便存放新的素材。添加文件夹具体操作方法是：单击素材库面板左上方的"添加（ 添加）"按钮，添加新文件夹并输入文件夹名。

⑤ 素材库添加素材。素材库添加素材是指将素材库外的素材添加到素材库列表。具体操作方法有三种。①利用"导入媒体文件（ ）"按钮：单击"导入媒体文件（ ）"按钮，打开"选择媒体文件"对话框；选择媒体素材；单击"打开"按钮。②利用快捷菜单：素材库面板右击并在快捷菜单中选择"插入媒体文件"命令；打开"选择媒体文件"对话框，选择媒体素材；单击"打开"按钮。③利用资源管理器：打开Windows资源管理器，选择媒体素材；将媒体素材拖放到"素材库"。

⑥ 素材库管理。素材库管理是指素材库素材及库信息的导出、导入和重置操作。

导出是将素材库中的素材备份到指定文件夹，即为防止信息丢失，将当前素材库媒体文件信息备份到指定文件夹。具体操作方法是：选择"设置"→"素材库管理器"→"导出库"命令；打开"浏览文件夹"窗口，选择目标文件夹；单击"确定"按钮。

导入是将指定文件夹中的备份素材导入素材库。具体操作方法是：选择"设置"→"素材库管理器"→"导入库"命令；打开"浏览文件夹"窗口，选择目标文件夹；单击"确定"按钮。

重置是指将素材库恢复到默认状态。具体操作方法是：选择"设置"→"素材库管理器"→"重置库"命令；打开"重置库"对话框，单击"确定"按钮。

⑦ 删除素材库素材。删除素材库素材是指将素材从素材库列表中删除。具体操作方法是：选择素材库素材；按【Delete】键，或右击并在快捷菜单中选择"删除"命令。

⑧ 标题保存到素材库。标题保存到素材库是指将轨道中编辑的标题或字幕添加到素材库列表。这样方便重复使用同一样式的标题或字幕。具体操作方法是：选择轨道中的标题或字幕；按住鼠标左键将其拖放到素材库。

⑨ 更改媒体素材视图。素材库素材的排列显示，可采用缩略图视图、（缩略图）无标题视

图，也可采用列表视图。其中列表视图可显示素材的文件名、类型、创建日期等信息，方便操作者查看。更改媒体素材视图的具体操作方法是：单击素材库左上方的按钮。其中单击"列表视图（▤）"按钮将以列表形式显示媒体素材；单击"缩略图视图（▦）"按钮，将以缩略图形式显示媒体素材；单击"隐藏标题（▥）"按钮，将隐藏素材缩略图标题。

⑩ 显示或隐藏指定类型素材。显示或隐藏指定类型素材是指视频、音频、图片"媒体"素材类型中，确定显示或隐藏哪种类型的素材。具体操作方法是：选择"媒体"素材类型；单击素材库左上方的媒体类型（▦ ▨ ♫）按钮。其中"视频（▦）"按钮用于显示/隐藏视频；"图片（▨）"按钮用于显示/隐藏照片；"音频（♫）"按钮用于显示/隐藏音频文件。

⑪ 调整缩略图视图大小。调整素材库缩略图大小，目的是方便操作者查看素材库媒体素材。具体操作方法是：左右移动素材库左上方的滑动条（▬▬▬◼）来减小或增大缩略图。

⑫ 素材库素材排序。素材库素材排序是指素材库列表素材按名称、日期或类型等10种方式排序。具体操作方法是：单击素材库上方的"排序（▤）"按钮；打开"排序"菜单，选择"按名称排序""按类型排序""按日期排序"等命令。

4.3.2 新建、保存与打开项目

会声会影视频编辑中主要用到两种类型的文件：项目文件与视频文件。项目文件是指用于记录视频文件编辑状态和管理素材库信息的文件。该类文件只能被会声会影编辑软件打开，其文件类型通常为.vsp。视频文件是指存储视频数据信息的文件。视频文件是项目文件渲染输出的结果（视频作品），该类文件可用视频播放器打开，其文件类型通常为.mp4或.mpg等。

1. 新建项目

新建项目将在会声会影新创建一个视频编辑环境，清除前面项目的所有信息，包括项目参数、项目属性、轨道中的各类素材等。新建项目的具体操作方法是：选择"文件"→"新建项目"命令或按【Ctrl+N】组合键。

2. 设置项目属性与参数选择

（1）设置项目属性

项目属性用于设置项目的外观和视频预览输出质量等。新建项目后，需要设置项目属性，确定视频编辑的基本环境和对视频文件的质量要求，然后再进行视频编辑。设置项目属性的具体操作方法是：选择"设置"→"项目属性"命令；打开"项目属性"对话框，选择项目参数；单击"确定"按钮，如图4-3-8所示。若进一步细化设置，在"项目属性"对话框，单击"新建"或"编辑"按钮，进入属性设置对话框，如图4-3-9所示；其中"编辑"包含"常规"或"压缩"选项卡，选择设置选项，如将"压缩"→"质量"选项的参数由70%调整为100%；单击"确定"按钮。

（2）设置参数选择

参数选择用于自定义工作环境，包括设置预览窗口背景色、撤销级数、素材显示模式、默认转场效果、界面布局、指定工作文件夹等。正确的参数选择可充分发挥计算机系统的优势，降低操作者的工作强度。参数选择的具体操作方法是：选择"设置"→"参数选择"命令或按【F6】键；打开"参数选择"对话框，选择参数选项，如图4-3-10所示；单击"确定"按钮。

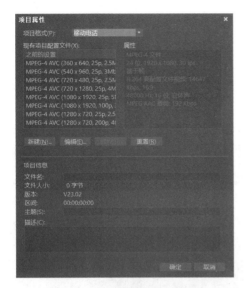

图4-3-8 "项目属性"对话框

图4-3-9 "压缩"选项卡

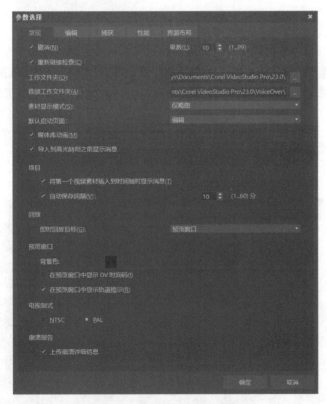

图4-3-10 "参数选择"对话框

其中需要注意"工作文件夹"与"素材显示模式"选项设置。工作文件夹是指项目文件默认存储和文件渲染时临时文件的存放位置，要求该文件夹所在磁盘有较大空间，一般不少于15 GB。素材显示模式是指素材在视频轨道的显示方式，包括"仅文件名""仅略图""略图和文件名"三个选项，通常选择"仅略图"选项，可在视频轨道显示视频及图片的全部画面，方便查看画面内容。

3. 保存项目

保存项目将以项目文件的形式保存当前项目的所有信息,包括项目参数、项目属性、素材库信息、轨道中的各类素材等。具体操作方法是:选择"文件"→"另存为"命令;打开"另存为"对话框,选择文件位置、保存类型,输入文件名;单击"保存"按钮。项目文件将以*.vsp文件格式保存。

自动保存。自动保存用于设置项目文件自动存盘的时间间隔。具体设置方法是:选择"设置"→"参数选择"命令;打开"参数选择"对话框,切换到"常规"选项卡;勾选"自动保存间隔"复选框,并指定保存时间间隔。默认情况下,每10 min自动保存一次。

4. 打开项目

打开项目用于打开已存盘的项目文件。需要注意,项目文件具有兼容性检测,若不兼容则不能打开,通常低版本软件不能打开高版本软件保存的项目文件。打开项目的具体操作方法是:选择"文件"→"打开项目"命令或按【Ctrl+O】组合键;打开"打开"对话框,选择项目文件;单击"打开"按钮。

5. 使用模板

模板是指具有完整编排方案、素材可替换的视频片段。

会声会影内部模板包括即时项目、分割画面、常规三个类型。通过网络可下载获取更多的会声会影模板,选择"文件"→"打开项目"命令可打开模板来创作更多效果的影视作品。

借助即时项目可快速制作出特定效果的视频片段,即时项目可由系统提供,也可自主创建。应用即时项目的具体操作方法是:素材库面板选择"模板(📷)"→"即时项目"命令,切换到"即时项目"选项面板;选择模板;按住鼠标左键拖放到轨道;选择轨道中的素材,右击并在快捷菜单中选择"替换素材"→"视频"或"照片"命令;打开"替换"对话框,选择视频或图像素材(其中图像与视频可相互替换);单击"打开"按钮,如图4-3-11所示。

图4-3-11　"即时项目"面板

【实例】通过网络搜索"美好记忆.mpg"与两张.jpg格式风景图，并在会声会影中完成下列操作：①将"模板"→"即时项目"→"T-06.VSP"模板拖放到时间轴轨道；②用"美好记忆.mpg"替换模板中的素材之一；③用两张.jpg格式风景图分别替换素材之二、素材之三；④文件以lx4301.vsp为名保存到"文档"文件夹；⑤渲染输出项目文件，输出文件格式为.mp4。

具体操作步骤如下：

步骤1　通过网络搜索"美好记忆.mpg"与两张.jpg格式风景图，下载保存到"下载"文件夹。

步骤2　启动会声会影，设置项目属性与参数。选择"设置"→"项目属性"命令；打开"项目属性"对话框，"项目格式"选择MPEG-4某分辨率（如1 920×1 080，25P）；单击"编辑"按钮；打开"编辑属性"对话框；选择"压缩"选项卡；"质量"选项参数由70%调整为100%；单击"确定"按钮。选择"设置"→"参数选择"命令，打开"参数选择"对话框；"素材显示模式"选项选择"仅略图"项；"工作文件夹"选择"文档"文件夹；单击"确定"按钮。

步骤3　添加"即时项目"模板到轨道。素材库面板选择"模板（ ）"→"即时项目"命令，切换到"即时项目"选项面板；选择T-06.VSP模板；按住鼠标左键拖放到轨道。

步骤4　用"美好记忆.mpg"替换素材之一。选择轨道中的素材之一，右击并在快捷菜单中选择"替换素材"→"视频"命令；打开"替换"对话框，选择"下载"文件中的视频文件"美好记忆.mpg"；单击"打开"按钮。

步骤5　用风景图替换素材之二、素材之三。选择轨道中的素材之二；右击并在快捷菜单中选择"替换素材"→"照片"命令；打开"替换"窗口，选择"下载"文件中的第一张风景图；单击"打开"按钮。同样的方法替换素材之三为第二张风景图。

步骤6　保存源文件。选择"文件"→"另存为"命令，打开"另存为"对话框，"位置"选择"文档"文件夹、"文件名"输入lx4301"格式"采用默认值；单击"确定"按钮。

步骤7　输出视频文件。选择步骤菜单中的"共享"命令，切换到"共享"窗口；"文件名"输入lx4301；单击"开始"按钮，进行渲染输出，如图4-3-12所示。

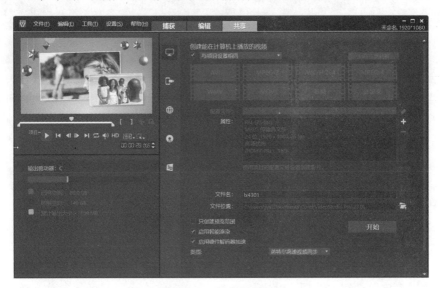

图4-3-12　输出视频文件

创建"即时项目"模板。对于编辑较好的视频方案，可保存为"即时项目"供共享。创建"即时项目"模板的具体操作方法是：打开视频项目；选择"文件"→"导出为模板"命令，打开提示保存项目对话框，单击"是"按钮；打开"另存为"对话框，输入文件名、主题和描述；选择文件位置；单击"保存"按钮。

分割画面是将画面分割为若干部分，每个分割画面可独立呈现的视频或照片，并形成一个完整的视频画面。分割画面可由系统提供，也可通过工具栏的"分屏模板创建器"自主创建。应用分割画面的具体操作方法是：素材库面板选择"模板（ ）"→"分割画面"命令，切换到"分割画面"选项面板；选择模板；按住鼠标左键拖放到轨道；选择某轨道中的素材，右击并在快捷菜单中选择"替换素材"→"视频"或"照片"命令；打开"替换"对话框，选择视频或图像素材；单击"打开"按钮，如图4-3-13所示。

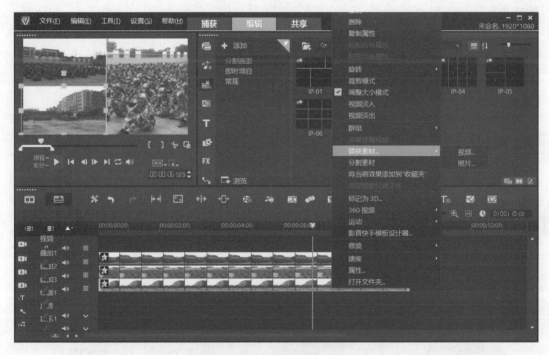

图4-3-13 "分割画面"面板

【实例】通过网络搜索"美好记忆.mpg""佳人写真.mpg""婚礼纪念影碟片头.mpg"，在会声会影中完成下列操作：①将"模板"→"分割画面"→IP-05模板拖放到时间轴轨道；②用"美好记忆.mpg""佳人写真.mpg""婚礼纪念影碟片头.mpg"替换模板三个轨道中的素材；③文件以lx4302.vsp为名保存到"文档"文件夹；④渲染输出项目文件，输出文件格式为.mp4。

具体操作步骤如下。

步骤1 通过网络搜索"美好记忆.mpg""佳人写真.mpg""婚礼纪念影碟片头.mpg"，下载保存到"下载"文件夹。

步骤2 启动会声会影，设置项目属性与参数。选择"设置"→"项目属性"命令；打开"项目属性"对话框，"项目格式"选择MPEG-4某分辨率（如1 920×1 080，25P）；单击"编辑"按钮；打开"编辑属性"对话框；选择"压缩"选项卡；"质量"选项参数由70%调整为100%；单击"确定"按钮。选择"设置"→"参数选择"命令，打开"参数选择"对话框；

"素材显示模式"选项选择"仅略图"项；"工作文件夹"选择"文档"文件夹；单击"确定"按钮。

步骤3 添加"分割画面"模板到轨道。素材库面板选择"模板（ 🖼 ）"→"分割画面"命令，切换到"分割画面"选项面板；选择IP-05模板；按住鼠标左键拖放到轨道。

步骤4 用"美好记忆.mpg"替换素材之一。选择轨道中的素材之一，右击并在快捷菜单中选择"替换素材"→"视频"命令；打开"替换"对话框，选择"下载"文件中的视频文件"美好记忆.mpg"；单击"打开"按钮。

步骤5 同样的方法，用"佳人写真.mpg""婚礼纪念影碟片头.mpg"替换其他两个轨道中的素材。

步骤6 保存源文件。选择"文件"→"另存为"命令，打开"另存为"对话框，"位置"选择"文档"文件夹，"文件名"输入lx4302、"格式"采用默认值；单击"确定"按钮。

步骤7 输出视频文件。选择步骤菜单中的"共享"命令，切换到"共享"对话框；"文件名"输入lx4302；单击"开始"按钮，进行渲染输出。

4.3.3 编辑视频/图像等素材

1. 设置屏幕宽高比

启动会声会影，系统默认的屏幕宽高比为16：9，根据需要可设置屏幕的宽高比。方法一：选择"设置"→"项目属性"→"编辑"命令，打开"编辑"选项卡，选择屏幕分辨率参数。方法二：单击预览窗口面板右下方的"更改项目宽高比（ 16:9 ）"按钮，打开选项列表"16：9（ 16:9 ）""4：3（ 4:3 ）""2：1（ 🌐 ）""9：16（ 📱 ）""1：1（ 1:1 ）""自定义（ 🖼 ）"；选择屏幕的宽高比。

2. 时间轴添加素材

将素材添加到时间轴是指将素材库或计算机存储器中的视频、图像、音频、标题等素材添加到轨道。各种素材的添加方法基本相同，可归纳为素材库素材、存储器素材添加两种情况。

（1）素材库素材

素材库素材添加到时间轴，可采用以下两种方法。①鼠标拖动。将素材从素材库拖放到轨道。②快捷菜单。右击素材库素材并在快捷菜单中选择"插入到"命令；打开子菜单，选择插入指定轨道。

添加到视频轨/覆叠轨的视频、图像等素材，其在预览窗口中周边会出现选择框，通过调整选择框中的八个黄色控制节点可改变素材的形状、大小、位置等。

素材库素材包括："媒体"库中的视频、图像素材；"音频"库中的音频；"模板"库中的模板素材；"标题"库中的标题字幕模板素材；"转场"库中的转场特效；"覆叠"库中的纯色、图像、动画覆叠等素材；"滤镜"库中的滤镜特效；"运动路径"库中的各种运动路径。

（2）存储器素材

存放于计算机存储器的素材添加到时间轴，可先将素材导入素材库再添加到轨道，也可采用以下两种方法。①鼠标拖动。从"文件浏览器"将素材文件拖放到轨道。②快捷菜单。右击时间轴轨道并在快捷菜单中选择"插入视频"或"插入照片"或"插入音频"或"插入字幕"等命令，如图4-3-14所示；打开"打开"对话框，选择文件；单击"打开"按钮。

图4-3-14　时间轴轨道插入素材

通过捕捉的视频素材将素材插入视频轨。视频素材可插入的轨道类型有视频轨、覆叠轨。若将视频素材拖放到音频轨，则只保留音频部分。音频素材可插入的轨道类型有音频轨、声音轨。图像、纯色素材可插入的轨道类型有视频轨、覆叠轨。标题字幕可插入的轨道类型有视频轨、覆叠轨、标题轨。

3. 素材选项

素材选项用于显示轨道中的素材参数、修饰素材显示效果。素材选项通过素材库面板显示与设置。素材面板右下方的"显示库面板""显示库和选项面板""显示选项面板"（ ）按钮命令可切换所选素材的三种显示模式。选择轨道中的素材；单击素材库面板右下角"显示选项面板（ ）"按钮，素材库面板处显示所选素材的"显示选项面板"。若为视频轨素材则包括"编辑""效果""色彩""镜头校正"四个选项卡，如图4-3-15所示。若为覆叠轨素材还包括"混合""色度键去背"两个选项卡，如图4-3-16所示。

图4-3-15　视频轨素材"显示选项面板"

图4-3-16 "编辑"选项卡

（1）"编辑"选项卡

"编辑"选项卡（见图4-3-16）中覆叠轨素材包含内容如下（视频轨与覆叠轨显示内容略有不同，覆叠轨显示的参数更多）：

视频区间：以"时:分:秒:帧"形式显示素材时间长度区间。

素材音量：可调整的音量。静音：禁止视频伴音声响，但不删除。淡入/淡出：逐渐增大/减小视频伴音音量，实现平滑转场。选择"设置"→"参数选择"→"编辑"命令，设置淡入/淡出区间（时间长度）。

旋转：旋转视频素材画面，每次旋转90°。

反转视频：视频头尾位置互换。

基本动作：设置素材进入/退出的方向和样式。方向可设置为静止、顶部/底部、左/右、左上方/右上方、左下方/右下方等。样式可设置素材进入/退出的方向与动画效果，如旋转和淡入/淡出等。

透明度：调整轨道所选素材的透明度。边框：设置轨道所选素材的边框。边框颜色：设置轨道所选素材的边框颜色。

对齐选项：设置所选素材在屏幕中的显示位置，包括"停靠在顶部（居左、居中、居右）""保持宽高比""适合宽度"等10个设置选项。单击"对齐选项"按钮，打开选项菜单，选择某命令，如图4-3-17所示。

显示网格线：预览窗口显示网格线。

速度/时间流逝：设置素材的回放速度和应用"时间流逝"和"频闪"效果。

图4-3-17 "对齐选项"菜单

变速：给视频片段添加关键帧并设置其播放速度。

分离音频：分离视频文件伴音为独立的音频文件，并放置到声音轨。

应用摇动和缩放：为轨道中所选素材设置"摇动和缩放"滤镜效果。预设值：提供各种"摇动和缩放"预设值，在下拉列表中选择一个预设值。自定义：自定义图像"摇动和缩放"滤镜效果。

高级动作：为轨道中所选素材自定义设置摇动、缩放、变形、旋转、路径等动态效果。

（2）"效果"选项卡

"效果"选项卡对轨道中所选素材已添加滤镜进行管理或修改。

（3）"混合"选项卡

"混合"选项卡适用于覆叠轨素材的叠加特效设置，如图4-3-18所示，包括混合模式、阻光度、Gamma、蒙版模式的设置。其中混合模式有正常、灰度键、相乘、滤色、添加键、叠加、值等选项；蒙版模式有无、遮罩帧、视频遮罩选项，可设置素材的遮罩特效。

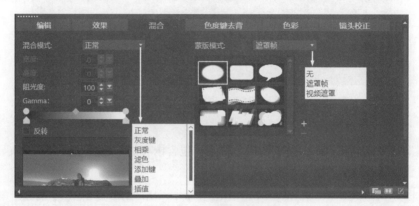

图4-3-18 "混合"选项卡

（4）"色度键去背"选项卡

"色度键去背"选项卡适用于覆叠轨素材的叠加特效设置，确定覆叠素材中哪种颜色消除与透明，包括去背颜色的相似度、覆叠素材宽度与高度选项设置。

（5）"色彩"选项卡

"色彩"选项卡可对素材进行特效设置与优化，调整所选素材的色调、饱和度、亮度、对比度、Gamma或白平衡值等，如图4-3-19所示。

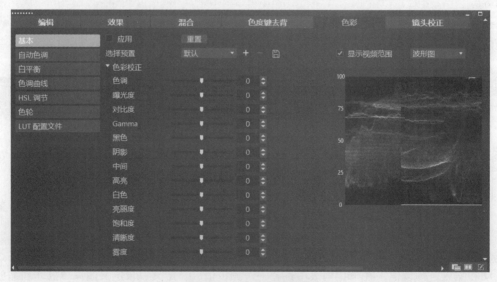

图4-3-19 "色彩"选项卡

（6）"镜头校正"选项卡

"镜头校正"选项卡用于设置素材的镜头焦距变化产生的特效。包括镜头校正与手动校正两类选项，其中镜头校正预置了多种镜头模式供快速应用，如图4-3-20所示。

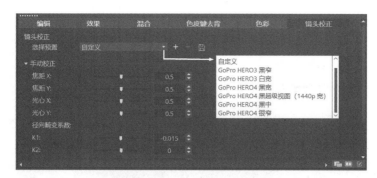

图4-3-20 "镜头较正"选项卡

4. 覆叠轨素材设置

覆叠轨是指重叠在视频轨之上的视频轨。通过覆叠轨可使视频画面中出现多个可视素材同时显示的效果。与视频轨不同，覆叠轨中的素材具有更多的属性设置，操作方法与视频轨相同。

（1）添加覆叠轨

会声会影默认显示一条覆叠轨，添加更多的覆叠轨则需要通过"轨道管理器"。添加"覆叠轨"的具体操作方法是：选择"设置"→"轨道管理器"命令；打开"轨道管理器"对话框，"覆叠轨"选项选择轨道数如3（添加三个覆叠轨）；单击"确定"按钮。

（2）覆叠轨素材变形与位置调整

覆叠轨中添加素材的方法与视频轨完全相同。素材添加到覆叠轨，"预览窗口"中该素材浮于视频轨画面之上。选择覆叠轨素材，素材四周出现八个黄色控制节点，拖动控制节点可改变素材的大小与形状。其中，拖动素材边上的黄色节点调整其大小时保持宽高比；拖动素材角上的绿色节点时，可使覆叠素材变形，如图4-3-21所示。当光标指向画面素材时，光标变为十字形，按住左键可拖动素材改变其位置。

图4-3-21 拖动控制节点使覆叠素材变形

（3）覆叠素材应用遮罩与透明度

覆叠素材应用遮罩是指给覆叠素材应用一个形状，使素材以某种形状显示在视频画面。添加遮罩的具体操作方法是：选择覆叠轨素材；素材库面板选择"显示选项面板（▣）"→"混合"命令，切换到"混合"选项卡；"蒙版模式"中单击"类型"下拉列表，选择"遮罩帧"项；系统显示各种遮罩样式，选择遮罩样式，如图4-3-22所示。

图4-3-22　覆叠素材添加遮罩帧

可使用一般图像作为遮罩，将外部图像导入遮罩形状库的具体操作方法是：单击"遮罩帧"列表右下角的"导入遮罩（➕）"按钮，打开"选择遮罩"窗口；选择图像文件；单击"打开"按钮。

另外，通过工具栏"遮罩创建器"可自主创建遮罩形状。

覆叠素材应用透明度。覆叠素材应用透明度是指调整覆叠轨素材的整体阻光度。具体操作方法是：选择覆叠轨素材；素材库面板选择"显示选项面板（▣）"→"混合"命令，切换到"混合"选项卡；"阻光度"选项输入"阻光度"数据或拖动"阻光度"滑动条，设置覆叠素材的阻光度，如图4-3-23所示。

图4-3-23　覆叠素材应用阻光度

也可通过"编辑"选项卡中的"透明度"选项设置覆叠素材的透明度。

（4）覆叠素材应用色度键去背

色度键去背用于指定覆叠素材中的某种颜色为透明状态。使用色度键去背设置的具体操作方法是：选择覆叠轨素材；素材库面板选择"显示选项面板（▣）"→"色度键去背"命令，切换到"色度键去背"选项卡；勾选"色度键去背"复选框；"相似度"选项中，单击"色彩类型"下拉列表选择"覆叠遮罩的色彩"项，或用吸管工具（✎）选取"预览窗口"渲染为透明的颜色；调整渲染为色彩的透明度范围（0～100），如图4-3-24所示。"宽度"与"高度"选项设置覆叠素材减去的宽度与高度。

图4-3-24　覆叠素材应用色度键去背

（5）覆叠素材添加边框

覆叠素材添加边框是指为覆叠轨素材添加各种色彩的边框。具体操作方法是：选择覆叠轨素材；素材库面板选择"显示选项面板（ ✎ ）"→"编辑"命令，切换到"编辑"选项卡；输入"边框"数据或拖动"边框"滑动条，设置覆叠素材的边框厚度；单击"边框色彩"按钮，打开色彩面板设置边框颜色。

5. 视频预览

预览窗口下方控制面板"播放"按钮有两个作用：一是回放整个项目；二是预览素材。当选择预览控制面板前端的"项目"选项时，单击"播放"按钮为回放整个项目；当选择预览控制面板前端的"素材"选项时，单击"播放"按钮为预览素材。

视频可设置预览范围，预览范围即指定项目预览的帧范围。设置预览范围需要在"项目"预览模式下，用鼠标左键拖动位于预览窗口下方的"修正标记"，选择播放项目的区间。在"标尺面板"中预览范围标记显示为彩色栏，如图4-3-25所示。

图4-3-25　预览窗口面板

6. 素材属性复制粘贴

复制粘贴素材属性是指复制一个素材设置的滤镜、路径等特效属性，然后将其粘贴到另一个素材，使其具有同样的特效。复制粘贴素材属性，可将设置的一个素材属性应用到项目文件的不同素材。具体操作方法是：右击源素材并在快捷菜单中选择"复制属性"命令；右击目标素材并在快捷菜单中选择"粘贴所有属性"或"粘贴可选属性"命令。

7. 视频素材裁剪

裁剪是指切割分离并删除视频素材中不需要的视频片段，保留所需视频片段的操作。通过非线性编辑软件编辑视频，可对素材进行精确到帧的裁剪。会声会影裁剪视频素材的方法有以下六种。

（1）通过"剪刀"裁剪

"剪刀（✂）"工具位于预览窗口面板右下角，作用是分割轨道中已选择的素材对象，使其分离中两部分。"剪刀"工具分割素材仅限于轨道中的逻辑分割，不会实际分割存储于计算机存储器中的素材文件。通过"剪刀"裁剪视频素材的具体操作方法是：选择轨道中的素材；移动播放指针到分割素材的位置；单击预览窗口面板中的"剪刀（✂）"按钮。选择不需要的素材片段，按【Delete】键，如图4-3-26所示。

单击预览窗口面板"上一帧（◀❙）"按钮或"下一帧（❙▶）"按钮，可精确设置分割点。

（2）拖动修整标记裁剪

时间轴轨道上选择某个素材，将出现黄色线框标记所选素材。拖动该素材某侧黄色修整标记可裁剪其长度，如图4-3-26所示。

即时时间码作用是标示编辑素材在轨道上的当前时间情况。即时时间码显示格式为00:00:00.000，表示所选素材在轨道上的当前时间码，可根据即时时间码提示裁剪视频。

（3）通过"视频区间"裁剪

通过"视频区间"裁剪是指通过"编辑"面板的视频区间框确定截取视频的长度。通过"视频区间"框截取的视频片段为视频前端部分。具体操作方法是：选择轨道中的素材；素材库面板选择"显示选项面板（🖉）"→"编辑"命令，切换到"编辑"选项卡；在"编辑"面板的视频区间框中单击时间码，输入时间长度。视频区间框中所做的更改只影响结束标记点，开始标记点保持不变，如图4-3-27所示。

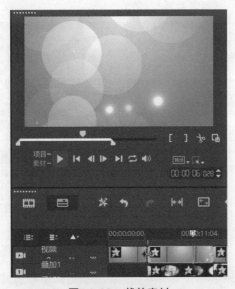

图4-3-26 裁剪素材

图4-3-27 "编辑"选项卡视频区间

（4）按场景分割

按场景分割是指系统根据画面场景的变化自动分割视频。按场景分割功能适用于视频轨视频素材。会声会影可检测到视频画面的不同场景，并依据场景不同将视频文件在轨道上分割为多个视频片段。具体操作方法是：选择视频轨中的素材；素材库面板选择"显示选项面板（🖉）"→"编辑"→"按场景分割（🖼）"命令，打开"场景"对话框，如图4-3-28所示；选择扫描方法；单击"选项"按钮，打开"场景扫描敏感度"对话框，拖动滑动条设置敏感度级别（值越高，场景检测越精确）；单击"扫描"
按钮，扫描视频画面并列出检测到的场景；单击"确
定"按钮分割视频。

将检测到的部分场景合并到单个素材，具体操作
方法是：打开"场景"对话框，选择某个场景，单击
"连接"按钮，则将当前场景与前一场景连接。其中
"连接"列表中的加号（+）和数字表示该特定素材所
合并的场景数。单击"分割"按钮，可撤销已完成的
所有"连接"操作。

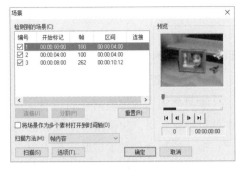

图4-3-28 "场景"对话框

（5）多重修整视频

多重修整视频是指将一个视频文件在轨道上分割成多个片段的过程。使用"多重修整视
频"可控制截取素材区间。多重修整视频功能适用于视频轨视频素材，并依据划分的场景将视
频文件在轨道上分割为多个视频片段。具体操作方法是：选择视频轨中的素材；素材库面板选
择"显示选项面板（ ）"→"编辑"→"多重修整视频（ ）"命令，打开"多重修整视
频"对话框；单击"播放"按钮，查看标记视频片段，单击"开始标记（ ）"按钮设置起始标
记；单击"结束标记（ ）"按钮设置结束标记；重复执行选择多段；单击"确定"按钮，如
图4-3-29所示。

图4-3-29 "多重修整视频"对话框

通过拖动"时间轴缩放"按钮，可选择显示的帧数。标记开始和结束片段可在播放视频时
按【F3】键和【F4】键来标记。单击"反转选取（ ）"按钮或按【Alt+I】组合键可在标记
保留素材片段和标记剔除素材片段之间进行切换。"快速搜索间隔"用于设置帧之间的固定间
隔，并以设置值浏览影片。

（6）"单素材修整器"修整带有"修整标记"的素材

对于素材库素材，可使用"单素材修整器"裁剪。"单素材修整器"一次可以裁剪一个视
频片段。具体操作方法是：双击"素材库"视频素材，打开"单素材修整"对话框；移动，在

素材上"修整标记"并设置开始标记与结束标记点；单击"确定"按钮。

设置修整开始标记与结束标记点还可分别按【F3】键和【F4】键。预览修整后的素材，可按【Shift + Space】组合键或按【Shift】键并单击"播放"按钮。

8. 素材变形

素材变形是指将轨道中的可视化素材进行形状与大小的改变。具体操作方法是：选择轨道中的可视化素材，预览窗口出现黄色选择框、八个黄色控制节点、位于四角的四个绿色控制节点；拖动控制点改变素材形状与大小，其中拖动的黄色控制节点，调整大小但不保持比例；拖动角上的绿色控制节点可倾斜素材，如图4-3-30所示。

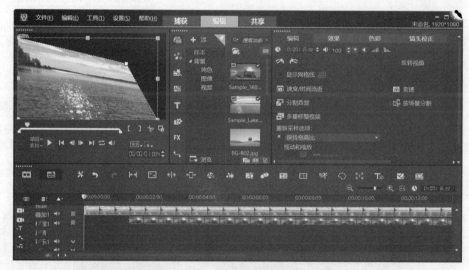

图4-3-30　素材变形

【实例】通过网络搜索"美好记忆.mpg"，并在会声会影中完成下列操作：①将素材库"媒体"→sample lake.mp4文件拖放到视频轨；②将"美好记忆.mpg"文件插入覆叠轨，与sample lake.mp4文件并列，前端对齐；③截取其前15 s视频画面；④用"素材变形"功能调整"美好记忆.mpg"文件画面到整个屏幕；⑤给"美好记忆.mpg"添加枫叶形遮罩样式；⑥文件以lx4303.vsp为名保存到"文档"文件夹；⑦渲染输出项目文件，输出文件格式为.mp4。

具体操作步骤如下：

步骤1　通过网络搜索"美好记忆.mpg"，下载保存到"下载"文件夹。

步骤2　启动会声会影，设置项目属性与参数。选择"设置"→"项目属性"命令；打开"项目属性"对话框，"项目格式"选择MPEG-4某分辨率（如1 920×1 080，25P）；单击"编辑"按钮；打开"编辑属性"对话框；选择"压缩"选项卡；"质量"选项参数由70%调整为100%；单击"确定"按钮。选择"设置"→"参数选择"命令，打开"参数选择"对话框；"素材显示模式"选项选择"仅略图"项；"工作文件夹"选择"文档"文件夹；单击"确定"按钮。

步骤3　添加sample lake.mp4文件到视频轨。素材库面板选择"媒体"命令，切换到"媒体"选项面板；选择sample lake.mp4文件，用鼠标拖放到视频轨。

步骤4　插入"美好记忆.mpg"文件到覆叠轨。鼠标指向覆叠轨，右击并在快捷菜单中选择"插入视频"命令，打开"打开视频文件"窗口，选择"下载"文件夹中的"美好记忆.mpg"文件；单击"打开"按钮；通过鼠标移动视频前端与sample lake.mp4对齐。

步骤5　素材变形。选择覆叠轨中的素材"美好记忆.mpg"；在预览窗口拖动控制节点将画面扩大到整个屏幕。

步骤6　截取前15 s视频画面。选择轨道中的"美好记忆.mpg"文件；素材库面板选择"显示选项面板（✐）"→"编辑"命令，切换到"编辑"选项卡；"视频区间框单击时间码，区间框输入0:00:15:00，按【Enter】键。

步骤7　给"美好记忆.mpg"添加枫叶形遮罩。选择覆叠轨素材；素材库面板选择"显示选项面板（✐）"→"混合"命令，切换到"混合"选项卡；"蒙版模式"中单击"类型"下拉列表，选择"遮罩帧"项；系统显示各种遮罩样式，选择遮罩样式；单击"类型"下拉列表，选择"遮罩帧"项；系统显示各种遮罩样式，选择枫叶形遮罩样式。在预窗口用鼠标移动SP-V13.wmv到左上角。

步骤8　保存原文件。选择"文件"→"另存为"命令，打开"另存为"对话框，"位置"选择"文档"文件夹，"文件名"输入lx4303，"格式"采用默认值，单击"确定"按钮。

步骤9　输出视频文件。选择步骤菜单中的"共享"命令，切换到"共享"窗口，"文件名"输入lx4303；单击"开始"按钮，进行渲染输出。

9. 视频回放速度调整

视频回放速度是指视频素材在时间轴轨道中的播放速度。会声会影中可修改轨道中视频素材的播放速度，将视频设置为慢速或快速。根据时速选择的不同，还可形成时间流逝和频闪效果。调整视频素材"速度和时间流逝"属性的具体操作方法是：选择轨道中的素材；素材库面板选择"显示选项面板（✐）"→"编辑"→"速度/时间流逝"命令，打开"速度/时间流逝"对话框；在"新素材区间"文本框中输入新时间区间，或在"速度"文本框中输入速度比值，如图4-3-31所示，"速度"文本框中输入的值越大，素材回放速度越快（值范围为1%～100%）；单击"确定"按钮。

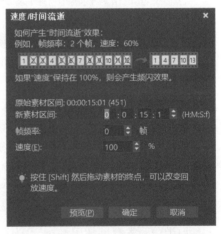

图4-3-31　"速度/时间流逝"对话框

"速度/时间流逝"对话框中，帧频率是指定在视频回放过程中每隔一定时间要移除的帧数量。"帧频率"文本框中输入的值越大，视频中的时间流逝效果越明显。默认值为0将保留视频素材所有帧。如果"帧频率"的值大于1且素材区间不变，则会产生频闪效果。若"帧频率"的值大于1且素材区间缩短，则会产生时间流逝效果。

按住【Shift】键，然后在"时间轴"轨道用鼠标左键拖动素材终点标记，也可改变视频素材的回放速度。其中，黑色箭头表示正在修整或扩展素材；白色箭头表示正在更改回放速度。

10. 反转视频

反转视频是指将轨道的视频素材首尾对调，形成视频倒放效果。反转视频的具体操作方法是：选择轨道中的素材；素材库面板选择"显示选项面板（✐）"→"编辑"命令，切换到

"编辑"选项卡；勾选"反转视频"复选框。

11. 替换媒体素材

会声会影中，视频轨、覆叠轨、音频轨的媒体素材可用计算机存储器中的素材替换。替换素材时，原素材属性将应用到新素材。替换素材的区间必须等于或大于原始素材区间。

视频轨、覆叠轨替换素材的具体操作方法是：选择轨道中的素材；右击并在快捷菜单中若选择"替换素材"→"视频"子命令，则打开"替换/重新链接素材"对话框，选择视频素材，单击"打开"按钮；若选择"替换素材"→"照片"子命令，则打开"替换/重新链接素材"窗口对话框，选择图像素材；单击"打开"按钮。

音频轨替换素材的具体操作方法是：选择轨道中的素材；右击并在快捷菜单中选择"替换素材"命令，打开"替换/重新链接素材"对话框；选择音频素材，单击"打开"按钮。

会声会影可同时替换多个素材，按住【Shift】键并单击多个素材可选择轨道上的多个素材，右击并在快捷菜单中选择"替换素材"命令，打开"替换/重新链接素材"对话框，可替换多个素材。替换多个素材时，替换数必须与轨道中所选素材数一致。

将视频素材从"素材库"拖动到"时间轴"轨道，然后按住【Ctrl】键放下素材，将自动替换原素材。

12. 素材色彩与亮度调整

（1）色彩校正

色彩校正是指调整轨道中图像或视频色彩的色调、饱和度、亮度、对比度或Gamma等。具体操作方法是：选择轨道中的素材；素材库面板选择"显示选项面板（ ）"→"色彩"命令，切换到"色彩"选项卡；选择左侧选项列表中"基本"项，呈现"色彩校正"参数列表；拖动滑块分别调整素材的色调、饱和度、亮度、对比度或Gamma值。双击相应的滑动条，可重置素材色彩设置。

（2）调整白平衡

白平衡是指在任何光源色差下，都保持白色物体的白色标准，并且以此白色标准还原其他色彩原色的色彩处理方法。通过白平衡可消除由冲突光源和错误的相机设置导致的色偏，恢复图像的自然色温。调整白平衡的具体操作方法是：选择轨道中的素材；素材库面板选择"显示选项面板（ ）"→"色彩"命令，切换到"色彩"选项卡；选择左侧选项列表中"白平衡"项；勾选"白平衡"复选框；设置白平衡参数，如图4-3-32所示。

白平衡需要在图像中确定一个代表白色参考点。确定白色参考点的方法有自动、选取色彩、白平衡预设、温度四种。若单击"选取色彩（ ）"按钮（勾选"显示预览"复选框，在素材库面板显示预览区域），用"选取色彩（ ）"工具在预览图像选择白色参考点。

可调整"色调"级别：较暗、正常、较强。

会声会影提供了几种用于选择白色参考点的选项。自动：自动选择与图像总体色彩相配的白色参考点。选取色彩：用"选取色彩"工具在图像中手动选择白色参考点。白平衡预设：通过匹配特定光条件或情景，自动选择白色参考点。包括钨光、荧光、日光、云彩、阴影、阴暗六种情景预设。温度：用于指定光源的温度，以开氏温标（K）为单位。通常钨光、荧光和日光情景的温度值较低，云彩、阴影和阴暗的温度较高。

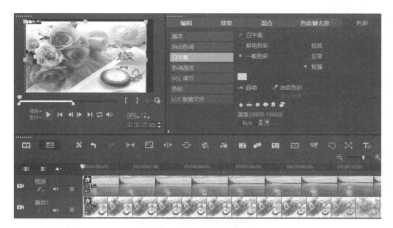

图4-3-32　白平衡

13. 高级运动应用

高级运动适用于覆叠轨素材，主要作用是给覆叠轨素材添加摇动、缩放、变形、旋转、路径等动态效果。具体操作方法是：选择覆叠轨中的素材；素材库面板选择"显示选项面板（🖼）"→"编辑"→"高级运动（自定义动作）"命令，打开"自定义动作"对话框；在"自定义动作"对话框时间轴上设置关键帧，同时设置该关键帧素材（预览窗口）的摇动、缩放、变形、旋转、路径等状态，如图4-3-33所示。

图4-3-33　"自定义动作"对话框

关键帧是指时间轴中可设置并存储素材属性的节点。通过"高级运动（自定义动作）"对话框下方的各项参数，可设置覆叠素材每个关键帧节点的边框、镜像、阴影等，从而产生动态变化效果。"高级运动（自定义动作）"对话框时间轴添加关键帧的方法是：移动播放指针到时间轴某点时改变素材状态，或双击时间轴某点。删除关键帧的方法是：选择时间轴上的关键帧，按【Delete】键。用鼠标可拖动关键帧改变其在时间轴上的位置。

【实例】利用会声会影素材库已有素材完成下列操作：①将素材库"媒体"→"背景"→"图像"→CP-A05.jpg文件拖放到视频轨；②将视频轨CP-A05.jpg文件的时间区间设为10 s；③将素材库"媒体"→"样本"→sample 360.mp4文件拖放到覆叠轨，前端与CP-A05.jpg前端对齐，时长调整为10 s；④给覆叠轨的sample 360.mp4添加"高级运动（自定义动作）"，起始关键帧状态为位置（x：-60，y：45），边框颜色为红色、尺寸为8，中间关键帧状态为位置（x：0，y：45），边框颜色为蓝色、尺寸为8，镜面阻光度为50，最后关键帧状态为位置（x：60，y：45），边框颜色为绿色、尺寸为8，镜面阻光度为0；⑤添加新覆叠轨，并将素材库"覆叠"→"动画覆叠"→Rainbow-Circle.mov文件拖放到新覆叠轨，调整其位置于屏幕正下方；⑥文件以lx4304.vsp为名保存到"文档"文件夹；⑦渲染输出项目文件，输出文件格式为.mp4。

具体操作步骤如下：

步骤1 启动会声会影，设置项目属性与参数。选择"设置"→"项目属性"命令；打开"项目属性"对话框，"项目格式"选择MPEG-4某分辨率（如1 920×1 080，25P）；单击"编辑"按钮；打开"编辑属性"对话框；选择"压缩"选项卡；"质量"选项参数由70%调整为100%；单击"确定"按钮。选择"设置"→"参数选择"命令，打开"参数选择"对话框；"素材显示模式"选项选择"仅略图"项；"工作文件夹"选择"文档"文件夹；单击"确定"按钮。

步骤2 添加CP-A05.jpg文件到视频轨。素材库面板选择"媒体"→"背景"→"图像"命令，打开"图像"素材库；选择素材库文件CP-A05.jpg，并拖放到视频轨。

步骤3 设置时间区间设为10 s。选择视频轨中的CP-C01.jpg文件，素材库面板选择"显示选项面板（▨）"→"编辑"命令，打开"编辑"选项卡，在"时间区间"文本框中输入0:00:10:00。

步骤4 添加sample 360.mp4文件到覆叠轨并对齐。选择"媒体"→"样本"→sample 360.mp4文件并拖放到覆叠轨，前端与CP-A05.jpg前端对齐。素材库面板选择"显示选项面板（▨）"→"编辑"命令，打开"编辑"选项卡，在"时间区间"文本框中输入0:00:10:00。

步骤5 打开"高级运动（自定义动作）"对话框。选择覆叠轨中的SP-V13.wmv文件，打开"属性"面板；单击"高级运动"按钮，打开"自定义动作"对话框。

步骤6 设置"高级运动（自定义动作）"参数。单击"自定义动作"对话框时间轴起始关键帧，输入参数位置为（x：-60，y：45），边框颜色选择红色，边框尺寸输入8。将播放指针移动到时间轴中间点；输入参数位置为（x：0，y：45），边框颜色选择蓝色，边框尺寸选择8，镜面阻光度输入50。将播放指针移动到时间轴结束点；输入参数位置为（x：60，y：45），边框颜色选择绿色，边框输入尺寸为8，镜面阻光度输入0；单击"确定"按钮。

步骤7 添加覆叠轨。选择"设置"→"轨道管理器"命令，打开"轨道管理器"对话框，"覆叠轨"选择2；单击"确定"按钮。

步骤8 添加动画覆叠并调整位置到屏幕下方。素材库面板选择"覆叠"→"动画覆叠"命令，打开"动画覆叠"素材库，选择Rainbow-Circle.mov文件拖放到新覆叠轨；选择轨道中的Rainbow-Circle.mov文件，调整其位置到屏幕下方，最终效果如图4-3-34所示。

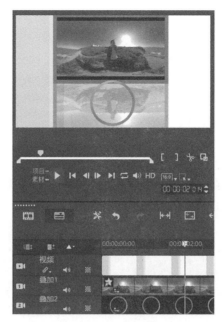

图4-3-34 效果图

步骤9 保存文件。选择"文件"→"另存为"命令，打开"另存为"对话框，"位置"选择"文档"文件夹，"文件名"输入lx4304，"格式"采用默认值，单击"确定"按钮。

步骤10 输出视频文件。选择步骤菜单中的"共享"命令，切换到"共享"窗口，"文件名"输入lx4304；单击"开始"按钮，进行渲染输出。

4.3.4 转场与滤镜特效

1. 转场

转场是指素材间的过渡方式与效果。转场应用于"时间轴"轨道中素材间，或某个素材的起始端与结束端，包括视频轨、覆叠轨、标题轨、音频轨等所有轨道，目的是让素材间切换更加顺畅。转场的使用与视频、音频、图像素材的使用方法一致。"素材库"中共包含18种类型的转场特效，如图4-3-35所示。

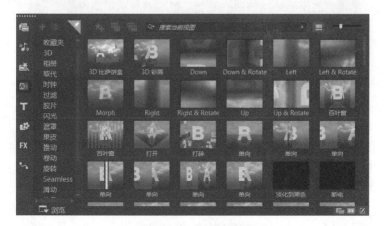

图4-3-35 转场特效

（1）手动添加转场特效

手动添加转场特效是指将某个转场效果从"转场"特效库中拖放到轨道的素材间或某个素材两端。手动添加转场特效的常用方法有三种。①素材库面板左侧选择"转场（）"命令，切换到"转场"特效库；在"画廊"下拉列表中选择转场类型；选择一个转场特效拖放到"时间轴"轨道的素材间或某个素材一端。②双击素材库的某个转场特效，该特效自动插入第一组空白素材间；重复双击将转场特效逐个插入到空白素材间。③用鼠标拖动轨道中的素材，使素材部分重叠。

（2）自动添加转场特效

自动添加转场特效是指在素材插入轨道时在素材间自动添加转场特效。覆叠素材间通常自动添加默认转场。自动添加转场通过设置项目"参数选择"来实现，具体操作方法是：选择"设置"→"参数选择"→"编辑"命令；打开"编辑"对话框，勾选"自动添加转场效果"复选框；选择"默认转场效果"下拉列表中的某种转场效果。

（3）对所有视频轨素材应用转场特效

① 将指定转场特效应用到视频轨素材，即将转场特效库中的某个转场特效应用到所有视频轨素材间。具体操作方法是：素材库面板左侧选择"转场（）"命令，切换到"转场"特效库；选择某转场特效，单击素材库上方的"对视频轨应用当前效果（）"按钮；或右击并在快捷菜单中选择"对视频轨应用当前效果"命令。

② 将随机转场特效添加到所有视频轨素材，即将转场特效库中的某个转场特效应用到所有视频轨素材间。具体操作方法是：素材库面板左侧选择"转场（）"命令，切换到"转场"特效库；选择某转场特效，单击素材库上方的"对视频轨应用随机效果（）"按钮，如图4-3-36所示。

图4-3-36　对视频轨素材应用转场特效

（4）删除与替换转场特效

删除转场特效是指删除添加于素材间或素材上的转场特效，素材恢复原状。具体操作方法是：选择轨道上的转场特效并按【Delete】键；或右击轨道上的转场特效后在快捷菜单中选择"删除"命令；或拖动分开带有转场效果的两个素材。

替换转场特效是指用一个转场特效替换轨道上已有的转场特效。具体操作方法是：将新转场特效拖放到轨道的转场特效。

（5）自定义预设转场特效

自定义预设转场特效用于自主设计转场特效。具体操作方法是：双击"时间轴"中的转场特效，打开"转场"面板；修改"转场"面板中的参数如时长、边框、色彩、柔化边缘、方向等，如图4-3-37所示。（不同的转场特效参数有区别）。

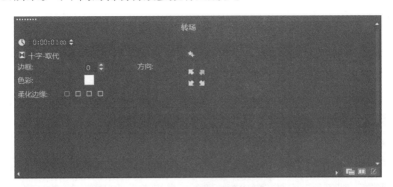

图4-3-37　转场特效面板

（6）转场特效添加至"收藏夹"

可从不同转场类别中收集常用转场特效，保存到"收藏夹"文件夹，方便快速使用转场特效。转场特效保存到"收藏夹"的具体操作方法是：选择轨道或素材库中的转场特效；单击转场库上方的"添加至收藏夹（★）"按钮。

2. 滤镜

滤镜是指用于动态改变可视化素材（如视频、图像、标题字幕）样式或外观的特殊显示效果。滤镜可单独或组合应用到"视频轨""覆叠轨""标题轨"的各种可视化素材。

（1）应用滤镜

应用滤镜是将滤镜应用于"视频轨""覆叠轨""标题轨"的各种可视化素材。具体操作方法是：素材库面板选择"滤镜（FX）"命令，切换到"滤镜"面板，选择滤镜样式，拖放到轨道素材，如图4-3-38所示。

图4-3-38　应用滤镜

"视频轨""覆叠轨""标题轨"素材可应用多个滤镜。默认情况下，素材应用滤镜为替换模式。素材库面板选择"显示选项面板（🖼）"→"编辑"命令，打开"编辑"选项卡；取消勾选"替换上一个滤镜"复选框，可同时对单个素材应用多个滤镜。应用的多个滤镜，可单击"上移滤镜（）"或"下移滤镜（ ▼ ）"按钮改变滤镜的叠放次序，单击"删除滤镜（ ✕ ）"按钮，可删除选定的滤镜。

（2）自定义滤镜

自定义滤镜是指在滤镜时间轴上自主设置滤镜动态变化的各项属性。自定义滤镜通过在滤镜时间轴添加关键帧，并设计关键帧节点素材的形态等属性来实现。关键帧可为滤镜指定不同的属性或行为。自定义滤镜的具体操作方法是：素材库面板选择"滤镜（ FX ）"命令，切换到"滤镜"面板；选择滤镜样式，拖放到轨道素材；素材库面板选择"显示选项面板（ 🖊 ）"→"效果"→"自定义滤镜"命令，打开"自定义滤镜"窗口；移动播放指针到目标节点，单击添加"关键帧（ ➕ ）"按钮，修改滤镜属性参数；单击"确定"按钮，如图4-3-39所示。

图4-3-39　自定义滤镜窗口

添加关键帧：双击时间轴某点或单击"添加关键帧（ ➕ ）"按钮，时间轴出现红色菱形标记◆，即在时间轴为素材添加关键帧。可设置窗口下方属性参数改变滤镜状态。删除关键帧：选择时间轴上的关键帧，按【Delete】键或单击删除"关键帧（ ➖ ）"按钮。另外，单击"翻转关键帧（ ⤭ ）"按钮可翻转"时间轴"关键帧的顺序，即以最后一个关键帧为开始，以第一个关键帧为结束。单击"淡入（ ◢ ）"按钮和"淡出（ ◣ ）"按钮可设置时间轴中滤镜的淡化点。

4.3.5　编辑标题字幕

标题指视频文件中的章节标题。标题是视频内容的总体现，是标明视频作品主体内容的简短语句。标题通常位于视频内容之前，用于标明之后视频呈述的主题。字幕是指视频文件中用于画面解释与注释的文字。通常字幕与视频内容同步显示，用于注释或说明当前画面。

1. 添加标题字幕

标题字幕可在标题轨、视频轨或覆叠轨中添加，为了管理方便，通常将标题字幕添加到标题轨。添加标题字幕的具体操作方法是：素材库面板选择"标题（ T ）"命令，切换到"标题"面板；选择预设文字样式。将预设文字样式拖放到"标题轨"目标位置；在"预览窗口"

中双击预设标题，进入文字编辑状态，输入新文字；在标题"标题选项"面板中，设置文字的字体、大小、颜色、动画效果等；调整文字在轨道中与屏幕中的位置，如图4-3-40所示。

图4-3-40　添加标题字幕

2. 设置标题字幕

影片中添加标题后，需要编辑其参数与属性，才能使标题适合影片要求。选择"标题轨"上的标题素材，然后双击"预览窗口"启用标题编辑，使用"标题选项"面板中的字体、样式、边框、阴影、背景、运动、效果选项列表，可修改标题素材的属性，如文字的样式、对齐方式、文字边框、阴影、透明度、文字背景、动画效果等。

（1）设置字体、字形、字号、颜色

会声会影设置字体、字形、字号、颜色等，可通过"标题选项"面板来完成。具体操作方法是：选择轨道中的标题素材，双击或素材库面板选择"显示选项面板（▨）"→"字体"命令，切换到"标题选项"的"字体"选项卡；在预览窗口面板中选择需要编辑的文字；"字体"选项卡分别设置文字的字体、字形、字号、颜色、对齐、旋转文字等参数。

若选择预设的样式，则切换到"标题选项"的"样式"选项卡，单击选择某标题样式，将预设样式应用到标题，如图4-3-41所示。

（2）设置时间区间

设置时间区间即设置标题字幕在画面中的显示时间长度。设置时间区间通常有以下两种方法。①选择轨道中的标题素材，用鼠标拖动标题素材两端的黄色标识到合适的长度。②选择轨道中的标题素材，在"标题选项"的"字体"选项卡的时间"区间"文本框中输入时间长度。

（3）设置文字背景

文字背景即衬托文字显示的区域。会声会影中可将文字叠放到椭圆、圆角矩形、曲边矩形或矩形色彩区域，使文字不受视频画面变化的影响，保证文字显示效果。设置文字背景的具体操作方法是：选择轨道中的标题素材，双击或素材库面板选择"显示选项面板（▨）"→"背景"命令，切换到"标题选项"的"背景"选项卡；在预览窗口面板中选择需要编辑的文字；选择"背景类型"选项，设置参数，如图4-3-42所示。其中，"背景类型"选项包括"无""单色背景栏""与文本相符"项及其形状（圆形、矩形、曲边矩形、圆角矩形）。"色彩设置"选项包括"单色""渐变色"项及渐变方向。"透明度"选项可设置背景区域的透明度系数。

图4-3-41　"标题选项"面板

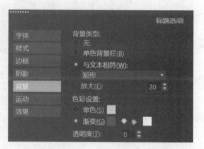

图4-3-42　"背景"选项卡

（4）设置文字边框、透明度、阴影

添加于视频画面的标题字幕，除了设置背景外，还可对文字本身进行边框、透明度、阴影的设置。设置文字边框、透明度的具体操作方法是：选择轨道中的标题素材，双击或素材库面板选择"显示选项面板（🖉）"→"边框"命令，切换到"标题选项"的"边框"选项卡；设置参数。"边框"选项卡可设置透明文字、边框宽度、线条色彩、文字透明度、柔化边缘等。设置文字阴影的具体操作方法是：选择轨道中的标题素材，双击或素材库面板选择"显示选项面板（🖉）"→"阴影"命令，切换到"标题选项"的"阴影"选项卡；设置参数。"阴影"选项卡可设置文字边框的阴影类型（无阴影、下垂阴影、光晕阴影、突起阴影）、强度、光晕阴影色彩、透明度、柔化边缘等，如图4-3-43所示。

图4-3-43　"边框"/"阴影"选项卡

（5）旋转文字

旋转文字是指旋转视频画面中添加的文字，包括标题与字幕。旋转文字有以下两种方法。①使用鼠标左键旋转文字。单击"预览窗口"中的标题字幕，选择文字，此时"预览窗口"中的文字四周出现选择框、黄色与紫色控制节点；拖动选择框角上的紫色控制节点旋转。②使用

"按角度旋转"文本框旋转文字。双击或素材库面板选择"显示选项面板（☑）"→"字体"命令，切换到"标题选项"的"字体"选项卡；预览窗口面板中选择文字；"字体"选项卡"按角度旋转（−359～359）"文本框，输入旋转角度。

3. 字幕编辑器

字幕编辑器是会声会影专用于输入视频画面字幕的编辑工具。具体操作方法是：选择轨道中的视频；在时间轴工具栏中选择"字幕编辑器（▦）"命令，打开"字幕编辑器"对话框；对话框时间轴上选择添加字幕的位置，单击上方"添加新字幕（➕）"按钮；字幕列表添加一个字幕行；单击字幕行"添加新字幕"标识打开文字输入文本框，输入字幕，如图4-3-44所示；单击"确定"按钮。可添加多个字幕行。通过修改"字幕编辑器"对话框时间轴中的橙色选择框，可修正字幕添加的位置。

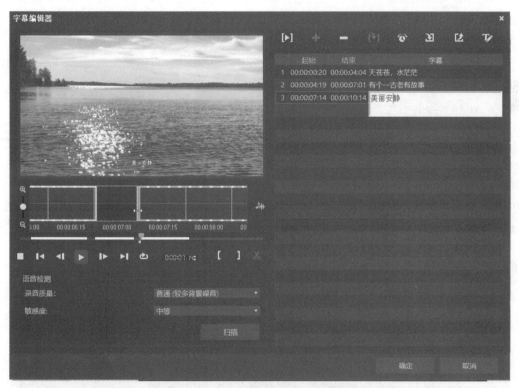

图4-3-44 "字幕编辑器"对话框

4. 应用动画与滤镜

（1）应用动画

动画是指为标题字幕提供在画面中出现与退出的动态效果。使用"标题选项""运动"选项可使视频画面中的标题字幕产生"淡化""打开""下降""移动路径"等动画效果。具体操作方法是：选择轨道中的标题字幕；素材库面板选择"显示选项面板（☑）"→"运动"命令，切换到"标题选项"的"运动"选项卡，如图4-3-45所示；勾选"应用"复选框；单击"类型"按钮，打开类型下拉列表，选择动画类别；显示该类型预设动画；单击某动画样式。

若自定义动画，则修改选项卡中的"单位""暂停"等参数。

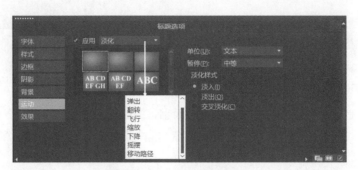

图4-3-45 "运动"选项卡

（2）应用滤镜

标题字幕与其他素材一样，可应用滤镜增强显示效果。具体操作方法是：素材库面板选择"滤镜"命令，切换到"滤镜"选项面板，显示滤镜样式列表；选择某滤镜样式拖放到轨道中的标题字幕素材。

应用滤镜后，在字幕的"标题选项"的"效果"选项卡中，可添加删除滤镜；单击"自定义滤镜"按钮，打开"自定义滤镜"对话框；可自定义标题滤镜动画。

4.3.6 应用运动路径

运动路径是指给视频画面中添加的可视化素材指定的移动轨迹。运动路径可应用于视频轨、覆叠轨、标题轨中的素材，应用路径的可视化素材，将按指定的轨迹在画面中移动。应用路径的具体操作方法是：素材库面板选择"运动路径（🖈）"命令，切换到"运动路径"选项面板，显示运动路径样式列表；选择某运动路径样式并拖放到轨道中的素材。若删除添加的"运动路径"，光标指向时间轴轨道已添加的素材；右击并在快捷菜单中选择"运动"→"删除动作"命令，如图4-3-46所示。

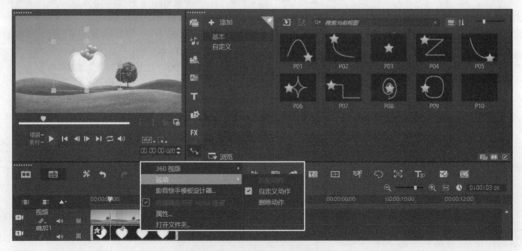

图4-3-46 应用"运动路径"

4.3.7 编辑音频素材

会声会影中提供声音轨、音乐轨两种放置音频的轨道，其中包括一个声音轨、八个音乐轨。通常利用会声会影"画外音"录制的现场音自动插入声音轨，"自动音乐"设计的音频自动插入音乐轨，除此之外两种轨道使用时没有区别。音频的操作方法与视频的操作方法类同。

1. 添加音频素材

添加音频素材即将音频素材添加到声音轨或音乐轨，成为视频画面的伴音。会声会影支持MP3、WAV等音频文件格式，同时支持WMA、AVI、MP4等视频文件的伴音。

（1）添加音频文件到轨道

添加音频文件到轨道的具体操作方法有两种。①通过素材库添加。将音频文件导入素材库，从素材库拖放到目标轨道位置。②通过快捷菜单添加。鼠标指向目标轨道，右击并在快捷菜单中选择"插入音频"→"到**轨"命令，打开"打开音频文件"窗口；选择音频文件，单击"打开"按钮；调整素材到目标位置。

（2）导入CD音频

会声会影可复制CD音频文件并以WAV格式保存到计算机存储器。具体操作方法是：在时间轴工具栏中选择"录制/捕获选项（🎞）"命令，打开"录制/捕获选项"对话框，如图4-3-47所示；选择"从音频CD导入"命令，打开"转存CD音频"对话框；选择CD轨列表中的目标音轨；单击"浏览"按钮，打开"浏览文件夹"对话框，选择目标文件夹，单击"确定"按钮；单击"转存"按钮，开始导入音频轨。

图4-3-47 "录制/捕获选项"对话框

（3）录制画外音

画外音又称旁白，是指对视频画面进行解释说明的语音。录制画外音时，需选择轨道上的空白区域，且没有选择任何素材。录制画外音的具体操作方法是：播放指针移动到录制画外音轨道的目标位置；在时间轴工具栏中选择"录制/捕获选项（🎞）"命令，打开"录制/捕获选项"对话框；选择"画外音"命令，打开"调整音量"对话框；单击"开始"录音；按【Space】键或【Esc】键停止录音并返回。

可使用Windows混音器调整传声器的音量级别。

（4）自动音乐

自动音乐是指使用Corel公司提供的网络无版税音乐，并通过"自动音乐制作器"编排的音乐。"自动音乐制作器"拥有多种Smartsound背景音乐，允许调整参数改变歌曲基调，或采用不同节拍与乐器。

使用自动音乐的具体操作方法是：选择轨道目标位置；在时间轴工具栏中选择 "自动音乐（🎵）"命令，素材库面板切换到"自动音乐"选项面板；在"类别""歌曲""版本"选择音乐；单击"播放选定歌曲（🎵）"按钮回放音乐；单击"添加到时间轴（🎵）"按钮，添加所选音乐到音乐轨，如图4-3-48所示。

2. 裁剪音频素材

裁剪轨道中的音频素材方法与视频素材相同。具体操作方法是：选择轨道中音频素材；播放指针移动到轨道目标位置；单击预览面板中的"剪刀（✂）"按钮，分割音频素材；选择不需要的部分，按【Delete】键删除。

图4-3-48 自动音乐

3. 改变音频播放速度

改变音频播放速度是指加快或放慢轨道中音频文件的播放速度。与视频相同，音频通过"速度/时间流失"功能改变其播放速度。具体操作方法是：选择轨道中的音频素材；双击，切换到"音乐和声音"选项面板；单击"速度/时间流失"按钮，打开"速度/时间流失"对话框；"速度"选项中输入数值或拖动滑动条，改变音频素材的速度；单击"确定"按钮。

另外，按住【Shift】键，同时用鼠标左键拖动轨道中音频素材两端的黄色标记，可改变音频素材的播放速度。

4. 设置音频的淡入/淡出

音频的淡入/淡出即轨道中的音频音量以逐渐开始和逐渐结束方式播放。为音频素材应用淡化效果的具体操作方法是：选择轨道中的音频素材；双击，切换到"音乐和声音"选项面板；单击"淡入（▊▊）"按钮和"淡出（▊▊）"按钮。

设置音频淡入/淡出时间：选择"设置"→"参数选择"→"编辑"命令，打开"编辑"选项卡；在"默认音频淡入/淡出区间"选项中输入时间区间参数；单击"确定"按钮。

5. 音量控制

音量控制可用于控制轨道中视频或音频素材的音量，常用方法有以下两种：

方法1：利用"音乐和声音"选项面板。选择轨道中的音频素材；双击，切换到"音乐和声音"选项面板；在"素材音量"文本框中输入音量百分比值。其中"素材音量"取值范围为0%~500%，0%将使素材静音，100%将保留原始音量，如图4-3-49所示。

方法2：利用"混音器"选项面板。选择轨道中的音频素材；在时间轴工具栏中选择"混音器（）"命令，切换到"混音器"选项面板，同时音频素材轨道中出现音量线；双击添加控制节点并调整音量，如图4-3-50所示。

图4-3-49　音量控制

图4-3-50　通过"混音器"调节音量

6. 混音器应用

（1）设置输出声道

混音器主要作用是设置视频轨、覆叠轨、音频轨中音频的音量和输出声道。应用混音器的具体操作方法是：在时间轴工具栏中选择"混音器（）"命令，切换到"环绕混音"选项卡；选择包含有声音的轨道；单击"播放"按钮试听，到目标点，暂停播放；拖动"环绕混音"中央的音符符号，放置到某个声道（图中的音箱）；此时轨道中的音量线上出现控制点，如图4-3-51所示。

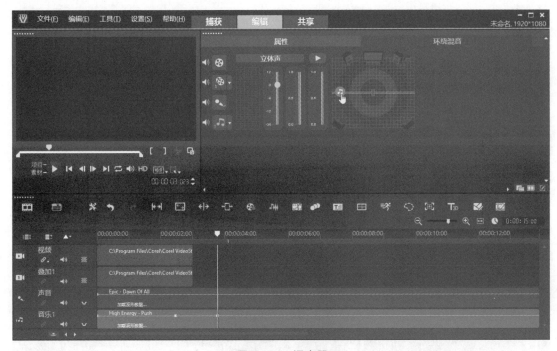

图4-3-51　混音器

"环绕混音"选项卡中，若为立体声模式，则音符符号只能向左或向右移动。若为5.1声道模式，则音符符号可移动图中的任意音箱。

再次选择时间轴工具栏中的"混音器（）"命令，退出混音器。

（2）复制声道

复制声道可使音频的音量提高，起到放大某个声道音量的作用。复制声道具体操作方法是：在时间轴工具栏中选择"混音器（）"命令，切换到"环绕混音"选项卡；选择含有声音的轨道素材；选择"属性"选项卡；勾选"复制声道"复选框，并选择复制声道选项（左或右），则将选择声道的声音复制到另一声道。

7. 应用音频滤镜

音频滤镜适用于音乐轨和声音轨中的音频素材，目的是优化音频素材音响效果。应用音频滤镜的具体操作方法是：选择轨道中的音频素材；双击；切换到"音乐与声音"选项面板；单击"音频滤镜"按钮，打开"音频滤镜"对话框；在"可用滤镜"列表中选择音频滤镜项，并单击"添加"按钮，如图4-3-52所示；单击"确定"按钮。

单击"选项"按钮，打开"选项"对话框，对音频滤镜进行自定义设置。如打开干扰去除器"选项"对话框，可设置其"频率""强度""干扰变形"等参数（不同的滤镜参数存在差异）。

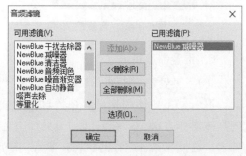

图4-3-52 "音频滤镜"对话框

4.3.8 应用绘图创建器

会声会影通过"绘图创建器"可绘制图形和动画。图形和动画绘制是指在绘制图形同时，将绘制图形的笔画动作录制为动画的操作。

1. 绘图创建器

在菜单栏选择"工具"→"绘图创建器"命令或在时间轴工具栏中选择"绘图创建器"命令，打开"绘图创建器"窗口。通过绘图创建器，操作者可自主制作笔画动画，满足视频编辑的某些需求，如给视频画面中某个对象添加红色画线等。"绘图创建器"界面如图4-3-53所示；常用控制按钮与功能见表4-3-2。

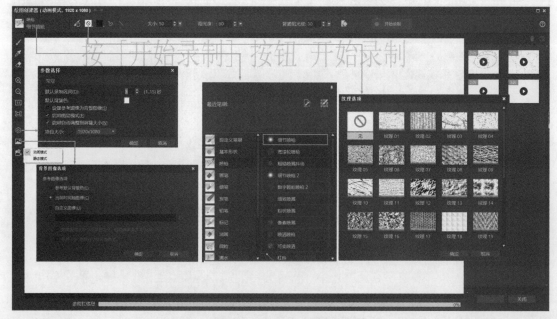

图4-3-53 绘图创建器界面

表4-3-2　"绘图创建器"常用控制按钮与功能

图　标	名　称	功　能
	清除预览窗口	启动新的画布或预览窗口
	放大/缩小	放大和缩小绘图视图
	实际大小	将画布/预览窗口恢复到实际大小
	背景图像选项	设置图像用作绘图背景参考
	纹理	选择纹理并应用到笔刷端
	色彩选取工具	从调色板或周围对象中选择色彩
	橡皮	擦除绘图/动画
	撤销/重复	撤销/重复"静态"和"动画"模式中的操作
	开始录制/停止录制/快照按钮	开始、停止录制绘图，将绘图添加到"绘图库"。快照按钮在"静态"模式中出现
	删除	删除库中的某个动画或图像
	更改区间	更改选择的画廊区间
	参数选择设置	启动"参数选择"窗口
	动画/静态模式	"动画"模式和"静态"模式之间切换
	"确定"按钮	关闭"绘图创建器"，并在"视频库"中插入制作的动画和图像，文件以*.uvp格式保存到"素材库"

2. 绘图创建器的操作模式

绘图创建器有动画与静态两种操作模式。可以通过单击"动画模式（ ）"或"静态模式（ ）"按钮，打开模式切换菜单，选择"动画模式"或"静态模式"命令，在不同模式间切换。绘制操作完成后，单击"确定"按钮。绘图创建器将动画插入"素材库"的"视频"文件夹，将图像插入"图像"文件夹，文件格式均为*.uvp。

（1）动画模式

动画模式是指录制绘图笔画动作，并形成笔画动画的编辑模式。动画模式是绘图创建器的默认模式。录制绘图动画的具体操作方法是：单击"开始录制"按钮，进入录制状态；用笔刷和色彩组合，在画布中绘制图形；单击"停止录制"按钮，动画保存到绘图创建器素材库；单击"确定"按钮，绘制动画插入"媒体"素材库。

（2）静态模式

静态模式是指绘制静态图形，记录静态图形文件的编辑模式。绘制静态图形的具体操作方法是：单击"动画模式"按钮，打开模式切换菜单；选择"静态模式"命令，切换到静态模式；使用笔刷和色彩组合，在画布中绘制图形；单击"快照"按钮，图形保存到绘图创建器素材库；单击"确定"按钮，绘制图形插入"媒体"素材库。

（3）动画转换为静态图形

动画转换为静态图像的方法是：右击绘图库中的动画缩略图后在快捷菜单中选择"将动画效果转换为静态"命令。

3. 素材默认时间区间

绘图创建器中绘制动画的时间区间长度系统默认为3 s，不同内容的动画时间长度不同，需要更改默认素材时间区间。素材时间区间默认值设置的具体操作方法是：单击"参数选择设置"按钮，打开"参数选择"对话框；修改"默认录制区间"参数；单击"确定"按钮。

4. 使用参考图像

为方便与视频画面匹配，可使用视频画面作为绘制图形与动画参考图像。具体操作方法是：单击"背景图像"按钮，打开"背景图像选项"对话框；设置选项（参考默认背景色——允许为绘图或动画选择单色背景；当前时间轴图像：使用当前显示在"时间轴"中的视频帧；自定义图像：允许打开一个图像并将其作为绘图或动画的背景）；单击"确定"按钮。

5. 笔刷设置

绘图过程中需要调整笔刷等工具的参数，以适应绘制要求。笔刷等工具参数设置的具体方法是：单击窗口左上角"喷枪"按钮，打开笔刷选项参数菜单；修改笔刷属性。

【实例】在会声会影中完成下列操作：①利用"绘图创建器"制作一段15 s书写文字"会声会影"的笔画动画；②将素材库"媒体"→"背景"→"图像"→CP-A04．jpg文件拖放到视频轨，时间区间为8 s；③在CP-A04．jpg图像上添加标题"笔画练习"，第一行第三列标题样式，时间区间为8 s；④将制作的笔画动画添加到视频轨；⑤上网下载"少女的祈祷.wav"文件，并添加到声音轨，时间区间设为23 s，设置淡入淡出效果；⑥文件以lx4305.vsp为名保存到"文档"文件夹；⑦渲染输出项目文件，输出文件格式为.mp4。

具体操作步骤如下：

步骤1　启动会声会影，设置项目属性与参数。选择"设置"→"参数选择"命令，打开"参数选择"对话框；"素材显示模式"选择"仅略图"项；"工作文件夹"选择"文档"文件夹，单击"确定"按钮。

步骤2　制作笔画动画。在时间轴工具栏中选择"绘图创建器"命令，打开"绘图创建器"窗口；选择画笔；单击"开始录制"按钮，用画笔在画布书写文字"会声会影"；单击"停止录制"按钮；单击"确定"按钮，绘图创建器将动画插入素材库"媒体"面板，默认文件名为PaintingCreator～1.uvp。

步骤3　添加CP-A04．jpg文件到视频轨。选择素材库"媒体"→"背景"→"图像"→CP-A04．jpg，并拖放到视频轨。双击，打开"编辑"选项卡，在"时间区间"文本框中输入0:00:08:00；按【Enter】键。

步骤4　添加标题。素材库面板选择"标题"命令，切换到"标题"选项面板，选择第一行第三列标题样式，拖入标题轨，并对齐轨道前端；双击预览窗口中的标题文字，删除原文字并输入"笔画练习"；在"时间区间"文本框中输入0:00:08:00；按【Enter】键。

步骤5　添加PaintingCreator～1.uvp文件到视频轨。在素材库"媒体"选项面板，选择PaintingCreator～1.uvp文件并拖放到视频轨。

步骤6　添加音频"少女的祈祷.wav"。上网下载"少女的祈祷.wav"文件，光标指向声音轨，右击并在快捷菜单中选择"插入音频"→"到声音轨"命令；选择"少女的祈祷.wav"文件，单击"打开"按钮，将音频文件插入声音轨；双击声音轨中的"少女的祈祷.wav"，在素材库打开"音乐和声音"面板；在时间区间文本框中输入0:00:23:00；单击"淡入""淡出"按钮。

步骤7　保存文件。选择"文件"→"另存为"命令，打开"另存为"对话框，"位置"选择"文档"文件夹、"文件名"输入lx4304，"格式"采用默认值，单击"确定"按钮。

步骤8　输出视频文件。选择步骤菜单中的"共享"命令，切换到"共享"窗口，"文件名"输入lx4305，单击"开始"按钮，进行渲染输出。

4.3.9　多相机编辑

多相机编辑是指同一时刻有多路视频、音频素材输入，通过某时刻选择某路素材输出，动态剪辑合成一路视频输出的操作过程。通过"多相机编辑器"，在播放素材的同时，同步选择素材进行动态编辑，只需单击选择需要素材，即可从一个素材切换到另一个素材。

通过"多相机编辑器"动态编辑的具体操作步骤如下：

步骤1　启动"多相机编辑器"。选择"工具"→"多相机编辑器"命令，打开"多相机编辑器"的"来源管理器"窗口。

步骤2　导入素材。在"多相机编辑器"的"来源管理器"窗口中选择左侧素材库中的素材拖放到右侧轨道；或光标指向某轨道，右击后在快捷菜单中选择"插入视频（音频）"命令，选择计算机存储器中的素材导入，如图4-3-54所示。单击"确定"按钮，进入"多相机编辑器"窗口。

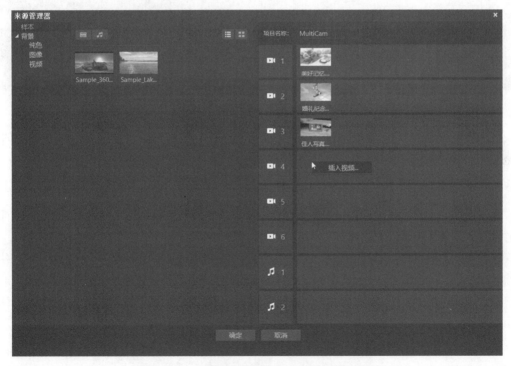

图4-3-54　多相机编辑器的"来源管理器"窗口

步骤3　构建多相机编辑。在"多相机编辑器"窗口的右侧预览窗格单击"播放"播放所有素材，同时左侧多视图窗格中单击选择需要显示输出的"相机（素材）"，所选镜头显示在预览窗格，在窗口下方的"多相机轨"添加已剪辑的素材片段（其中编号1、2、3、4等是指输入素材的相机号）。根据需要多次切换素材，如图4-3-55所示。单击预览窗格下方的"播放"按钮，可在多视图窗格中同时查看所有相机的镜头。

图4-3-55　"多相机编辑器"窗口

步骤4　单击"确定"按钮，退出"多相机编辑器"窗口，返回会声会影，将所编辑的素材保存到"媒体"库。

4.3.10　视频输出

前面通过对视频、图像、音频、标题字幕、过渡、滤镜特效的编辑，已形成一部较完整的影视作品项目文件。任务进入"共享"步骤——输出视频文件，将项目文件通过渲染，输出为一个通用的视频文件。选择步骤菜单中的"共享"命令，切换到"共享"窗口，其中包括预览窗格、输出选项窗格，可预览当前项目内容、查看输出存储器空间参数、设置输出选项及参数。

输出作品选项依据存储介质与播放设备的不同，划分为计算机、设备、网站、光盘、3D视频五种类型。

1. 输出计算机视频文件

输出计算机视频文件是指创建适用于计算机设备存储与播放的视频文件。会声会影支持AVI、MPEG-2、AVC/H-264、MPEG-4、WMV、MOV等格式的视频文件渲染输出，同时支持将视频伴音以独立的音频文件（WMA、WAV等格式）存储于存储器。

（1）输出整个项目视频文件

输出整个项目的视频文件是指将整个项目编辑的素材通过渲染输出为一个视频文件。会声会影系统默认值是输出整个项目的视频文件。具体操作方法是：选择"共享"→"计算机

（ 🖥 ）"命令，切换"计算机"选项面板；选择输出文件类型如MPEG-4、"配置文件"参数等；在"文件名"文本框中输入文件名，选择文件位置；单击"开始"按钮，如图4-3-56所示。

图4-3-56　输出文件

输出视频文件格式选择，如果应用自主设置的项目属性与参数，可勾选"与项目设置相同"复选框；还可通过选择"与第一个视频素材相同"来使用视频轨上第一个视频素材的设置。

渲染项目需要较长的时间，单击渲染进度栏中的"暂停"按钮将暂停渲染；按【Esc】键将停止渲染。渲染结束后，视频文件将保存到指定文件夹，并添加到"媒体"素材库列表。

（2）输出项目部分视频文件

输出项目部分视频文件是指渲染输出项目文件中的一段视频内容，输出为视频文件。输出部分视频文件的具体操作方法是：选择"共享"→"计算机（ 🖥 ）"命令，切换到"计算机"选项面板；在预览播放控制面板选择预览范围；选择输出文件类型如MPEG-4等；在"文件名"文本框中输入文件名，选择文件位置；勾选屏幕下方的"只创建预览范围"复选框；单击"开始"按钮。

在播放控制面板选择预览范围，可在移动播放指针时，按【F3】键标记开始点，按【F4】键标记结束点。选择后，预览窗口"时间轴"标尺上显示出代表选定范围的橙色线。

2. 输出到设备

输出到设备是指将项目文件通过渲染输出到某个设备存储器，如输出到DV等设备中存储与播放。具体操作方法是：选择"共享"→"设备（ 📷 ）"命令，切换到"设备"选项面板；选择输出设备如HDV、移动设备等；在"文件名"文本框中输入文件名，选择文件位置；单击"开始"按钮，渲染项目，如图4-3-57所示；完成后"HDV录制-预览"窗口打开；单击"下一步"按钮，打开"项目回放-录制"窗口，使用导览面板选择转到DV磁带上开始录制位置，单击"录制"按钮，开始录制。单击"完成"按钮，结束操作。

将编辑项目的视频文件输出到DV或HDV摄像机等设备，首先需将设备连接到计算机，同时会声会影可识别该设备；其次，设备应处于开机状态，并设置为播放/编辑模式。

图4-3-57 输出到设备

3. 输出到网站

会声会影提供上传视频到Vimeo、Flickr等在线分享功能,上传视频的前提是先到相应网站注册用户。输出视频到网站的具体操作方法是:打开项目文件;选择"共享"→"网站(⊕)"命令,切换到"网站"面板;选择网站如Vimeo;单击"登录"按钮,打开"登录到**(Vimeo)"窗口;输入用户名和密码,单击"登录"按钮;填写相关信息,如视频标题、描述、隐私设置和其他标记。单击"上传"按钮;上传完成,单击"完成"按钮,如图4-3-58所示。

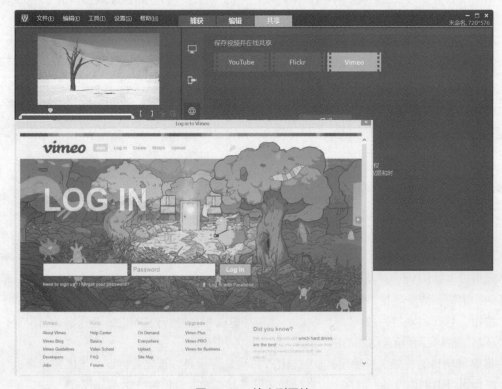

图4-3-58 输出到网站

4. 创建光盘

创建光盘（Disc）功能将项目渲染为视频文件并刻录到DVD、AVCHD、blu-ray或SD-Card。创建光盘的具体操作方法是：选择光盘创建类型；打开项目文件；选择"共享"→"光盘（⬤）"命令，切换到"光盘"面板；选择光盘类型如DVD；打开光盘刻录向导窗口，如图4-3-59所示。为保证输出视频的画面质量，可将窗口左下方的"设置和选项"→"光盘模板管理器"→"编辑"→"压缩"选项中的压缩比设置为100%。

图4-3-59　创建光盘

光盘刻录向导窗口可自定义光盘输出项，其中包括"添加媒体""菜单和预览""输出"三个步骤。

① 添加媒体。添加媒体是指将存储器中的已有文件添加到当前项目，合并刻录到同一张光盘，同时生成光盘菜单。已有文件包括视频文件、项目文件、光盘文件、移动设备文件。添加媒体的具体操作方法是：单击添加媒体（如添加视频文件）按钮；打开"打开"窗口（如"打开视频文件"窗口），选择文件夹及媒体；单击"打开"按钮。

媒体添加到预览窗口下方的"媒体"素材列表后，显示为缩略图；若更改缩略图，则选择媒体，在预览窗口选择画面，右击素材列表中的缩略图并选择"改变缩略"命令。

② 菜单和预览。菜单是指在光盘开始播放时供选择播放视频的选项菜单。具体创建方法是：单击"下一步"按钮，进入"菜单和预览"步骤面板，其中包括"画廊"与"编辑"两个选项卡。"画廊"选项用于放置菜单模板供选择，其中包含有多种菜单模板，选择相应的菜单模板可应用到刻录光盘。若自定义所选菜单模板，则单击"编辑"标签，进入"编辑"选项卡；对背景音乐、背景图、界面布局，菜单的移动路径等选项进行修改与设置。单击"预览"按钮，进入预览窗口，单击导航控制器（遥控器）"播放"按钮，预览视频，如图4-3-60所示。

③ 输出到光盘。将项目刻录到光盘或创建光盘镜像文件，形成影视作品。输出到光盘的具体操作方法是：完成预览后，单击"下一步"按钮，进入"输出"步骤面板；单击"显示更多输出选项"按钮，展开"输出"选项面板，设置选项；单击"针对刻录的更多设置（⬤）"按钮，打开"刻录选项"对话框，定义刻录机和输出设置，单击"确定"按钮；单击"刻录"按钮，如图4-3-61所示。

图4-3-60　设置菜单

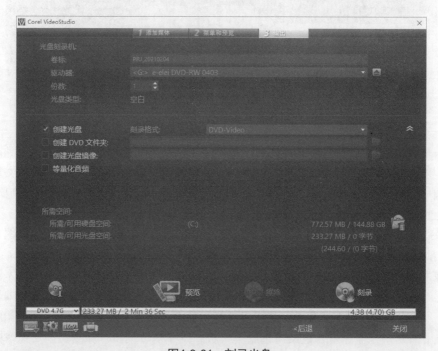

图4-3-61　刻录光盘

5. 输出3D视频

输出3D视频是指将项目文件输出为3D视频。包括将拍摄的3D视频编辑完成后输出，或将2D视频文件转化为3D视频输出。其中3D视频模式有红蓝模式、并排模式两种可选。红蓝模式：观看3D视频需要红色和蓝色立体3D眼镜，无须专门的显示器。并排模式：观看3D视频需要偏振光3D眼镜和可兼容的偏振光显示器。通常需要支持并排模式3D视频回放的回放软件来观看3D视频文件；对于3D电视，则需要3D设备和眼镜。

　　输出3D视频的具体操作方法是：选择"共享"→"3D视频（ [3D] ）"命令，切换到3D面板；选择视频格式如MPEG-2；选择3D模拟器模式（红蓝模式或并排模式）；在"深度"文本框中输入深度数值；在"文件名"文本框中输入文件名，选择文件位置；单击"开始"按钮，如图4-3-62所示。

图4-3-62　输出3D视频

4.4　电子相册制作

　　电子相册是指将多张数字化照片图像制作成可在计算机或电视上播放的动态影集。随着扫描仪、数码相机、智能手机的普及，数字化图像照片已是图像保存的主流。数字化图像照片的浏览正向动态、声像并存的方向发展，电子相册是其中的主要发展方向之一。

4.4.1　常见的电子相册制作软件

　　电子相册制作软件是把数码照片图像通过软件转化为动态视频，并为照片图像添加动态修饰效果和声音等效果的软件。常用软件包括视频制作软件和专用电子相册制作软件，其中专用电子相册制作软件正在迅速发展，以满足不同需求。

1. 会声会影

　　会声会影集成了电子相册制作的工具——影音快手，是一套专为个人及家庭所设计的电子相册软件。利用制作向导模式，通过三个特定步骤制作电子相册。同时，电子相册可在会声会影编辑模式重新编辑，进行剪接、转场、特效、覆叠、字幕、配乐、刻录及视频文件输出的操作；生成MP4等多种格式文件或刻录DVD光盘。

2. 知羽iLife

知羽iLife系统通过更换电子相册模板中的图片来快速制作电子相册。具有制作速度快、操作简捷的特点，有1 000多种模版可供选择。照片通过简单修整可直接套用；生成AVI、SWF格式文件。

3. 数码大师

数码大师是一款多媒体数字相册制作软件，是梦幻科技的品牌软件，是国内数码制作领域拥有较多正式用户支持的优秀电子相册制作软件。通过数码大师，可制作各种专业数码动态效果。数码大师中主要包括"本机电子相册""礼品包相册""VCD/SVCD/DVD视频相册""网页相册""锁屏相册"等功能。可生成MPEG格式文件或刻录DVD光盘。

4.4.2 用影音快手制作电子相册

1. 影音快手概述

影音快手是会声会影系统组件，通过"选择模板""添加媒体""保存与分享"三个步骤可快速完成电子相册的设计制作，生成多种视频格式的文件或进入会声会影编辑。利用影音快手制作电子相册对于媒体素材的个数没有限制。影音快手软件窗口布局为：窗口左上方为影音快手菜单包括保存文件与打开项目等操作命令；窗口左侧为步骤面板，自上而下分别是"选择模板""添加媒体""保存与分享"三个步骤的操作向导标签与预览窗口；窗口右侧为模板库或添加媒体面板等，如图4-4-1所示。

图4-4-1　"影音快手"窗口

2. 创建电子相册

利用影音快手创建新电子相册，需按操作向导指定的顺序，并完成相应的设置，就可制作出理想的电子相册。具体操作方法是：启动会声会影；选择"工具"→"影音快手"命令，打开"影音快手"窗口。

（1）选择模板

选择模板是创建电子册的第一步，影音快手自带多个模板供选择，模板类型选项包括"所有主题""即时项目""常规"三种，通过模板下拉菜单选择。选择模板的操作过程为：单击"选择模板"标签，打开"选择模板"选项面板；在模板列表中单击某模板；在预览窗口下方单击"播放"按钮，预览模板。

（2）添加媒体

添加的媒体类型包括图像、视频、标题、背景音乐等。其中图像与视频媒体通过单击"添加媒体（⊕）"按钮来添加，媒体的播放顺序为添加顺序，媒体的播放时长为模板中固定的时长。标题通过单击"编辑标题（Ｔ）"按钮来修改。背景音乐通过单击"编辑音乐（♫）"按钮来添加，如图4-4-2所示。

图4-4-2　添加媒体

添加媒体的具体操作方法是：单击步骤面板中的"2添加媒体"标签按钮，切换到"添加媒体"选项面板；单击右侧媒体素材库中的"添加媒体（⊕）"按钮，打开"添加媒体"窗口；选择图像及视频媒体素材；单击"打开"按钮。

修改标题的具体操作方法是：打开"添加媒体"选项面板；播放指针移动到时间轴上紫色标识位置（已有标题）；单击屏幕下方的"编辑标题（Ｔ）"按钮，打开"标题选项"面板，预览窗口出现文字编辑窗口，编辑其中的文字。

编辑背景音乐的具体操作方法是：在"添加媒体"选项面板；单击屏幕下方的"编辑音乐（♫）"按钮，打开"音乐选项"面板；单击"添加音乐"按钮，打开"添加音乐"窗口；选择音频文件；单击"打开"按钮。添加的音频文件排列在"音乐选项"列表框中，可删除、移动音频文件。

（3）保存与分享

保存与分享是指输出电子相册作品文件，即将编辑的电子相册项目文件渲染输出为视频文件，保存在计算机存储器或上传到网站。此处有两种选择：编辑与保存。若进一步编辑电子相册的内容，可单击屏幕下方的"在VideoStudio中编辑"按钮，进入会声会影编辑窗口进行编辑。若保存电子相册，则在窗口右侧选择文件类型，在"文件名"文本框中输入文件名、选择文件位置；单击"保存电影"按钮，如图4-4-3所示。

图4-4-3　保存与分享

保存视频文件主要包括保存计算机播放文件和上传网站两种操作。若保存为计算机播放文件，则在窗口右侧的"计算机（⬜）"按钮；选择文件类型及参数，在"文件名"文本框中输入文件名，选择文件位置；单击"保存电影"按钮。若上传网站，则在窗口右侧的"网站（🌐）"按钮；选择网站（Vimeo、Flickr）登录；单击"上传文件"按钮。

4.4.3　用知羽iLife3.0制作电子相册

1. 知羽iLife3.0概述

知羽iLife3.0是一款具有向导式操作流程、照片自动裁切、手工裁切、旋转等功能的电子相册制作软件。使用知羽iLife3.0制作电子相册，通过选择模板、添加照片，选择背景音乐、导出文件等步骤便可完成整个制作流程。知羽iLife3.0软件窗口左侧自上而下分别是模板参数、操作向导按钮；界面中间为预览窗口，右侧为选片列表；下方为图片素材库，如图4-4-4所示。

其中，模板参数显示所选模板的背景音乐、照片数量、照片尺寸大小三项基本信息。音乐即音乐播放的时间，照片即显示当前使用的照片数与总计可使用的照片数；尺寸即模板自动裁剪照片的尺寸或选片列表中某照片的尺寸。

操作向导功能按钮包括"选择模板""选择音乐""读取照片""自动选片""自动剪切""输出SWF文件""输出EXE文件""输出AVI文件""播放SWF文件"九项。使用操作向导功能按钮时需要按照从上到下的顺序，即使用前一个功能按钮，后一个功能按钮才能激活生效。

预览窗口用于预览电子相册模板的效果，通过窗口下方的"播放"按钮播放。

图片素材库用于存放导入系统的图片、照片素材，供制作电子相册时选择图片。

选片列表用于存放从图片库素材库选择的照片、图像，这些图片将用于电子相册的制作。其中照片、图像的数量不能多于模板参数规定的数量。

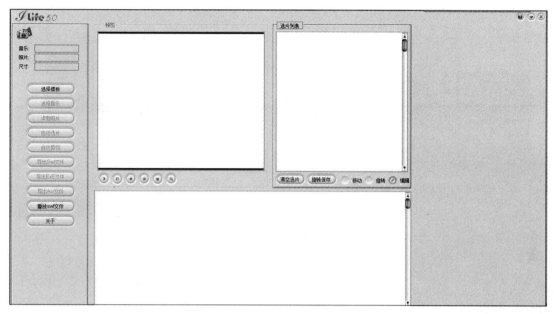

图4-4-4　知羽iLife3.0窗口

2．创建电子相册

创建新的电子相册，按操作向导选择模板、选择音乐、读取照片、自动选片、自动剪切、输出SWF文件的顺序，完成相应设置，则完成制作。

（1）选择模板

选择模板是指选择已存储于计算机存储器的模板文件。知羽iLife3.0系统拥有大量模板供选择，包括写真、婚纱、儿童等专业电子相册模板，可通过网络下载。选择模板的具体操作方法是：单击"选择模板"按钮，打开"选择模板"对话框；单击"导入模板"按钮，打开"导入文件模板"对话框，选择一个或多个模板文件，单击"打开"按钮；选择模板列表的一个电子相册模板；单击"确定"按钮，如图4-4-5所示。

（2）选择背景音乐

选择背景音乐是指替换模板中的背景音乐。选择模板后，"选择音乐"按钮生效，可更换背景音乐。具体操作方法是：单击"选择音乐"按钮，打开"选择音乐"对话框；单击对话框下方的"导入模板"按钮，打开"选择音乐"对话框；选择一个或多个音乐文件，单击"打开"按钮；选择音乐列表中的一个音乐文件，单击"确定"按钮，如图4-4-6所示。

需要说明，选择音乐操作完成后，将替换模板中的背景音乐，不能改变相册画面中的文字如歌词与标题。通常可采用模板中的背景音乐，即跳过这一步。

（3）读取照片

读取照片是指读取存储于计算机存储器中的照片图像，存放到知羽iLife3.0系统的图片素材库。具体操作方法是：单击"读取照片"按钮，打开"读取照片"窗口；选择一个或多个图片文件；单击"打开"按钮。打开的照片图像将以缩略图形式显示在图片素材库。

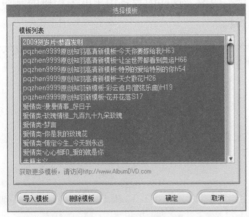

图4-4-5　选择模板　　　　　　　　　　　图4-4-6　选择音乐

（4）自动选片

选片是指从图片素材库选择图片并添加到选片列表的操作。知羽iLife3.0系统选择相册图片有手动选片与自动选片两种方式。手动选片是指直接用鼠标键将图片拖入"选片列表"。自动选片是指通过单击"自动选片"按钮，使系统自动将照片添加到"选片列表"，如图4-4-7所示。

图4-4-7　选择图片

图片播放顺序调整，可在"选片列表"中通过鼠标直接拖动调整位置。

（5）照片剪切

照片剪切是指根据模板需要，对图片的画面显示范围进行裁剪。照片剪切有手动剪切与自动剪切两种。①自动剪切：单击"自动剪切"按钮。②手动剪切：根据制作者的设计自主设定图片画面的显示范围。具体操作方法是：双击"选片列表"中需剪切的图片，打开"编辑照片"窗口；单击"剪切"按钮，打开剪切窗口；调整裁剪范围大小与位置；单击"确定"按钮；单击"编辑照片"窗口的"保存"按钮。同时，"编辑照片"窗口中还包含有"左右反转""上下翻转""黑白效果""保存""恢复原图"等功能，如图4-4-8所示。

图4-4-8　照片剪切

若不进行图片剪切，系统将使用原图比例，可能使部分图像出现宽、高比例失调。

（6）输出文件

输出文件即输出电子相册作品文件，主要包括"导出SWF文件""导出EXE文件""导出AVI文件"。知羽iLife3.0系统中，首先导出SWF文件，然后再输出其他类型的文件。具体操作方法是：单击"导出SWF文件"按钮，打开"导出SWF文件"窗口；选择"存盘位置"，输入"文件名"；单击"保存"按钮，渲染输出电子相册。

若输出其他类型的文件如AVI文件，则单击"导出AVI文件"按钮，打开"导出AVI文件"窗口；选择"存盘位置"，输入"文件名"；单击"保存"按钮。

习　　题

一、单项选择题

1. 轴线规律是指拍摄时，摄像机位置始终在主体运动轴线的（　　），这样构成画面的运动方向、放置方向一致。

A. 同一侧　　　B. 两侧　　　C. 一端　　　D. 顶部

2. 会声会影中，设置"工作文件夹"与"素材显示模式"是通过设置（　　）项来实现。

A. 项目属性　　B. 参数选择　　C. 文件属性　　D. 项目时间轴

3. 会声会影中的（　　）提供将绘图或笔画动作录制为动画的功能。

    A. 绘图创建器　　　　　　　　B. 录制捕获选项

    C. 捕获视频　　　　　　　　　D. 导入视频

4. 会声会影中给"时间轴视图"添加轨道，需要选择"设置"菜单中的（　　）命令，其中可看到所包含的轨道。

    A. 轨道管理器　　B. 项目属性　　C. 绘图创建器　　D. 参数选择

5. 会声会影中作品编辑完成后，刻录DVD光盘，需选择（　　）步骤。

    A. 输出　　　　B. 编辑　　　　C. 工具　　　　D. 设置

6. 非线性编辑工作流程，包括（　　）三个步骤。

    A. 设置、输出、编辑　　　　　　B. 编辑、输出、输入

    C. 输入、编辑、输出　　　　　　D. 输入、设置、输出

7. 数字视频的优越性体现在（　　）。

①可采用非线性方式对视频进行编辑。②可不失真地进行无限次复制。③可用计算机播放。④易于存储。

    A. ①　　　　　B. ①②　　　　C. ①②③　　　D. ①②③④

8. 用于视频加工的软件是（　　）。

    A. Adobe Animate　　　　　　　B. Premiere

    C. Cool Edit　　　　　　　　　D. Winamp

9. 要从一部电影视频中剪取一段，并添加字幕，可用的软件是（　　）。

    A. Goldwave　　B. Real Player　　C. 会声会影　　　D. Authorware

10. 视频编辑可以完成以下制作：（　　）。

①将两个视频片断连在一起。②为影片添加字幕。③为影片另配声音。④为场景中的人物重新设计动作。

    A. ①②　　　　　B. ①③④　　　　C. ①②③　　　D. ①②③④

11. 视频编辑过程中，将一段视频从第5:31到第8:58之间的片断截取下来，操作步骤正确的是（　　）。

①把素材库中的视频拖进故事板。②启动视频编辑软件Corel VideoStudio，并新建一个项目。③在"时间区间"文本框中输入8:58，单击"结束标记"。④单击"加载"按钮，将视频文件加入素材库。⑤单击"输出"→"开始"按钮。⑥在"时间区间"文本框中输入5:31，单击"开始标记"。

    A. ②⑥③④①⑤　　B. ②④①⑥③⑤　　C. ②④⑥③①⑤　　D. ②①⑥③④⑤

12. 以下（　　）不是视频的常用文件格式。

    A. .mp4　　　　B. .wav　　　　C. .wmv　　　　D. .mpg

13. 视频信息的最小单位是（　　）。

    A. 比率　　　　B. 帧　　　　C. 赫兹　　　　D. 位（bit）

14. MPEG是数字存储（　　）图像压缩编码和伴音编码标准。

    A. 静态　　　　B. 点阵　　　　C. 动态　　　　D. 矢量

15. 动画和视频是建立在活动帧概念的基础上，帧频率为25帧/s的制式为（　　）。

    A. PAL　　　　B. SECAM　　　C. NTSC　　　　D. YUV

16. 在学校的文艺汇演中，张敏班上要排练一出英语剧，文娱委员让她帮忙从已有的VCD光盘中截取一个片段，以下操作步骤正确的是（　　　）。

①在"视频编辑"中视频片段的起止处分别单击"左区间"按钮和"右区间"按钮。②单击"添加视频"按钮添加VCD视频。③单击"开始转换"按钮，开始截取录像。④利用狸窝截取VCD视频。

    A. ①②③④　　　　B. ②①③④　　　　C. ④②①③　　　　D. ④①②③

17. 会声会影软件中，如果对两段视频进行叠加处理，应当使用时间轴上的（　　　）轨道。

    A. 标题　　　　　B. 覆叠　　　　　C. 声音　　　　　D. 音乐

18. 下面不具有视频编辑功能的软件是（　　　）。

    A. 会声会影　　　　B. Premiere　　　　C. Edius　　　　D. Adobe Animate

19. 赵老师存有100张个人旅游的照片，他想将这些图片制作为电子相册，以下软件不能制作电子相册的是（　　　）。

    A. 会声会影　　　　B. Premiere　　　　C. 知羽iLife3.0　　　　D. Audition

20. 常见的DVD是一种数字视频光盘，其中包含的视频文件采用了（　　　）视频压缩标准。

    A. MPEG-4　　　　B. MPEG-2　　　　C. MPEG-1　　　　D. WMV

21. 王老师配制了一台多媒体计算机，想在他的课件中添加视频，那么在王老师的计算机中应该安装（　　　）软件才可以进行视频编辑，并且可以在视频中添加自己的旁白。

    A. 会声会影　　　　B. PowerPoint　　　　C. 知羽iLife3.0　　　　D. Audition

22. 连续摄录的视频画面，或两个剪接点之间的连续视频画面片段称为（　　　）。

    A. 录像　　　　　B. 数字视频　　　　C. 镜头　　　　　D. 全景

23. 通常视频编辑软件中的文件包括（　　　），该文件记录视频编辑信息，包括素材位置、剪切、素材库、项目参数、输出视频格式等信息。

    A. 视频文件　　　　B. 项目文件　　　　C. 音频文件　　　　D. 备注文件

24. "动接动、（　　　）"是一般视频编辑中镜头组接需要遵循的原则。

    A. 静接静　　　　B. 动接静　　　　C. 静接动　　　　D. 不滑过渡

25. 视频剪辑过程中，一般镜头的时间长度选择（　　　）较为合适。

    A. 15 s以上　　　　B. 3～5 s　　　　C. 5～8 s　　　　D. 不限制

26. 景别通常有景别分为五种，由近至远分别为特写、近景、中景、全景、远景。其中画面为人体肩部以上称为（　　　）。

    A. 特写　　　　　B. 近景　　　　　C. 全景　　　　　D. 远景

27. 景别通常有景别分为五种，由近至远分别为特写、近景、中景、全景、远景。其中画面为人体膝部以上称为（　　　）。

    A. 特写　　　　　B. 近景　　　　　C. 全景　　　　　D. 中景

28. 当视频片段的持续时间和速度改变时，一段长度为10 s的片段，改变其速度为50%，那么时间长度将变为（　　　）。

    A. 20 s　　　　　B. 15 s　　　　　C. 10 s　　　　　D. 5 s

29. 目前我国使用的电视制式的帧速率为（　　　）。

    A. 24帧/s　　　　B. 25帧/s　　　　C. 29帧/s　　　　D. 12帧/s

30. 在会声会影中如果某段视频长度为00:01:02:05，则其持续时间为（　　　）。

    A. 125 s   B. 62.5 s   C. 62.2 s   D. 67 s

二、操作题

1. 从网络下载三部国产动画片，每部动画片各截取两段8 s的镜头，以镜头交替穿插的方式将截取的镜头编排在一起；在单色背景上添加8 s动画片标题"动画世界"，配背景音乐，以lx4501.mp4为文件名保存到"文档"文件夹。

2. 从网络下载20张风景图，并下载音乐wonderland.mp3。以"自然风光"为标题，利用下载的图像、音频素材制作电子相册，以lx4502.mp4为文件名保存到"文档"文件夹。

3. 在会声会影中，制作文字"成功"书写笔画顺序的演示动画，时间长度为15 s，以lx4504.mp4为文件名保存到"文档"文件夹。

4. 通过网络搜索"美好记忆.mpg"与三张.jpg格式人物图，在会声会影中将"模板"→"即时项目"→T-06.vsp模板拖放到项目时间轴轨道；用"美好记忆.mpg"替换模板中的素材之一；用三张.jpg格式风景图分别替换素材之二、素材之三、素材之四。以lx4506.mp4为文件名保存到"文档"文件夹。

5. 从网络下载三风景图、音乐wonderland.mp3。启动会声会影，将预览窗口背景颜色设置为橙色；添加三张图像到视频轨，时间区间设为8 s；添加三维转场效果，时间区间设为2 s；为第一张图像添加路径；为第二张图像添加缩放滤镜；添加背景音乐wonderland.mp3，时间区间设置与视频轨素材相同，淡入淡出效果。以lx4509.mp4为文件名保存到"文档"文件夹。

第5章

计算机二维动画制作

计算机二维动画是由若干静止图形图像通过连续播放产生动态画面效果的多媒体作品。本章论述二维动画基础知识、Adobe Animate的基本操作方法与操作技巧、脚本基础知识等；重点论述运用动画基本原理制作Adobe Animate动画的方法与技能；并论述Adobe Animate动画中音频、视频的调用方法。通过本章的学习，学习者可以达到初步掌握制作计算机二维动画的目的。

5.1　计算机动画概述

19世纪20年代，英国科学家发现了"视觉暂留"现象，即物体被移动后其形象在人眼视网膜上还可停留约1 s的时间，从而揭示出连续分解的动作在快速闪现时产生活动影像的原理。动画是指运用"视觉暂留"原理，通过快速连续播放静止图像，当播放速度为24帧/s时，画面呈现出连续活动画面效果的影视作品。通常，播放速度越快动画越流畅。

计算机动画是指运用动画原理，采用图形与图像技术，借助编程或动画制作软件生成系列景物静止图像，且通过连续播放静止图像所产生的动画。其中当前帧是前一帧的部分修改。

计算机动画按展示对象的维度与制作技术可分为二维动画和三维动画。

二维动画是指通过二维平面展示事物运动变化规律的动画。计算机二维动画是对手工传统动画的改进，制作计算机二维动画的基本思路是：在时间轴插入和编辑关键帧；通过计算机生成关键帧间的过渡帧，形成连续的画面；添加配音，实现画面与配音同步；连续播放产生声像并茂的动画。

三维动画是指运用三维空间技术多角度展示事物运动变化规律的动画。三维动画中的景物有正面、侧面、反面等多个视点，调整三维空间的视点，可看到不同内容。制作三维动画的思路是：创建三维景物模型；设置灯光材质；使三维物体在三维空间动起来，如移动、旋转、变形、变色等；渲染输出三维景物及其动作，形成连续的画面。创作三维动画的基本制作流程包括建模、材质、灯光、动画、摄影机控制、渲染输出等。

三维动画的制作主要依靠三维动画制作软件来完成，典型的三维动画制作软件有：3ds Max——三维造型与动画制作软件，通过建立物体的三维造型，设置物体的三维运动，实现三维动画制作；Cool 3D——文字三维动画软件，处理对象主要是文字和图案，其中文字的三维模型由软件自动建立，三维运动模式由操作者设计；Maya——三维动画制作软件，与3ds Max类同，具有强大的动画绘制和置景功能，适合制作大型三维动画作品。另外，还有AutoCAD用于三维造型建模，Lightscape、Renderman用于渲染，After Effects、会声会影用于后期合成，Adobe Audition用于音频处理等。

动画制作流程整体上分为前期制作、中期制作、后期制作三个阶段。前期制作是指在使用计算机制作前，对动画片进行的规划与设计，主要包括文学剧本创作、分镜头剧本创作、造型设计、场景设计、作品设定等；中期制作主要包括分镜、原画、中间画、动画、上色、背景作画、摄影、配音、录音等；后期制作包括剪接、特效、字幕、合成、试映等。

5.2 常见的二维动画制作软件

5.2.1 Adobe Animate系列软件

Adobe Animate是一种集动画创作与应用程序开发于一身的多媒体创作软件。Adobe Animate源自1995年Future Wave公司出品的Future Splash，是世界上第一个商用二维矢量动画软件，用于设计和编辑Flash文档。1996年11月，美国Macromedia公司收购了Future Wave公司，并将Future Splash改名为Flash。2005年12月，出品Flash 8之后Macromedia被Adobe公司收购，出品了Adobe Flash系列产品。2015年12月2日，Adobe宣布Flash Professional更名为Animate CC，在支持Flash SWF文件的基础上，加入了对HTML5的支持，并在2016年1月发布新版本时正式更名为Adobe Animate CC，缩写为An。Adobe Animate使用矢量图形绘制画面，与位图相比，矢量图形需要的内存和存储空间更小，因此Adobe Animate作品在网络传输中占据优势。

5.2.2 Toon Boom Studio

Toon Boom Studio是一款矢量动画制作软件，具有广泛的系统支持，可用于Windows系统及苹果系统等。Toon Boom Studio具有唇型对位功能，并且引入镜头理念，加强了手动绘画功能，使其操作更加符合传统二维动画的创作形式。新版本Toon Boom Studio增加了同Flash MX的兼容性，Flash MX可直接调用Toon Boom Studio动画文件。Toon Boom Studio可导出SWF等格式的文件。

5.2.3 USAnimation二维动画制作系统

USAnimation是Toon Boom Technologies推出的全矢量化的二维卡通动画制作软件。USAnimation系统可组合二维动画和三维图像，具有多位面拍摄、旋转聚焦、镜头推拉摇移、无限多种颜色调色板和无限多个层，即时显示所有层模拟效果的功能。USAnimation软件采用矢量化的上色系统，带有国际标准卡通色，Chromacolour的颜色参照系。其中阴影色、特效、高光均为自动着色，使整个上色过程节省30%~40%时间，同时不损失任何图像质量。USAnimation系统可绘制完美的"手绘"线，保持所有的笔触和线条。USAnimation的工具包括彩色建模、镜头规划、动检、填色和线条上色、合成（2D、3D和实拍）、特殊效果等。

5.3　用Adobe Animate制作动画

5.3.1　Adobe Animate概述

1.　安装Adobe Animate的系统要求

本书以Adobe Animate CC 2021为模板介绍Adobe Animate的操作技术。Adobe Animate可在Windows系统、苹果机的Mac OS X 10.6中运行。Windows系统中安装Adobe Animate的系统最低要求是：Intel Pentium 4以上处理器（2 GHz或更快的处理器）、操作系统Windows 10版本1903及更高版本（不再支持32系统）、2 GB内存（建议8 GB）、4 GB可用硬盘空间、显示器分辨率1 024×900（建议1 280×1 024以上）、显卡OpenGL 3.3（建议使用功能级别为12_0的DirectX 12）。

2.　Adobe Animate"新建文件"对话框

启动Adobe Animate的具体操作方法是：桌面双击快捷方式图标Adobe Animate 2021（An）或选择"开始"→"程序"→Adobe Animate*命令，打开Adobe Animate窗口；选择"文件"→"新建"命令，打开Adobe Animate"新建文档"对话框。"新建文档"对话框包含"角色动画""社交""游戏""教育""广告""Web""高级"选项卡，也可选择"示例文件"来创建新文档，如图5-3-1所示。

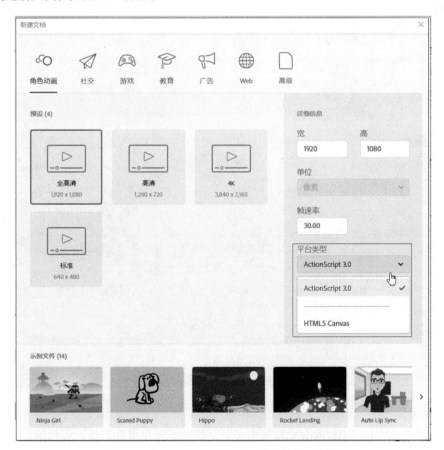

图5-3-1　Adobe Animate"新建文档"对话框

不同类型新建文档的主要差别在于作品适应的平台类型、舞台分辨率（宽高比与大小）、发布作品选项不同。

选择"编辑"→"首选参数"→"编辑首选参数"命令，打开"首选参数"对话框，通过"UI主题"可修改Adobe Animate工作区界面颜色。

3. Adobe Animate的工作区

（1）Adobe Animate的默认工作区

工作区即指操作界面。首次启动并选择新建文件，将打开默认工作区。Adobe Animate默认工作区是一种典型的工作区，通常包含有以下六项内容：

菜单栏：位于窗口顶部，用于组织存放操作命令。工具面板：位于窗口左侧，用于放置创建和编辑图像、图形、页面元素等的工具，相关工具编为一组。舞台面板：位于窗口中央，用于显示正在使用、编辑的帧内容。舞台是Adobe Animate文档放置图形内容的矩形区域。更改舞台视图大小，可使用放大和缩小工具；对象在舞台上定位，可使用网格、辅助线和标尺。时间轴面板：位于窗口下部，用于编排对象在画面中出现的时间与顺序、动作等。属性面板：位于窗口右侧，又称属性检查器，用于显示、设置舞台中对象或工具等的属性。"属性"面板与"库""资源""颜色""对齐"面板通常占用一个显示区域。输出面板：位于窗口下部，用于对创建的"补间动画"进行细化调试，如调整对象在舞台中的X、Y坐标等，通常与"时间轴"面板占用一个显示区域。通过"窗口"菜单命令可添加与隐藏面板，也可对面板进行编组、堆叠等，如图5-3-2所示。

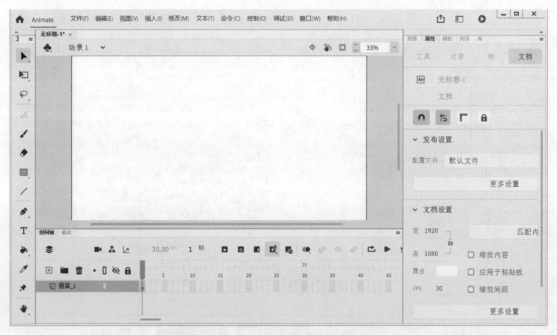

图5-3-2　Adobe Animate的默认工作区

（2）切换工作区

编辑文档时，Adobe Animate允许使用多个工作区，并且可在工作区间切换。具体操作方法是：选择"窗口"→"工作区"命令，或单击窗口上方的"工作区"按钮；打开"工作区"

选项菜单，选择某工作区命令切换到相应工作区，如选择"基本"命令切换到默认工作区，如图5-3-3所示。

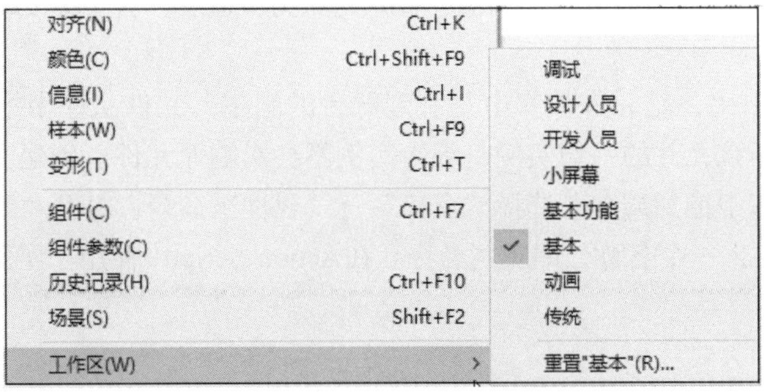

对齐(N)	Ctrl+K		
颜色(C)	Ctrl+Shift+F9	调试	
信息(I)	Ctrl+I	设计人员	
样本(W)	Ctrl+F9	开发人员	
变形(T)	Ctrl+T	小屏幕	
组件(C)	Ctrl+F7	基本功能	
组件参数(C)		✓ 基本	
历史记录(H)	Ctrl+F10	动画	
场景(S)	Shift+F2	传统	
工作区(W)	▶	重置"基本"(R)...	

图5-3-3　切换工作区

4. Adobe Animate中的常用术语

（1）库

"库"面板是组织、管理动画中用户创建的元件或导入的图片、声音、影片及组件等素材的窗口。

（2）时间轴

时间轴是指编排元素及其属性如位置、色彩、形状、动作等变化过程的时间流程线。时间轴可组织和控制文档内容在一定时间内播放的图层数和帧数。

（3）帧

① 帧的概念。帧是指时间轴存储信息的节点。帧是Adobe Animate动画制作的基本单位，Adobe Animate中时间轴上每个小格就是一个帧。Adobe Animate动画由很多帧构成，时间轴上每帧都包含需要的内容，如图形、声音等元素及其属性。

② 帧的类型。帧包括关键帧、空白关键帧、普通帧三种。关键帧是指包含关键状态、定义动画状态变化的帧。即可在时间轴上对舞台存在对象进行编辑的帧。空白关键帧是指没有包含任何信息的关键帧。普通帧是指在时间轴上能显示对象，但不能编辑操作对象的帧。

③ 几类帧的主要区别。第一，显示方面。关键帧在时间轴上显示为实心圆点；空白关键帧在时间轴上显示为空心圆点；普通帧在时间轴上显示为灰色小方格。第二，插入帧操作方面。插入关键帧是复制前一个关键帧的对象，并可对其进行编辑操作；插入普通帧是延续前一个关键帧的内容，不可对其进行编辑操作；插入空白关键帧可清除该帧后的延续内容，可在空白关键帧添加新对象。第三，添加脚本方面。关键帧和空白关键帧都可添加帧动作脚本，普通帧上则不能。

（4）元件

元件是指在Adobe Animate中创建的、具有独立属性的对象。元件是能够在文档重复使用的对象。元件可以多次调用，且不增加文件的体积。这些对象可以是图形、按钮或影片剪辑，如图形元件 🖼、按钮元件 🖱、影片剪辑元件 🎬。

（5）图层

Adobe Animate中的图层是指叠放动画对象的透明时间流程线。图层可以理解为彼此重叠在一起的透明玻璃纸，透过上层可看到下层动画对象，可在不同图层编辑动画对象，这些动画对象不会互相干扰。Adobe Animate中使用图层并不会增加文件的大小，可更好地安排和组织图形、文字等动画对象。图层位置决定其动画对象的叠放顺序，上面图层所包含的动画对象总是处于前面。用鼠标左键可拖动图层调整其上下位置。图层可分为普通层、引导层、遮罩层三类。

（6）实例

实例是元件的引用，是元件从库中复制到舞台的副本。元件从库中拖放到舞台就变成实例。编辑元件会更新该元件的一切实例，编辑实例不会影响原元件。创建实例的方法是：选择关键帧；将元件从库中拖到舞台；选择"窗口"→"属性"命令，打开"属性"面板；在"实例名称"文本框中输入一个名称，即实例名称。在Action Script中使用"实例名称"来调用、控制实例。

创建元件有两种方式：

① 创建一个空元件，然后在元件编辑模式下制作或导入内容，并在Flash中创建字体元件或按【Ctrl+F8】组合键。

② 通过舞台上选定的对象来创建元件，然后选择"修改"→"转为元件"命令或按【F8】键。

编辑元件的方式：在"库"面板中，双击元件图标，进入元件编辑模式。选择元件的一个实例，右击并在快捷菜单中选择"在新窗口中编辑"命令，在单独的窗口编辑元件。选择元件的一个实例，右击并在快捷菜单中选择"在当前位置编辑"命令与其他对象一起进行编辑。如果删除库中的元件，那么舞台上该元件的实例也会被删除。

（7）场景

场景是指角色及其活动环境。Adobe Animate借用这一概念表示可连续编辑动画的时间轴区间。一个Adobe Animate文件中可插入10个以上场景，通常默认打开场景1。

5. 滤镜

滤镜是指通过某种算法为舞台中对象样式或外观添加的特殊显示效果。Adobe Animate中滤镜的主要应用对象为文本与元件对象。对于绘制的图形，可将其转换为元件，再运用滤镜。滤镜选项窗格通常位于属性面板。应用滤镜的具体方法是：选择舞台中的元件或文本；选择"窗口"→"属性"命令，切换到"属性"面板，"属性"面板下方呈现"滤镜"选项窗格；单击窗格下方的"添加滤镜（➕）"按钮，打开"添加滤镜"选项菜单，其中包括"投影""模糊""发光""斜角""渐变发光""渐变斜角""调整颜色"等命令；选择某命令选项，"滤镜"选项窗格出现选项参数设置；设置选项参数；按【Enter】键。

6. Adobe Animate中常用的快捷键

【F5】键：插入空白帧；【F6】键：插入关键帧；【F7】键：插入空白关键帧；【Ctrl+Z】组合键：撤销操作；【Enter】键：（回车）播放、停止播放；【Ctrl+Enter】组合键：测试影片；【Ctrl+W】组合键：中止影片测试返回当前场景。

7. Adobe Animate动画的制作流程

制作Adobe Animate动画，通常需要执行下列基本步骤。①动画规划。编写脚本，确定动画要执行的基本任务。②添加媒体元素。创建元件；导入图像、视频、声音、GIF动画等素材到库。③添加关键帧，排列元素。在时间轴插入关键帧，在关键帧舞台添加元件和媒体素材，定义它们在动画中的显示时间和显示方式。④创建补间动画。给两个关键帧间的元件或媒体素材添加过渡帧。⑤关键帧添加脚本语句。对于需要脚本语句控制的动作可添加ActionScript语句。⑥测试并发布动画。进行测试以验证动画是否达到预期，查找并修复所遇到的错误。将FLA文件输出为SWF文件，如图5-3-4所示。

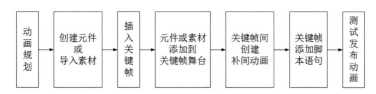

图5-3-4 Adobe Animate动画制作流程

8. Adobe Animate动画的基本类型

Adobe Animate中帧动画包括逐帧动画、补间动画、ActionScript脚本动画。其中补间动画包括形变动画、运动动画、引导线动画、遮罩动画等。动画的标识方法与含义见表5-3-1。

表5-3-1 动画的标识方法与含义

帧标识	动画类型及含义
	关键帧之间为浅紫色背景并有从左至右的黑色箭头标识，表示创建的动画为传统补间
	关键帧之间为浅紫色背景且关键帧之间以虚线连接，表示没有创建成功的传统补间动画
	关键帧之间为橙黄色背景并有从左至右的黑色箭头标识，表示创建的动画为补间形状
	关键帧之间为浅橙色背景且关键帧之间以虚线连接，表示没有创建成功的补间形状动画
	灰色背景表示对单个关键帧内容进行延续
	关键帧上有小写的a符号，表示帧添加了ActionScript动作脚本
	关键帧之后为浅黄色背景并有黑色标识点，表示创建的动画为补间动画

Adobe Animate中不同动画类型的创建命令不同。光标放在时间轴的关键帧，右击并在快捷菜单中可选择的动画类型有：补间动画（由一个传统关键帧与若干标记点组成的动画）、补间形状（两个关键帧间的形状渐变的动画）、传统补间（两个关键帧之间对象平移、变形、旋转等动画）。

逐帧动画可使用的对象有形状对象、图形元件、影片剪辑元件。形变动画可使用的对象是形状对象。运动动画和引导线动画可使用的对象有图形元件和影片剪辑元件。遮罩动画可使用的对象有形状对象、图形元件、影片剪辑元件。

5.3.2 文件新建、打开与保存

1. 新建文件

（1）从模板创建

模板是指定义了基本结构和设置的文档。利用系统模板，可快速创建固定模式的Adobe Animate文件。具体操作方法是：选择"文件"→"从模板新建"命令；打开"从模板新建"对话框；选择某模板；单击"确定"按钮，如图5-3-5所示。

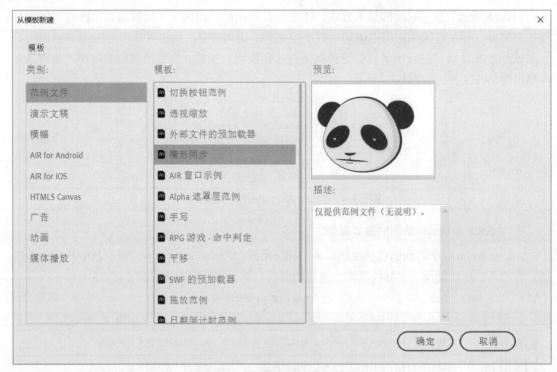

图5-3-5　"从模板新建"对话框

（2）从"新建"创建

启动Adobe Animate后，可通过以下两种方法之一创建新的Adobe Animate文档。方法1：按【Ctrl+N】组合键；方法2：选择"文件"→"新建"命令。上述两种方法均可打开"新建文件"对话框，在"角色动画""社交""游戏""教育""广告""Web""高级"选项卡选择"预设"新建文档类型；在"平台类型"列表选择新建Adobe Animate文件类型，如选择HTML5 Canvas或ActionScript 3.0等；单击"创建"按钮。也可选择"示例文件"来创建新文档。

2. 打开文件

启动Adobe Animate后，可通过两种方法打开Adobe Animate文档。方法1：按【Ctrl+O】组合键，打开"打开"对话框；选择文件夹、文件；单击"确定"按钮。方法2：选择"文件"→"打开"命令，打开"打开"对话框；选择文件夹、文件；单击"确定"按钮。

3. 文档属性设置

文档属性是指设置文档的舞台大小、背景色、帧频、标尺单位等属性。通过文档窗口右侧窗格"属性"→"文档"选项卡可修改文档属性，具体操作方法是：单击舞台空白处；在文档窗口右侧窗格选择"属性"→"文档"命令，切换到"属性"→"文档"选项卡；"文档设置"栏可设置文档的舞台大小、背景色、帧频、标尺单位等属性，单击"更多设置"按钮或选择"修改"→"文档"命令，打开"文档设置"对话框，如图5-3-6所示。之后进行如下操作：

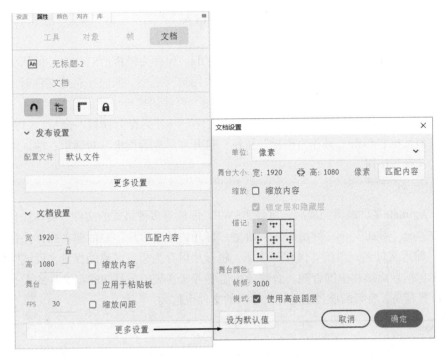

图5-3-6 文档"属性"设置

① 指定"帧频"(FPS)与舞台大小。帧频是指每秒播放的帧数。指定"帧频"即输入每秒播放的动画帧数量,系统默认值是30帧/s。帧频越高动画越流畅。

② 指定"舞台大小"可在"宽"和"高"文本框中输入数值,最小为1×1像素。"单位"选项可选择舞台标尺的单位,如厘米、英寸、像素等。若将舞台大小设置为内容空间大小且四周空间都相等,则可单击"匹配内容"按钮。若将新设置用作所有新文档的默认属性,则可单击"设为默认值"按钮。

③ 设置文档的背景颜色。设置文档的背景颜色,在"属性"→"文档"选项卡的"文档设置"栏,单击"背景颜色"按钮,打开"默认色板",单击选择颜色。

4. 预览与控制影片

制作影片的过程中或完毕后,可预览影片。具体操作方法是:单击工具栏中的"播放(▶)"按钮;或选择"控制"→"测试影片"→"在Animate中"/"在浏览器中"命令,预览影片的播放;或按【Ctrl+Enter】组合键测试影片,系统自动生成扩展名为.swf的影片文件,并显示影片,若文件已经保存过,则生成的SWF格式影片将与源程序保存在同一文件夹中。按【Ctrl+W】组合键停止测试。

测试场景是测试影片中的当前场景。具体操作方法是:选择"控制"→"测试场景"命令,或按【Ctrl+Alt+Enter】组合键。

5. 保存Adobe Animate文件

(1)保存Adobe Animate源文件

源文件即项目文件,记录Adobe Animate动画素材编辑的原始信息与参数设置等信息,文件扩展名为.fla。保存Adobe Animate源文件的具体操作方法是:选择"文件"→"保存"或"另存为"命令，打开"另存为"对话框；选择文件夹、输入文件名；单击"确定"按钮。

（2）保存Adobe Animate文件为模板

保存Adobe Animate文件为模板，文件类型为.fla。保存为模板后SWF文件的历史记录将被删除。与保存源文件相比，保存为模板后，文件占用空间更小，同时在新建文件时可以"从模板新建"的模板类别中查找到保存的模板。若调用，可使用模板中已设置的参数。保存Adobe Animate文件为模板，具体操作方法是：选择"文件"→"另存为模板"命令，打开"另存为模板警告"对话框；单击"另存为模板"按钮，打开"另存为模板"对话框；输入文件名、类别；单击"保存"按钮。

6. 导出文件

Adobe Animate文件编辑完成后，可导出SWF、图像等多种格式的文件。具体操作方法是：选择"文件"→"导出"→"导出影片"命令，打开"导出影片"对话框；选择保存类型（见图5-3-7）、输入文件名；单击"保存"按钮，将影片保存为指定名称的视频文件或图像序列文件等，其中包括导出影片中的音频。音频导出需要考虑音频的质量与输出文件的大小。音频采样频率和位数越高，音频的质量也越好，输出的文件也越大。

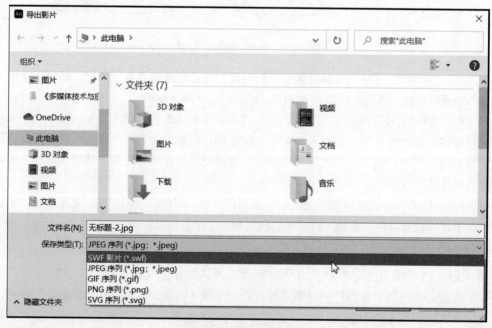

图5-3-7 "导出影片"窗口

若选择"文件"→"导出"→"导出图像"命令，则打开"导出图像"对话框；选择保存类型、输入文件名；单击"保存"按钮，将影片当前帧保存为.jpg、.bmp等格式的图像文件。

5.3.3 时间轴与帧应用

1. 时间轴

时间轴是指编排元素及其属性如位置、色彩、形状、动作等变化过程的时间流程线。时间轴是Adobe Animate进行影片创作和编辑的主要场所，通常位于舞台下方，用鼠标拖动可改变其位置。时间轴的主要组件有图层、帧、播放指针，通过图层和时间轴、摄像头决定场景切换、角色出场时间顺序、动作行为变化等，如图5-3-8所示。

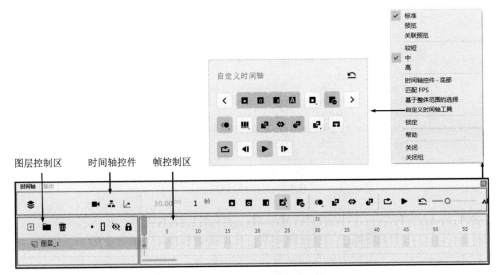

图层控制区　　　时间轴控件　　　帧控制区

图5-3-8　时间轴

时间轴窗口可以分为三个区。上方是时间轴控件栏，显示当前帧编号、帧频，同时用于进行摄像头（■）添加、插入关键帧（■）、插入空白关键帧（■）、删除帧（■）、播放（▶）、调整时间轴视图大小（——○）等操作。单击时间轴右端的"菜单（≡）"按钮，打开菜单列表，选择"自定义时间轴工具"命令，打开"自定义时间轴"对话框，可选择添加时间轴工具。该对话框的左下方是图层控制区，主要进行图层的添加、移动、删除等操作；右下方是帧控制区，主要进行选择帧、插入关键帧等操作。右下方为时间轴，其中顶部为时间轴帧编号；当前帧为止的运行时间；播放指针指明当前舞台中显示内容所在的帧，播放时，播放指针从左向右在时间轴上移动。

2. 帧

帧是指时间轴中的小方格。帧是组成时间轴的基本单位，可对帧进行插入、选择、删除和移动等操作。通常，帧应用需要尽可能减少关键帧的使用，以减小动画文件大小；尽量避免在同一帧处使用多个关键帧，以减小动画运行负荷，使画面播放流畅。

（1）插入帧

插入帧是指在时间轴上插入新帧。插入帧后，原来位置的帧向后移动一帧。插入帧包括插入普通帧、插入关键帧、插入空白关键帧。

插入普通帧的具体操作方法是：在时间轴上选择插入帧的位置（某帧）；按【F5】键，或选择"插入"→"时间轴"→"帧"命令，或在时间轴控件栏中单击"插入帧（■）"按钮。

插入关键帧的具体操作方法是：在时间轴上选择插入帧的位置（某帧）；按【F6】键，或选择"插入"→"时间轴"→"关键帧"命令，或右击并在快捷菜单中选择"插入关键帧"命令，或在时间轴控件栏中单击"插入关键帧（■）"按钮。

插入空白关键帧的具体操作方法是：在时间轴上选择插入帧的位置（某帧）；按【F7】键；或选择"插入"→"时间轴"→"空白关键帧"命令，或右击并在快捷菜单中选择"插入空白关键帧"命令，或在时间轴控件栏中单击"插入空白关键帧（ ⬛ ）"按钮。

Adobe Animate通过时间轴，可识别出各种不同类型的帧及插入动画类型，如图5-3-9所示。

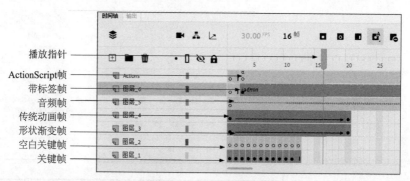

图5-3-9 时间轴与帧

关键帧：实心圆表示，代表帧中含有对象。普通帧：代表该帧没有任何对象。空白关键帧：空心圆表示，代表关键帧中没有任何对象；空白关键帧中加入对象将变成关键帧。一般空白帧：帧不含任何对象，但帧中包含的对象和它前面最近关键帧中的对象一致。传统动画帧：以底色为浅紫色的箭头符号表示，代表该区域存在传统补间动画。形状渐变帧：以底色为橙黄色的箭头符号表示，代表这个区域存在形状补间动画。错误渐变帧：以虚线表示，代表该区域存在错误的补间动画。ActionScript帧：通过动作面板为该帧添加了ActionScript脚本语句。带标签帧：通过属性面板给该帧添加的标签（名称、注释、锚记）。音频帧：其中以空白关键帧为起点，显示音频波形。

（2）选择帧

默认情况下，时间轴选择帧的方法主要有以下几种：

① 选择一个帧：单击该帧。

② 选择多个连续的帧：在帧上拖动鼠标选择，或按住【Shift】键并单击其他帧。

③ 选择多个不连续的帧：按住【Ctrl】键，同时单击其他帧。

④ 选择时间轴中的所有帧：选择"编辑"→"时间轴"→"选择所有帧"命令。

（3）添加帧标签

添加帧标签是指给关键帧或空白关键帧添加名称、注释、锚记标签，作为帮助组织内容的一种方式，以便在ActionScript中按其标签引用帧。帧标签只能应用于关键帧。最佳做法是在时间轴中创建一个单独的图层来包含帧标签。添加帧标签的具体方法是：在时间轴中选择添加标签的帧；在"属性"→"帧"选项卡的"标签"选项输入标签名称，按【Enter】键确定。

（4）复制、移动、删除帧

复制帧：选择关键帧或帧序列，按【Ctrl+C】组合键或选择"编辑"→"时间轴"→"复制帧"命令。

粘贴帧：选择目标帧；按【Ctrl+V】组合键或选择"编辑"→"时间轴"→"粘贴帧"命令。

移动帧：选择关键帧或帧序列；用鼠标左键拖到目标位置或采用剪切粘贴移动帧。

删除帧：选择帧或序列；选择"编辑"→"时间轴"→"删除帧"命令，或右击并在快捷菜单中选择"删除帧"命令，或在时间轴控件栏中单击"删除帧（ ▣ ）"按钮。

（5）更改静态帧序列长度

更改静态帧序列长度是指改变动画序列帧的开始点或结束点。具体操作方法是：按住【Ctrl】键，同时向左或向右拖动开始帧或结束帧。

（6）清除关键帧

清除关键帧是指清除时间轴中的关键帧与空白关键帧。清除关键帧及到下一个关键帧之前所有帧内容都将由被清除关键帧之前的帧内容所替换。清除关键帧的具体操作方法是：选择关键帧；选择"编辑"→"时间轴"→"清除关键帧"命令，或右击并在快捷菜单中选择"清除关键帧"命令。

5.3.4　绘图工具与图形绘制

Adobe Animate中可创建的对象主要有文本框（静态、动态、输入）、形状（场景中手绘的图形）、元件（图形、按钮、影片剪辑）三类七种，其创建主要通过工具栏中的绘图工具来完成。在Adobe Animate中绘图时创建的是矢量图。

1. 绘图工具箱

绘图工具箱是指放置编辑工具的面板。绘图工具箱通常包含绘图工具、查看工具、颜色工具、选项工具四部分。系统默认"绘图工具箱"位于窗口左侧，单击"绘图工具箱"下端的"编辑工具栏（ ••• ）"按钮，打开"拖放工具"面板，选择需要的工具拖放到工具箱则可使用。部分工具右下角有黑色小三角形标记，表示该工具图标内含工具选项列表，右击可打开选项列表并选择新工具。其中绘图工具包括直线、椭圆、矩形、铅笔、钢笔等，常见绘图工具见表5-3-2。

表5-3-2　常用绘图工具

图　标	名　称	主　要　功　能
▶	选择工具	选择舞台中的对象，移动、改变对象大小和形状
▷	部分选取工具	选择加工矢量图形，增加和删除曲线节点，改变图形形状
▯	任意变形工具	改变对象的位置、大小、旋转角度和倾斜角度等
■	渐变变形工具	改变渐变填充色彩的位置、大小、旋转和倾斜角度等
♀	套索工具	在图形中根据色彩灰度选择区域
✎	钢笔工具	采用贝赛尔绘图方式绘制矢量曲线图形
✚	添加锚点工具	单击矢量图形线条上的一点，可添加锚点
✎	删除锚点工具	单击矢量图形线条上的描点，可删除锚点
⌐	转换锚点工具	将直线锚点和曲线锚点相互转换
T	文本工具	输入和编辑文字对象
＼	线条工具	绘制各种形状、粗细、长度、颜色和角度的直线
▢	矩形工具	绘制矩形或正方形的轮廓线
◯	椭圆工具	绘制椭圆形或圆形轮廓线

续表

图 标	名 称	主要功能
	基本矩形工具	绘制基本矩形
	基本椭圆工具	绘制基本椭圆或基本圆形
	多角星形工具	绘制多边形、多角星形轮廓线
	铅笔工具	绘制任意形状和粗细的矢量图形
	画笔工具	绘制任意形状和粗细的矢量曲线图形
	颜料桶工具	给填充对象填充彩色或图像
	墨水瓶工具	改变线条的颜色、形状和粗细等属性
	骨骼工具	为图形创建骨骼
	3D工具	对舞台中的对象进行三维旋转与平移
	摄像头	设置镜头推拉摇移等动画效果
	滴管工具	吸取选择点的色彩
	橡皮擦工具	擦除舞台上的图形和分离后的图像、文字等
	宽度工具	调整绘制线条的宽度和形状

2. 属性面板

　　属性面板又称属性检查器，是指显示、修改当前对象状态检查器。当选择某对象时，属性面板将显示该对象属性，并可设置修改其属性。若不选择任何对象，则系统默认显示文档属性。以下通过"多角星形工具"来学习属性面板应用，具体操作方法是：在工具箱选择"多角星形工具"；在右侧窗格属性面板（见图5-3-10）中选择"属性"→"工具"选项卡；在"颜色和样式"栏选择笔触与填充颜色等，在"工具选项"栏选择样式与边数等，"边数"文本框可输入3~32间的数字；"星形顶点大小"文本框可输入0~1之间的数字以指定星形顶点的深度，数字越接近0，创建的顶点就越深。不同对象的"属性"面板内容不同，操作时需仔细观察与设置。

　　【实例】在Adobe Animate中完成下列操作：①选择工具箱中的"多角星形工具"→"星形"样式，在图层1第1帧舞台中绘制红色正五角星图形；②选择工具箱中的"线条工具"，在舞台中的五角星图形中绘制图5-3-11所示的五条黄色直线，形成有立体感的五角星；③文件以lx5301.fla为名保存到"文档"文件夹。

图5-3-10 "多角星形工具"属性面板

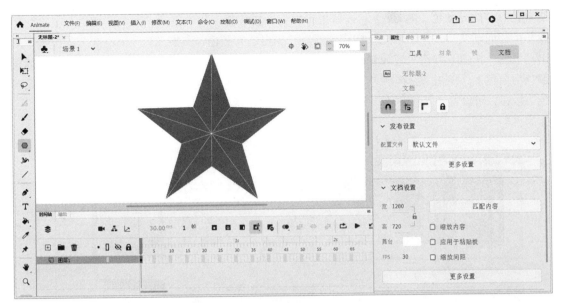

图5-3-11　用"多角星形工具"绘制五角星

具体操作步骤如下：

步骤1　新建文件。选择"文件"→"新建"→"角色动画"→"全高清（1920×1080）"命令（平台类型默认为Action Script 3.0）；单击"创建"按钮，打开Adobe Animate编辑界面。

步骤2　选择"多角星形工具（●）"并设置样式与颜色。选择图层1第1帧；在工具箱选择"矩形工具（■）"右击，打开工具子菜单，选择"多角星形工具（●）"；在右侧窗格选择"属性"→"工具"选项卡，在"颜色和样式"栏"填充颜色"选择红色、"笔触颜色"选择红色。在"工具选项"栏"样式"选择"星形"，"边数"输入5。

步骤3　绘制红色正五角星。按鼠标左键拖动鼠标在舞台绘制正五角星；在工具箱选择"自由变形工具（●）"，调整绘制图形的位置与大小。

步骤4　绘制直线。在工具箱选择"线条工具"；在右侧窗格选择"属性"→"工具"选项卡，在"颜色和样式"栏"填充"颜色选择红色；拖动鼠标从图形角的外顶点到对面内顶点绘制一条直线；重复该操作四次，绘制其他四条直线。

步骤5　保存文件。选择"文件"→"另存为"命令，打开"另存为"对话框；选择"文档"文件夹，输入文件名lx5301，保存类型选择.fla项；单击"保存"按钮。

3. 颜色选择与设置

颜色选择与设置是指选择或设置绘图工具或填充工具的颜色。颜色选择与设置通过"颜色和样式"栏或"颜色"选项卡来实现。在工具箱选择绘图或油漆桶工具，则"属性"→"工具"选项卡显示该工具属性。单击"颜色和样式"栏中的"填充颜色"或"笔触颜色"按钮，将打开"默认色板"调色板，可选择"填充颜色"或"笔触颜色"。其中，"填充颜色"是指填充区的填充颜色，"笔触颜色"是指绘制线的颜色。矩形工具的"属性"与"颜色"选项卡如图5-3-12所示（不同工具与对象的颜色选项略有不同）。

在屏幕右侧窗格选择"颜色"选项卡，或选择"窗口"→"颜色"命令，打开"颜色"选项卡，可设置填充颜色。其中选项卡按钮的名称与作用如下："笔触颜色（●■）"按钮用于线着色。"填充颜色（ 🖌 ▬ ）"按钮用于填充区域着色，其中包括"无""纯色""线性渐变""径向渐变""位图填充"样式选择。"黑白、无颜色、交换颜色（ 🔲 ⊘🔁 ）"按钮：单击"黑白"按钮，可使"笔触颜色"和"填充颜色"恢复到默认状态（笔触颜色为黑色，填充颜色为白色）；单击"交换颜色"按钮，可使"笔触颜色"与"填充颜色"互换；单击"无颜色"按钮，可设置"笔触颜色"为无色，如图5-3-12所示。

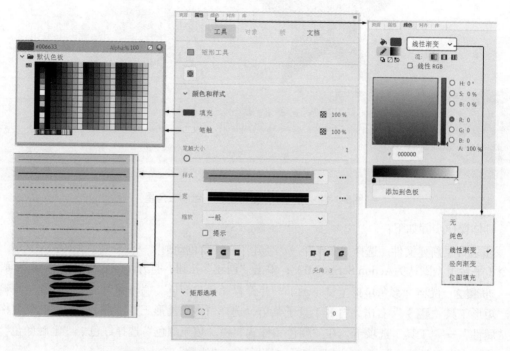

图5-3-12 矩形工具的"属性"与"颜色"选项卡

"线性渐变"即创建从起始点到终点沿直线的颜色渐变，其中"流"选项用于控制超出渐变限制的颜色，包含扩展（默认模式）、反射和重复三种模式。选择"线性RGB"复选框可创建SVG兼容的线性或放射状渐变。单击渐变定义栏或渐变定义栏下方，可添加色标（颜色指针），Adobe Animate 最多可添加15个色标（颜色指针），从而创建多达15种颜色转变的渐变。沿着渐变定义栏拖动色标（颜色指针）可移动渐变颜色的位置。将色标（颜色指针）拖离渐变定义栏可删除色标。选择"添加到色板"命令可保存渐变色至颜色"色板"。

"径向渐变"即创建从一个中心焦点出发沿环形轨道递进的颜色渐变，其参数设置和线性渐变相同。

"位图填充"即将一幅图填充到指定对象区域。

4. 绘制线

线是构成图形的基本要素，Adobe Animate中由线组成图形区域，其中可填充颜色与图像。线与图形区域相互独立存在，绘制一个图形，可删除构成图形的线或填充区域。绘制线包括绘制直线和曲线。

（1）绘制直线

绘制直线主要使用"线条工具"，可绘制颜色、粗细、形状不同的直线。具体操作方法是：在工具箱选择"线条工具"，"属性"→"工具"选项卡显示"线条工具"属性；单击"笔触颜色"按钮，打开颜色"默认色板"，选择线条颜色；在"笔触大小"文本框中输入线宽度值；单击"样式"按钮，打开线"样式"列表，选择线条样式等；用鼠标在舞台绘制直线，如图5-3-13所示。

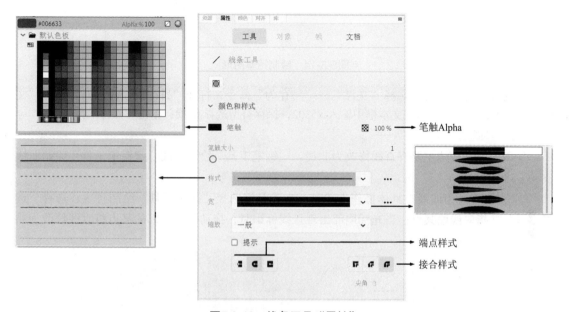

图5-3-13　线条工具"属性"

"钢笔工具"也是绘制直线的重要工具之一。

【实例】在Adobe Animate中完成下列操作：①选择图层1第1帧；②在舞台绘制铅笔图形，线宽为2像素；③给铅笔填充色彩，配色自选；④文件以lx5302.fla为名保存到"文档"文件夹。

具体操作步骤如下：

步骤1　新建文件。选择"文件"→"新建"→"角色动画"→"全高清（1920×1080）"命令（平台类型默认ActionScript 3.0）；单击"创建"按钮，打开Adobe Animate编辑界面。

步骤2　选择帧。时间轴选择图层1第1帧。

步骤3　选择矩形绘制笔身。在工具箱选择"矩形工具"；在右侧窗格"属性"→"工具"选项卡的"笔触大小"文本框中输入线宽度值2；拖动鼠标在舞台绘制矩形图形。

步骤4　选择"线条工具"并设置属性。在工具箱选择"线条工具"；在"属性"→"工具"选项卡"笔触颜色"选择黑色；线条"样式"选项选择"实线"项；在"笔触大小"文本框中输入线宽度值2像素。

步骤5　修饰笔身绘制笔头。拖动鼠标在矩形中绘制两条直线，为形成闭合区域，绘制线条的起点终点与矩形的边连接（光标显示为圆环状）。在矩形前方拖动鼠标绘制三条线组成铅笔头，三条线与矩形的边形成两个闭合区域。

步骤6　填充颜色。在工具箱选择"颜料桶工具"；在右侧窗格"属性"→"工具"选项卡单击"填充颜色"按钮，打开颜色"默认色板"，选择颜色；光标指向舞台上的闭合图形区域，单击，填充颜色。重新选择颜色并填充，给不同闭合区域填充不同颜色。

步骤7　旋转图形。在工具箱选择"任意变形工具"；拖动鼠标框选舞台中的铅笔图形；

光标指向矩形选区四个角控制点之一；当光标变为旋转箭头时，按鼠标左键旋转铅笔图形，如图5-3-14所示。

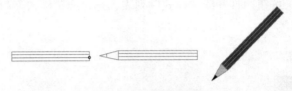

图5-3-14　绘制铅笔图形

步骤8　保存文件。选择"文件"→"另存为"命令，打开"另存为"对话框，选择"文档"文件夹，在"文件名"文本框中输入lx5302，保存类型选择.fla项；单击"保存"按钮。

（2）绘制曲线

绘制曲线的方法主要有直线修改为曲线、"钢笔工具"绘制曲线、"铅笔工具"绘制曲线三种方法。

① 直线修改为曲线。具体操作方法是：在工具箱选择"线条工具"绘制直线；选择"选择工具"并指向线段某点；当光标尾部出现弧线标识时，拖动线段中部的某点将直线修改为曲线，如图5-3-15所示。

图5-3-15　直线修改为曲线

② "钢笔工具"绘制曲线。"钢笔工具"通过控制线段锚点与曲线斜率绘制任意形状的曲线。工具箱单击"钢笔工具"右下角的黑色小三角，打开"钢笔工具"子菜单，其中包括"添加锚点工具""删除锚点工具""转换锚点工具"三个工具选项。"钢笔工具"绘制曲线的具体操作方法是：在工具箱选择"钢笔工具"；连续单击舞台添加锚点并绘制多段直线；在工具箱选择"转换锚点工具"，或光标指向线段中某锚点，当光标尾部出现角形标识（转换锚点工具）时；拖动锚点修改曲线斜率，如图5-3-16所示。

图5-3-16　钢笔工具绘制曲线

其中"转换锚点工具（ ）"作用是进行直线与曲线间的相互转换。

③ "铅笔工具"绘制曲线。"铅笔工具"可手工绘制任意形状的曲线与直线。按住【Shift】键同时在舞台拖动"铅笔工具"，将绘制横向或纵向的直线。选择"铅笔工具"后，将在右侧窗格"属性"→"工具"选项卡上部显示"铅笔模式（ ）"选项菜单，其中包括"伸直""平滑""墨水"三个工具。"伸直"指绘制的曲线由多个直线组成；"平滑"指绘制的曲线节点间是平滑过渡；"墨水"综合了"伸直"与"平滑"的特点，可绘制直线也可绘制平滑曲线，绘制的曲线接近铅笔的运动轨迹。在右侧窗格"属性"→"工具"选项卡底部"铅笔选项"栏显示"平滑值"调整滑块，用于调整曲线的平滑值。"铅笔工具"绘制曲线的

具体操作方法是：在工具箱选择"铅笔工具"；在右侧窗格"属性"→"工具"选项卡"铅笔模式（🔲）"选项菜单中选择铅笔模式；拖动鼠标在舞台绘制曲线。

5. 绘制图形

Adobe Animate中图形是由线与填充区域组成的图案。绘制图形的具体操作方法是：时间轴选择关键帧；在工具箱选择绘制工具；舞台绘制图形轮廓；在工具箱选择"颜料桶工具"，给闭合填充区域填充颜色。

【实例】在Adobe Animate中完成下列操作：①利用"多角星形工具"在舞台上方绘制两颗五角星；②用"颜料桶工具"为五角星图形填充颜色，配色方案为径向渐变、中心黄色外围红色；③用"椭圆工具"绘制白色月牙图形；④利用线条工具、椭圆工具、矩形工具等绘制公交车图形；⑤用"颜料桶工具"给出公交车图形填充颜色，配色方案自定；⑥文件以lx5303.fla为名保存到"文档"文件夹。

具体操作步骤如下：

步骤1　启动Adobe Animate新建文件。选择"文件"→"新建"→"角色动画"→"全高清（1920×1080）"命令（平台类型默认ActionScript 3.0）；单击"创建"按钮，打开Adobe Animate编辑界面。

步骤2　选择"多角星形工具（⬡）"并设置样式与颜色。选择图层1第1帧；在工具箱选择"矩形工具（▬）"右击，打开工具子菜单，选择"多角星形工具（⬡）"；在右侧窗格选择"属性"→"工具"选项卡，在"工具选项"栏"样式"选择"星形"，"边数"输入5。

步骤3　绘制五角星。拖动鼠标在舞台绘制两个五角星。

步骤4　渐变填充。在工具箱选择"颜料桶工具"；右侧窗格选择"颜色"选项卡（见图5-3-17）；颜色类型选择"径向渐变"项；调整下方的自定义颜色栏色标色彩分别为"黄色""红色"；用"颜料桶工具"单击五角星图形区域中央。

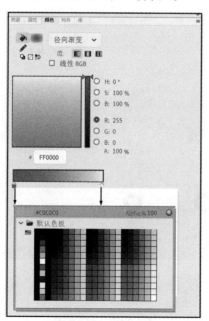

图5-3-17　颜料桶工具"颜色"填充设置

步骤5 绘制白色月牙。在工具箱选择"椭圆工具";在右侧窗格"属性"→"工具"选项卡单击"填充颜色"按钮,打开颜色"默认色板";选择白色;按住【Shift】键并拖动鼠标在舞台绘制两个部分重合的正圆;在工具箱选择"选择工具";选择舞台中的内切圆的外边线,按

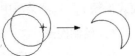

【Delete】键删除,如图5-3-18所示。

图5-3-18 椭圆工具绘制月亮

步骤6 绘制公交车车身图形。在工具箱选择"矩形工具";在右侧窗格"属性"→"工具"选项卡单击"填充颜色"按钮,打开颜色"默认色板",选择白色;拖动鼠标在舞台绘制四个矩形,其中一个为车身,另外三个为车窗;在工具箱选择"线条工具",在车身图形前部绘制一条斜线;在工具箱选择"选择工具",选择车身图形中多余的线,按【Delete】键删除;在工具箱选择"选择工具",拖动第一个车窗的左上角向后移动形成倾斜线,如图5-3-19所示。

步骤7 绘制公交车轮胎图形。在工具箱选择"椭圆工具";在右侧窗格"属性"→"工具"选项卡的"笔触大小"文本框中输入数值10像素;按【Shift】键,拖动鼠标在车身图形车轮位置绘制一个正圆;复制该圆,粘贴移动到另一个车轮位置,如图5-3-19所示。

图5-3-19 绘制公交车

步骤8 填充颜色。在工具箱选择"颜料桶工具",给出公交车图形填充颜色,配色方案自定。

步骤9 保存文件。选择"文件"→"另存为"命令,打开"另存为"对话框,选择"文档"文件夹,在"文件名"文本框中输入lx5303,保存类型选择.fla项;单击"保存"按钮,如图5-3-20所示。

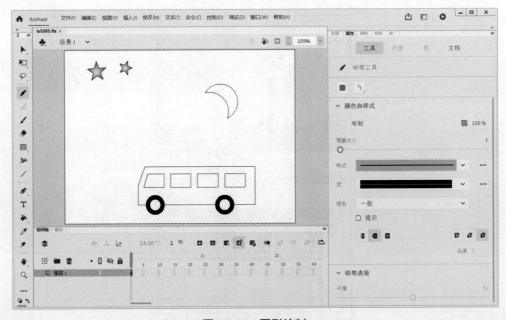

图5-3-20 图形绘制

5.3.5　图层应用

1. 图层及图层控制区

Adobe Animate文档中每个场景可包含多个图层，图层和图层文件夹主要用于组织动画对象。同时段若创建多个对象的补间动画，每个对象可单独分布于一个图层。图层类型包括图层文件夹、传统引导层、普通层、被引导层、遮罩层、被遮罩层等，如图5-3-21所示。

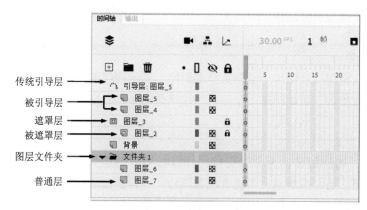

图5-3-21　图层及类型

图层文件夹用于组织管理图层。普通图层是图层中最基础的图层，是指没有添加特殊属性（如引导层、被引导层、遮罩层、被遮罩层等）的图层。引导层是指用于绘制辅助图形的图层。传统引导层是指绘制运动路径的图层。被引导层是指放置按传统引导层路径运动对象的图层。遮罩层是指具有遮罩属性的图层，其中的图案可透视其下方图层画面。被遮罩层是指与上面图层建立被遮罩关系的图层。

图层控制区是进行图层操作的区域，通过其中的各种控制按钮，可快速完成插入、移动、删除等图层的基本操作，如图5-3-22所示。

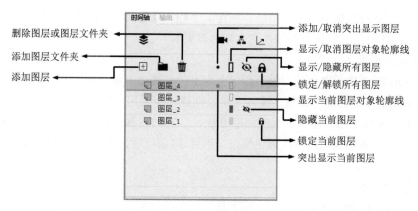

图5-3-22　图层控制区

2. 图层的基本操作

（1）选择图层

选择图层是Adobe Animate操作的首要任务。选择图层的常用方法有三种：一是单击图层控制区中的图层名称，二是舞台中单击编辑对象，可选择该对象所在图层；三是在时间轴上单击某帧，可选择该帧所在图层。

（2）新建图层

新建图层是指在当前文档的时间轴面板插入新图层。新建Adobe Animate文档，默认情况下包含一个图层。若使用更多的图层，则需要插入新图层。Adobe Animate中在时间轴面板当前图层处插入一个新图层有三种方法：一是图层控制区底部单击"新建图层"按钮；二是选择某图层，右击并在快捷菜单中选择"新建图层"命令；三是选择某图层，选择"插入"→"时间轴"→"图层"命令。

（3）删除图层

删除图层是指将图层及图层中的信息全部删除。删除图层的常用方法有两种：一是选择图层，在图层控制区单击"删除图层"按钮；二是选择图层，右击并在快捷菜单中选择"删除图层"命令。

（4）重命名图层

默认情况下，图层的名称为"图层1""图层2""图层3"……，为便于识别和管理图层，可重命名图层。通常图层重命名的方法有两种：一是在图层控制区，双击图层名称，图层名称变为可编辑状态，输入新图层名称；二是在图层控制区选择图层，右击并在快捷菜单中选择"属性"命令，打开"图层属性"对话框，在"名称"文本框中输入新图层名称，单击"确定"按钮。

（5）移动图层

移动图层是指在时间轴面板移动图层的层级（上下）位置。移动图层的方法是：在图层控制区，用鼠标左键拖动某图层到目标位置。

5.3.6 文本创建和编辑

1. 创建文本

Adobe Animate包括显示文本信息、制作文字特殊效果及绚丽的文字动画的静态文本，还有用于交互式操作与信息更新等的输入文本与动态文本。

（1）文本类型

Adobe Animate中可以创建三种类型的文本字段：静态、动态和输入。静态文本：显示不会静态显示的文本，不能更改其值。输入文本：创建一个供用户输入文本的字段，如用户在表单或调查表中输入的文本。输入文本的提取方法是"实例名称.text"。动态文本：显示动态更新的文本，如变量x表示股票报价或天气预报，当给x赋新值后，则显示新值。赋值方法是：变量=新值，如x=543。

（2）创建文本

Adobe Animate创建文本使用"文本工具"。选择"文本工具"，属性面板中将显示文本的字体、字号、颜色等属性，可修改属性。添加文本的具体操作方法是：时间轴选择关键帧；在工具箱选择"文本（T）"工具；在右侧窗格"属性"→"工具"选项卡选择文本类型（静态文本、动态文本、输入文本）；用鼠标在舞台选择文本的插入位置；输入文本。

对于静态文本，在右侧窗格"属性"→"工具"选项卡单击"改变文本方向（ ）"按钮，打开子菜单，包括"水平""垂直""垂直，从左向右"三个命令选项；可选择文本方向（默认设置为"水平"）。

舞台上可创建文本标签与文本框两种文本输入方式，二者间的区别是有无自动换行功能。

文本标签不固定列宽。创建文本标签的具体操作方法是：选择"文本工具"；在舞台单击创建文本输入的起始位置。文本标签会在文本块右上角显示圆形手柄 Non est quod contemnas hoc。文本标签中不管输入多少文字，都不会自动换行；如果换行，需按【Enter】键。

文本框具有固定宽度（对于水平文本）或固定高度（对于垂直文本）。创建文本框的具体操作方法是：选择"文本工具"；在舞台将指针放置于文本起始位置，按左键拖动到目标宽度或高度，得到一个虚线文本框；文本框的右上角显示一个方形手柄。在文本框中输入文字，当输入的文字数量到达文本框的边缘时将自动换到下一行，如 Non est quod contemnas hoc。通过拖动可调整文本框的尺寸，还可在属性面板设置文本框高度与宽度，对文本框进行精确调整。

2. 设置文本属性

在工具箱选择"文本工具"或选择舞台中的文本；在右侧窗格"属性"→"工具"选项卡显示文本属性，可设置文本的字体、字形、字号、颜色等，如图5-3-23所示。

图5-3-23 文本工具属性面板

【实例】在Adobe Animate中完成下列操作：①利用"椭圆工具"与"任意变形工具"在图层1第1帧舞台绘制一朵八个花瓣的小红花；②用"颜料桶工具"为每个花瓣填充颜色，配色方案为径向渐变、中心黄色外围红色；③插入新的"图层2"；④在"图层2"第1帧用"文本工具"在小红花下方写空心字"小红花"，字体"隶书"，字号50像素；红色描边；⑤文件以lx5304.fla为名保存到"文档"文件夹。

具体操作步骤如下：

步骤1 启动Adobe Animate新建文件。选择"文件"→"新建"→"角色动画"→"全高清（1920×1080）"命令（平台类型默认ActionScript 3.0）；单击"创建"按钮，打开Adobe Animate编辑界面。

步骤2 绘制一个花瓣。选择图层1第1帧；在工具箱选择"椭圆工具"；拖动鼠标在舞台绘制椭圆；在工具箱选择"颜料桶工具"；在右侧窗格选择"颜色"选项卡；颜色类型选择"径向渐变"项；分别调整下方的自定义栏色标的色彩为"黄色""红色"；用"颜料桶工具"单击椭圆图形区域一端。

步骤3 制作小红花。在工具箱选择"任意变形工具"，选择绘制的花瓣；将选框的中心点移动到选框正下方控制节点；选择"窗口"→"变形"命令；打开"变形"对话框，"旋转"角度输入45；单击八次对话框下方的"重制选区和变形"按钮，旋转、复制八个花瓣，构成一朵花形状，如图5-3-24所示。

图5-3-24 绘制小红花

步骤4 插入新图层。图层控制区上部单击"新建图层"按钮，插入新图层。

步骤5 输入文字。在工具箱选择"文本工具（T）"；在右侧窗格"属性"→"工具"选项卡字符"字体"项选择"隶书"，"大小"项输入200像素；选择"图层2"第1帧；在舞台单击并输入文本"小红花"。

步骤6 分离文本。在工具箱选择"选择工具"；选择舞台中的文字；连续两次选择"修改"→"分离"命令或按【Ctrl+B】组合键，将舞台中的字符转换为形状。

步骤7 文字描边。在工具箱选择"墨水瓶工具"；在右侧窗格"属性"→"工具"选项卡单击"笔触颜色"按钮，打开"默认色板"，颜色选择红色；"笔触大小"项设置为8；移动鼠标指针，单击每个文字的笔画，添加红色边框。

步骤8 删除文本的内容填充。在工具箱选择"选择工具"，单击文字填充部分，按【Delete】键删除，形成空心文字，如图5-3-25所示。

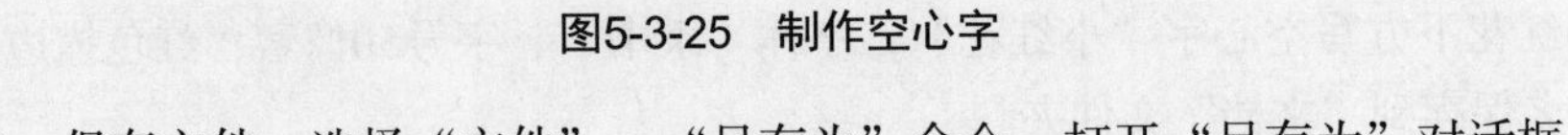

小红花　　小红花　小红花　小红花

图5-3-25 制作空心字

步骤9 保存文件。选择"文件"→"另存为"命令，打开"另存为"对话框，选择"文档"文件夹，在"文件名"文本框中输入lx5304，保存类型选择.fla项；单击"保存"按钮。最终效果如图5-3-26所示。

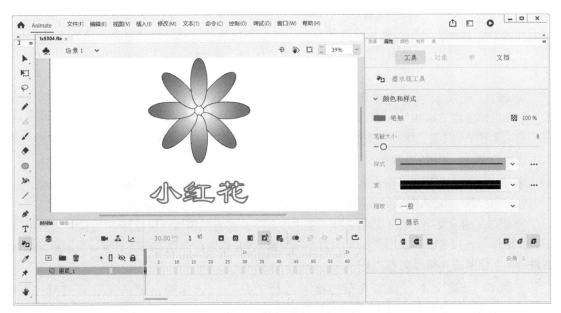

图5-3-26　绘制小红花

5.3.7　逐帧动画制作

逐帧动画是指全部由关键帧构成且每帧画面都有变化的动画。制作逐帧动画的具体操作方法是：每帧都定义为关键帧；编辑每个关键帧的画面，使后一帧画面为前一帧的部分改变；连续播放关键帧，形成动画，如图5-3-27所示。

图5-3-27　逐帧动画

【实例】在Adobe Animate中完成下列操作：①利用"矩形工具"与"线条工具"在图层1第1帧舞台绘制一个米字格，边长为900像素，边框线为实线，笔触高度为2像素，米字格内部线为虚线，笔触高度为1像素；②插入新图层，并命名为"文字书写"；③在图层"文字书写"米字格中输入文本"天"，字体为"隶书"，字号为300点；④在1～100帧制作书写"天"的笔画顺序动画；⑤文件以lx5305.fla为名保存到"文档"文件夹。

具体操作步骤如下：

步骤1　启动Adobe Animate新建文件。选择"文件"→"新建"→"角色动画"→"全高清（1920×1080）"命令（平台类型默认ActionScript3.0）；单击"创建"按钮，打开Adobe

Animate编辑界面。

步骤2 绘制米字格边框。选择图层1第1帧；工具栏选择"矩形工具"；在右侧窗格"属性"→"工具"选项卡的"笔触大小"文本框中输入数值2像素；拖动鼠标在舞台绘矩形；在工具箱选择"选择工具"，框选绘制的矩形；在右侧窗格"属性"→"对象"选项卡将"高度""宽度"值改为900像素；选择矩形内容填充区域，按【Delete】键删除填充颜色，保留边框。

步骤3 绘制米字格内部虚线。在工具栏选择"线条工具"；在右侧窗格"属性"→"工具"选项卡的"笔触大小"文本框中输入数值1；线条"样式"选择"虚线"项；拖动鼠标在矩形框内绘四条虚线，如图5-3-28所示。

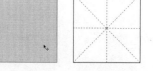

图5-3-28 绘制米字格

步骤4 插入新图层并重命名。图层控制区上部单击"新建图层"按钮，插入新图层；双击名称"图层2"，进入图层名编辑状态，输入文本"文字书写"，按【Enter】键。

步骤5 输入文字。在工具箱选择"文本工具"；在右侧窗格"属性"→"工具"选项卡字符"字体"选项选择"隶书"项，"大小"项输入900像素；选择"文字书写"图层第1帧；在舞台米字格单击并输入文本"天"。

步骤6 分离文本。在工具箱选择"选择工具"；选择舞台中的文字；选择"修改"→"分离"命令按【Ctrl+B】组合键，将字符转换为形状。

步骤7 插入和第一个关键帧内容一样的新关键帧序列。按【Shift】键同时单击第100帧、第2帧，选择第1～100帧；按【F6】键。

步骤8 延长图层1的米字格到第100帧。选择图层1的第100帧，按【F5】键。

步骤9 编辑每个关键帧，使下一帧画面为上一帧的部分增量。选择"文字书写"图层第1帧，用橡皮工具擦除多余的笔画，仅剩起笔；按照同样的方法，依据书写的笔画顺序，修改舞台上每帧的内容，逐帧操作；最后三帧不用擦，保持原状，如图5-3-29所示。

图5-3-29 逐帧操作

步骤10 测试动画。按【Ctrl+Enter】组合键，或在"时间轴控件"区单击"播放"按钮，或选择"控制"→"播放"命令。

步骤11 保存文件。选择"文件"→"另存为"命令，打开"另存为"对话框，选择"文档文"件夹，在"文件名"文本框中输入lx5305，保存类型选择.fla项；单击"保存"按钮。

5.3.8 运动渐变动画制作

运动渐变动画是指逐渐改变对象位置、大小、旋转、倾斜、颜色、透明度等形态的补间动画。可使用"创建补间动画"和"创建传统补间"命令创建运动渐变动画。具体操作方法是：时间轴同一图层插入两个关键帧，且每个关键帧放置不同形态的对象；选择两个关键帧间的任意帧；右击并在快捷菜单中选择"创建补间动画"或"创建传统补间"等命令；或"时间轴控件"栏单击"创建补间动画"或"创建传统补间"等按钮。

为方便舞台对象的应用，通常将对象制作为元件存放于库，可在场景中随时调用。

【实例】网络中搜索并下载一张学生伏案学习图，命名为"学习.jpg"；并在Adobe Animate中完成下列操作：①新建"影片剪辑"元件"灯芯"，制作一个蜡烛灯芯跳动的动画；②场景1图层1第1帧插入图"学习.jpg"；③插入新图层，并命名为"蜡烛"，在该图层第1帧绘制蜡烛图形并放置于书桌，为蜡烛填充颜色，配色方案为线性渐变，色标颜色排列为红色、淡红色、红色；④插入新图层，并命名为"灯芯"，将灯芯元件从库中拖放到该图层第1帧，调整位置与大小；⑤文件以lx5306.fla为名保存到"文档"文件夹。

具体操作步骤如下：

步骤1　从网络搜索学习图，存储到"文档"文件夹，命名为"学习.jpg"。启动Adobe Animate新建文件。选择"文件"→"新建"→"角色动画"命令（平台类型默认ActionScript 3.0）；对话框右侧"宽"输入600，"高"输入400；单击"创建"按钮，打开Adobe Animate编辑界面。

步骤2　创建元件"灯芯"。选择"插入"→"新建元件"命令，打开"创建新元件"对话框，名称输入"灯芯"，如图5-3-30所示；单击"确定"按钮。

图5-3-30　"创建新元件"对话框

在工具箱选择"椭圆工具"，在舞台绘制正圆；在工具箱选择"选择工具"，拖动圆的上边线框，改变圆形状成灯芯状；在工具箱选择"颜料桶工具"；在右侧窗格选择"颜色"选项卡；样式选择"径向渐变"，渐变色定义栏色标设置为红色与黄色两种；填充灯芯图形，如图5-3-31所示。

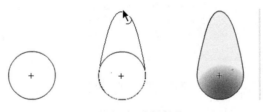

图5-3-31　绘制灯芯

步骤3　制作灯芯跳动动画。当前图层选择第30帧按【F6】键插入关键帧；当前图层选择第10帧按【F6】键插入关键帧；光标指向第1~10帧间任意帧，选择"插入"→"传统补间"命令创建补间动画；选择第10帧；在工具箱选择"任意变形工具"，选择舞台灯芯图形，将对称中心点移动到图形下边框；拖动控制点改变灯芯图形状；选择第20帧按【F6】键插入关键帧，光标指向第10~20帧间任意帧，选择"插入"→"传统补间"命令；在选择第20帧；在工具箱选择"任意变形工具"，选择舞台灯芯图形，拖动控制点改变灯芯图形状，如图5-3-32所示。

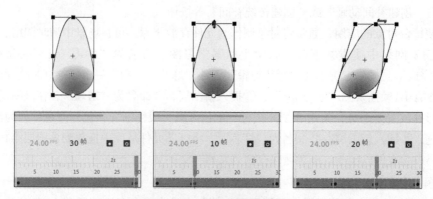

图5-3-32 制作灯芯跳动动画

步骤4 插入背景图。单击舞台左上角的"返回场景（←）"按钮，切换到场景1；选择"文件"→"导入"→"导入到库"命令，打开"导入到库"窗口，选择"文档"文件夹中的"学习.jpg"文件，单击"打开"按钮，将图导入库；右侧窗格选择"库"选项卡，选择库中的"学习.jpg"拖放到舞台；在工具箱选择"任意变形工具"，选择舞台中的图"学习.jpg"，拖动控制点改变图形状使其适合舞台，如图5-3-33所示。

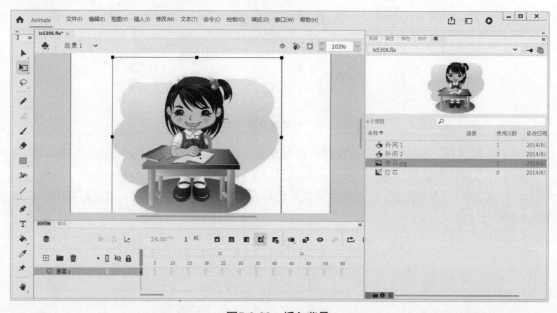

图5-3-33 插入背景

步骤5 新建图层，绘制蜡烛。图层控制区单击"新建图层"按钮，插入新图层；双击新图层名称，进入编辑，重命名图层为"蜡烛"；在工具箱选择"矩形工具"，在"蜡烛"图层第1帧绘制蜡烛；选择"颜料桶工具"，右侧窗格选择"颜色"选项卡；样式选择"线性渐变"，渐变定义栏色标设置为红色、淡红色、红色三种；填充蜡烛图形，如图5-3-34所示。

步骤6 新建图层，调用元件"灯芯"。图层控制区单击"新建图层"按钮，插入新图层；双击新图层名称，进入编辑，重命名图层为"灯芯"；选择"灯芯"图层第1帧；按鼠标左键从库中拖动元件"灯芯"到舞台"蜡烛"图形上方，构成完整蜡烛。

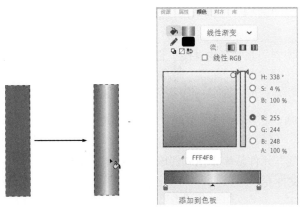

图5-3-34　绘制蜡烛

步骤7　调整图形。在工具箱选择"任意变形工具"，调整各图层的图形使其协调，组成一个完整画面，如图5-3-35所示。

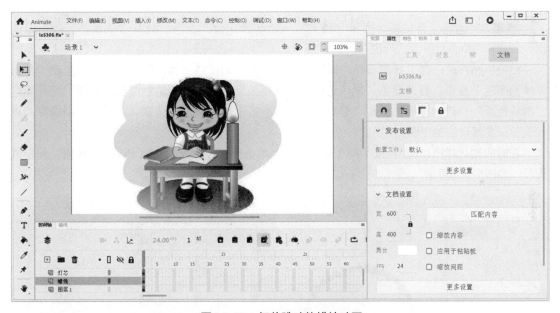

图5-3-35　灯芯跳动的蜡烛动画

步骤8　测试动画。按【Ctrl+Enter】组合键测试动画，按【Ctrl+W】组合键返回。

步骤9　保存文件。选择"文件"→"另存为"命令，打开"另存为"对话框，选择"文档"文件夹，在"文件名"文本框中输入lx5306，保存类型选择.fla项；单击"保存"按钮。

5.3.9　形状渐变动画制作

形状渐变动画是指对象由一种形状变为另一种形状，实现形状的改变。同运动渐变一样，它可以是颜色、大小、位置的改变。形状渐变动画中关键帧中的对象不能是元件、组合对象或位图对象，所以各关键帧中的对象，除直接绘制的图形外，其余对象需分离。制作形状渐变动画的具体操作方法是：时间轴同一图层插入两个关键帧，每个关键帧放置不同形态的对象，关键帧中的对象分离为形状；选择两个关键帧间的任意帧，右击并在快捷菜单中选择"创建补间形状"命令，或在"时间轴控件"栏单击"插入传统补间"按钮，或选择"插入"→"补间形状"命令。

【**实例**】网络中搜索一张教师讲课图，命名为"上课.jpg"；并在Adobe Animate 中完成下列操作：①新建"影片剪辑"元件logo，制作一个"三角形→圆→五角星"的图形循环形状渐变动画；②新建"影片剪辑"元件"文字形变"，制作文字由红色"好好学习"向绿色"天天向上"的形状渐变动画；③在场景1图层1第1帧插入图"上课.jpg"；④插入新图层，并命名为logo，将logo元件从库中拖放到该图层第1帧；调整位置与大小；⑤插入新图层，并命名为"文字形变"，将"文字形变"元件从库中拖放到该图层第1帧；调整位置与大小；⑥文件以lx5307.fla为名保存到"文档"文件夹。

具体操作步骤如下：

步骤1 从网络搜索学习图，存储到"文档"文件夹，命名为"上课.jpg"。

步骤2 启动Adobe Animate，新建文件。选择"文件"→"新建"→"角色动画"→"全高清（1920×1080）"命令（平台类型默认ActionScript 3.0）；单击"创建"按钮，打开Adobe Animate编辑界面。

步骤3 创建元件logo。选择"插入"→"新建元件"命令，打开"创建新元件"对话框，名称输入logo；单击"确定"按钮。

绘制logo背景：在工具箱选择"椭圆工具"，在右侧窗格"属性"→"工具"选项卡单击"填充颜色"按钮，打开颜色"默认色板"；选择淡绿色；单击"笔触颜色"按钮，打开颜色"默认色板"；选择深绿色；在"笔触大小"文本框中输入数值10像素；"样式"项选择"点状线"；在舞台绘制正圆。

在时间轴选择第120帧，按【F5】键插入帧；单击图层控制区的"锁定图层"按钮，锁定该图层，如图5-3-36所示。

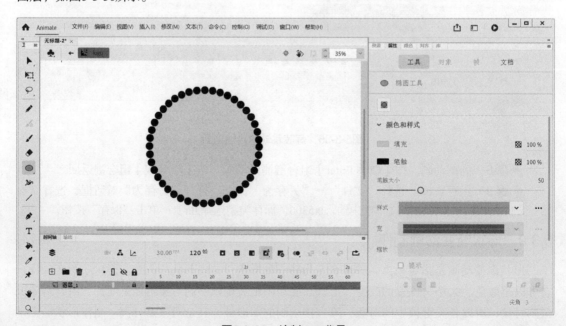

图5-3-36 绘制logo背景

步骤4 制作"三角形→圆→五角星"的图形循环形状渐变动画。单击图层控制区的

"新建图层"按钮，新建"图层2"；选择"图层2"第1帧；在工具箱选择"多角星形工具（⬡）"，在右侧窗格选择"属性"→"工具"选项卡，在"颜色和样式"栏"填充颜色"与"笔触颜色"选择金黄色，在"笔触大小"文本框中输入数值1像素；在"工具选项"栏"样式"选择"星形""边数"输入3；绘制与背景图相符的三角形。

选择当前图层第120帧，按【F6】键插入关键帧。

选择当前图层第40帧，按【F6】键插入关键帧；按【Delete】键删除关键帧中的图形。在工具箱选择"椭圆工具"，绘制与背景图相符的正圆。

选择当前图层第80帧，按【F6】键插入关键帧；按【Delete】键删除关键帧中的图形。在工具箱选择"多角星形工具（⬡）"，在右侧窗格选择"属性"→"工具"选项卡，在"工具选项"栏"样式"选择"星形"，"边数"输入5；绘制与背景图相符的五角星。

创建形状渐变动画。光标指向第1～40帧间任意帧；选择"插入"→"创建补间形状"命令创建"三角形→圆"的形状补间动画。光标指向第40～80帧间任意帧；选择"插入"→"创建补间形状"命令创建"圆→五角星"的形状补间动画。光标指向第80～120帧间任意帧；选择"插入"→"创建补间形状"命令，创建"五角星→三角形"的形状补间动画。

步骤5 添加形状提示。选择"图层2"第1帧；选择"修改"→"形状"→"添加形状提示"命令，在舞台中出现红色形状提示点ⓐ，将提示点ⓐ移动到三角形上角；选择第40帧，将提示点ⓐ移动到圆形右侧某点；选择"图层2"第1帧；选择"修改"→"形状"→"添加形状提示"命令，舞台中出现红色形状提示点ⓑ，将提示点ⓑ移动到三角左下角；选择第40帧，将提示点ⓑ移动到圆形左侧某点，如图5-3-37所示。

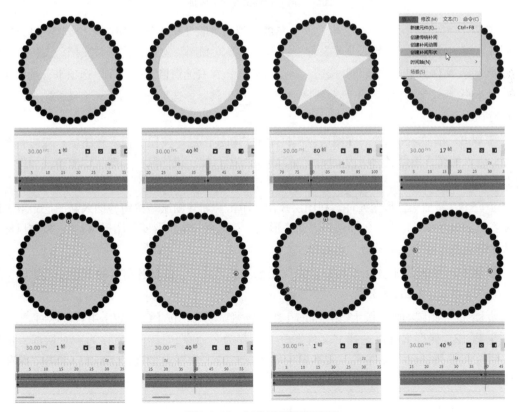

图5-3-37 制作形状渐变动画

步骤6 制作文字形状渐变动画元件。选择"插入"→"新建元件"命令，打开"创建新元件"对话框，名称输入"文字形变"；单击"确定"按钮。选择第1帧；在工具箱选择"文本工具"，在右侧窗格"属性"→"工具"选项卡字符"字体"选项选择"隶书"项，在"大小"项输入100像素；在舞台输入文本"好好学习"；连续两次选择"修改"→"分离"命令分离文本。

选择第120帧，按【F6】键插入关键帧。

选择第60帧，按【F6】键插入关键帧，按【Delete】键删除舞台文字；在工具箱选择"文本工具"，"笔触颜色"选择绿色；在舞台输入文本"天天向上"；连续两次选择"修改"→"分离"命令分离文本。

选择第1～60帧间任意帧，选择"插入"→"创建形状补间"命令；选择第60～120帧间任意帧，选择"插入"→"创建形状补间"命令，如图5-3-38所示。

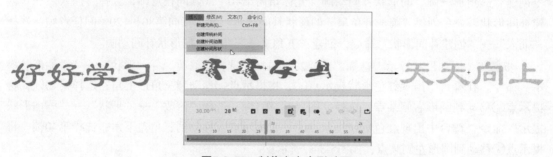

图5-3-38 制作文字变形动画

步骤7 插入背景图。单击舞台左上角的"返回场景（←）"按钮，切换到场景1；选择"文件"→"导入"→"导入到库"命令，打开"导入到库"窗口，选择"文档"文件夹中的"上课.jpg"文件，单击"打开"按钮，将图导入库；在右侧窗格选择"库"选项卡，选择库中"上课.jpg"拖放到舞台；在工具箱选择"任意变形工具"，选择舞台图形，拖动控制点改变图形状使其适合舞台。

步骤8 添加logo元件。在图层控制区单击"新建图层"按钮，插入新图层；双击新图层名称，进入编辑，重命名图层为logo；选择logo图层第1帧；按住鼠标左键从库中拖动元件"计时器"到舞台。

步骤9 添加文字形变元件。在图层控制区单击"新建图层"按钮，插入新图层；双击新图层名称，进入编辑，重命名图层为"文字形变"；选择"文字形变"图层第1帧；按住鼠标左键从库中拖动元件"文字形变"到舞台。

步骤10 调整图形。在工具箱选择"任意变形工具"，调整各图层的图形使其协调，组成一个完整画面，如图5-3-39所示。

步骤11 测试动画。按【Ctrl+Enter】组合键测试动画，按【Ctrl+W】组合键返回。

步骤12 保存文件。选择"文件"→"另存为"命令，打开"另存为"对话框，选择"文档"文件夹，在"文件名"文本框中输入lx5307，保存类型选择.fla项；单击"保存"按钮。

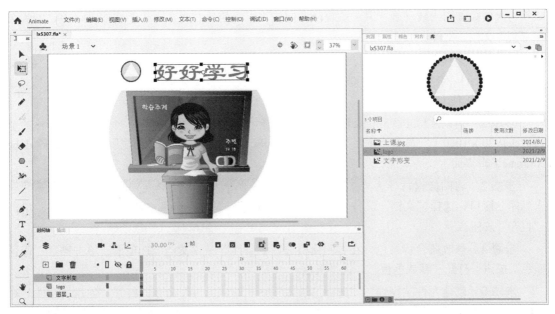

图5-3-39　形状渐变动画

5.3.10　引导线动画制作

引导线动画是指对象沿着用铅笔绘制的路径移动产生的动画。引导线
动画由引导层和被引导层组成。引导层用来放置对象运动的路径，通常位
于上方图层；被引导层用来放置运动的对象，通常位于下方图层。创建引
导线动画的具体操作方法是：在时间轴创建一个图层；光标指向该图层，
右击并在快捷菜单中选择"添加传统引导层"命令，添加传统引导层，如
图5-3-40所示；用"铅笔工具"在传统引导层绘制运动路径；为运动对象创
建传统补间动画；在起始帧、终止帧用"选择工具"将运动对象放置于引
导线的起点、终点。

一个传统引导层下方可新建多个图层，放置不同的对象，使不同对象
沿同一条路径运动。若某图层取消被引导，用鼠标拖动该图层到引导层上
方即可取消。

快捷菜单的"引导层"命令，可将普通层转换为引导层，或将引导
层、传统引导层转换为普通层。当普通层转换为引导层后，将普通层拖放
到引导层下方时，该引导层将转换为传统引导层。

图5-3-40　快捷菜单

【实例】网络中搜索并下载一张鲜花怒放的风景图并命名为"背景
1.jpg"，一张蝴蝶图并命名为"蝴蝶.jpg"，一张小天使飞行的GIF动画并
命名为"小天使.gif"。在Adobe Animate中完成下列操作：①新建"影片剪辑"元件"蝴蝶"，
利用图像"蝴蝶.jpg"制作蝴蝶振动翅膀的动画；②在场景1图层1第1帧插入图"背景1.jpg"，
并延伸到第70帧；③插入新图层2，将"蝴蝶"元件从库中拖放到该图层第1帧；调整位置与大
小；④插入新图层3，将"天使.gif"GIF动画导入该图层第1帧；调整位置与大小；⑤在所有图
层上方添加传统引导层，并用"铅笔工具"绘制从左向右的自由曲线（运动路径）；⑥分别为

蝴蝶与天使添加引导线动画，其中蝴蝶从左向右飞，天使从右向左飞；⑦文件以lx5308.fla为名保存到"文档"文件夹。

具体操作步骤如下：

步骤1 从网络搜索并下载素材，存储到"文档"文件夹，分别命名为"背景1.jpg""蝴蝶.jpg""小天使.gif"。

步骤2 启动Adobe Animate新建文件。选择"文件"→"新建"→"角色动画"→"全高清（1920×1080）"命令（平台类型默认ActionScript 3.0）；单击"创建"按钮，打开Adobe Animate编辑界面。

步骤3 将图像素材导入库。选择"文件"→"导入"→"导入到库"命令，打开"导入到库"窗口；选择"文档"文件夹中的"背景1.jpg""蝴蝶.jpg""小天使.gif"文件；单击"打开"按钮。

步骤4 修改舞台背景色。在右侧窗格选择"属性"→"文档"选项卡，单击舞台"背景颜色"按钮，打开"默认色板"，选择灰色。

步骤5 创建元件"蝴蝶"。选择"插入"→"新建元件"命令，打开"创建新元件"对话框，名称输入"蝴蝶"；单击"确定"按钮；在工具箱选择"选择工具"，将"蝴蝶.jpg"从库中拖放到舞台中央；选择"修改"→"分离"命令将图像分离；在工具箱选择"魔术棒"工具；选择蝴蝶图形外的区域，按【Delete】键删除。

选择第30帧，按【F6】键插入关键帧。

选择第15帧，按【F6】键插入关键帧；光标指向第1～15帧间任意帧，选择"插入"→"创建传统补间"命令；选择第15帧；在工具箱选择"任意变形工具"，横向压缩舞台中的蝴蝶图形；光标指向第15～30帧间任意帧，选择"插入"→"传统补间"命令，如图5-3-41所示。

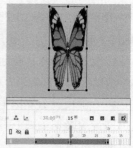

图5-3-41 制作蝴蝶振翅动画

步骤6 插入背景图。单击舞台左上角的"返回场景（←）"按钮，切换到场景1；在右侧窗格选择"库"选项卡；选择库中"背景1.jpg"拖放到舞台；在工具箱选择"任意变形工具"；选择舞台图形，拖动控制点改变图形状使其适合舞台；选择第80帧，按【F5】键将背景图延伸到第80帧；单击图层控制区的图层1"锁定"按钮，锁定背景图层。（提示：为方便后续操作，可隐藏该图层（背景图），引导线动画完成后取消隐藏）

步骤7 新建图层，添加元件"蝴蝶"。图层控制区单击"新建图层"按钮，插入新图层2；选择"图层2"第1帧；按住鼠标左键从库中拖动元件"蝴蝶"到舞台；在工具箱选择"任意变形工具"；选择舞台图形，拖动控制点改变图形状使其适合舞台。

步骤8　添加传统引导层。"图层控制区"光标指向"图层2";右击并在快捷菜单中选择"添加传统运动引导层"命令。

步骤9　新建图层，添加"小天使.gif"动画。光标指向"图层2";在图层控制区单击"新建图层"按钮，插入新图层3;选择"图层3"第1帧;按鼠标左键从库中拖动元件"小天使.gif"到舞台;在工具箱选择"任意变形工具"，选择舞台图形，拖动控制点改变图形状使其适合舞台。

步骤10　绘制引导线。在工具箱选择"铅笔工具";在右侧窗格"属性"→"工具"选项卡选择"平滑"项;在"引导层"绘制任意曲线。

步骤11　"蝴蝶"元件添加引导线。选择"图层2"第80帧;按【F6】键插入关键帧;光标指向第1~80帧间任意帧，选择"插入"→"创建传统补间"命令;选择第1帧;在工具箱选择"选择工具"，将舞台中的蝴蝶元件放到曲线起始点（中心圆圈与线起点重合），注意将蝴蝶方向转向路径前进方向;选择第80帧，将舞台中的蝴蝶元件放到曲线起终点（中心圆圈与线终点重合），注意将蝴蝶方向转向路径前进方向;单击时间轴第1~80帧间任意帧，在右侧窗格"属性"→"帧"选项卡勾选"调整到路径"复选框，如图5-3-42所示。

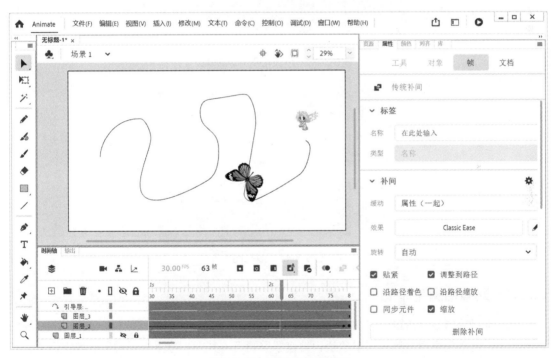

图5-3-42　蝴蝶引导线动画

步骤12　"小天使"元件添加引导线。重复步骤11，将"小天使"元件添加到引导线，起点、终点选择与"蝴蝶"元件相反，如图5-3-43所示。

步骤13　测试动画。按【Ctrl+Enter】组合键测试动画，按【Ctrl+W】组合键返回，效果如图5-3-44所示。

步骤14　保存文件。选择"文件"→"另存为"命令，打开"另存为"对话框，选择"文档"文件夹，在"文件名"文本框中输入lx5308，保存类型选择.fla项;单击"保存"按钮。

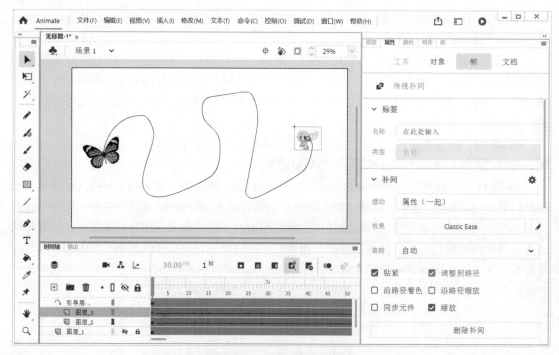

图5-3-43 小天使引导线动画

图5-3-44 效果图

5.3.11 遮罩动画制作

遮罩动画是指通过遮罩层透视出下方指定图层画面产生的动画。遮罩层是Adobe Animate的一种图层,遮罩层可透过遮罩层对象透视被遮罩层画面。其中,遮罩层中对象区域将透明,其他区域不透明。遮罩层对象可以是图形、文字、实例、影片剪辑等,每个遮罩层可有多个被遮罩层。遮罩帧动画制作的具体方法是:分别在两个相邻图层添加对象、制作动画;光标指向上方的图层,右击并在快捷菜单中选择"遮罩层"命令。

若将多个图层设置为被遮罩层,则将该图层拖放到遮罩层下方,或在遮罩层下方新建图层。

【实例】在Adobe Animate中完成正弦函数图像生成动画:①图层1重命名为"坐标轴",用"线条工具"在第1帧舞台绘制坐标轴图形,"笔触大小"为2像素,原点坐标为(75,200),横坐标轴长度360像素,分20个刻度,每个刻度18像素,纵坐标分四个刻度,每个刻度36像素;画面延伸到第100帧;②插入新图层并命名为"函数图像",并在该图层第1帧绘制红色正弦图像曲线；③插入新图层，命名为"遮罩"，该图层第1帧绘制矩形遮罩图；④制作正弦函数图像生成动画；⑤文件以lx5309.fla为名保存到"文档"文件夹。

具体操作步骤如下：

步骤1　启动Adobe Animate新建文件。选择"文件"→"新建"→"角色动画"命令（平台类型默认ActionScript 3.0）；舞台的"宽"输入550像素，"高"输入400像素，单击"创建"按钮，打开Adobe Animate编辑界面。

步骤2　图层重命名。双击图层控制区"图层1"名称，进入编辑状态，输入"坐标轴"，按【Enter】键。

步骤3　绘制坐标轴。选择"坐标轴"图层第1帧；在工具箱选择"线条工具"；在右侧窗格"属性"→"对象"选项卡的"笔触大小"文本框中输入2像素；选择原点坐标（75，200）；绘制一条直线；在工具箱选择"选择工具"，选择舞台中绘制的线；在右侧窗格选择"属性"→"对象"选项卡，可显示与修改线的坐标点。"位置与大小"栏x输入75，y输入200。（提示：舞台左上角的坐标参数是（0，0））

绘制坐标轴刻度，绘制短竖的刻度线，选择并复制，在右侧窗格"属性"→"对象"选项卡"位置与大小"栏x输入95，y输入200。横坐标轴长度360像素，分20个刻度，每个刻度18像素；计算每个刻度线的坐标，重复粘贴并设置坐标。纵坐标分四个刻度，每个刻度36像素，如图5-3-45所示。选择第100帧，按【F5】键。

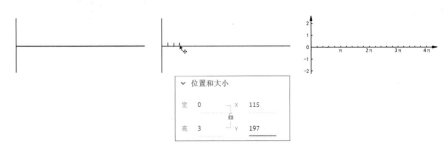

图5-3-45　绘制坐标轴

步骤4　绘制正弦曲线图。在图层控制区单击"新建图层"按钮，插入新图层2；双击图层控制区的"图层2"名称，进入编辑状态，输入"函数图像"，按【Enter】键。选择"函数图像"第1帧；在工具箱选择"线条工具"；在右侧窗格"属性"→"对象"选项卡的"笔触大小"文本框中输入2像素；"笔触颜色"选择红色；在舞台0～π区间绘制两条直线；在工具箱选择"选择工具"将直线调整为曲线；复制三段绘制曲线，其中两段垂直翻转（选择"修改"→"变形"→"垂直翻转"命令），组成正弦曲线图案，如图5-3-46所示。

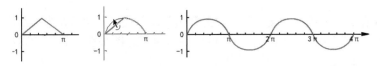

图5-3-46　绘制正弦曲线

步骤5　新建"遮罩"图层。在图层控制区单击"新建图层"按钮，插入新图层3；双击图层控制区的"图层2"名称，进入编辑状态，输入"遮罩"，按【Enter】键。选择"遮罩"第1帧；在工具箱选择"矩形工具"；在舞台绘制矩形，使其覆盖正弦曲线图。

步骤6　创建遮罩动画。选择"遮罩"图层第100帧,按【F6】键插入关键帧;光标指向第1～100帧间任意帧,选择"插入"→"传统补间"命令;选择"遮罩"图层第1帧,将矩形图形向左移出坐标轴。图层控制区光标指向"遮罩"图层,右击并在快捷菜单中选择"遮罩层"命令,如图5-3-47所示。

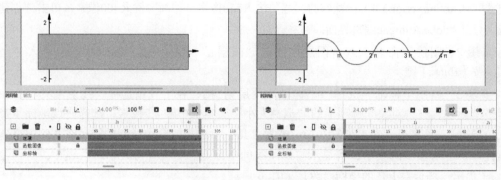

图5-3-47　遮罩动画

步骤7　测试动画。按【Ctrl+Enter】组合键测试动画,按【Ctrl+W】组合键返回,效果如图5-3-48所示。

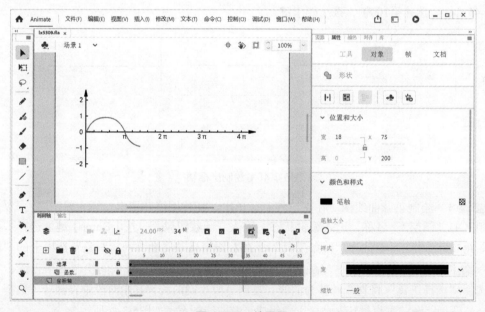

图5-3-48　效果图

步骤8　保存文件。选择"文件"→"另存为"命令,打开"另存为"对话框,选择"文档"文件夹,在"文件名"文本框中输入lx5309,保存类型选择.fla项;单击"保存"按钮。

5.3.12　反向运动动画制作

1. 反向运动

反向运动(IK)是指在对象中添加使用关节结构的骨骼系统,辅助动画制作的方法。骨骼按父子关系链接成线性或枝状骨架。当一个骨骼移动时,与其连接的骨骼也发生相应的移动。

使用反向运动进行动画处理，只需在时间轴上指定骨骼的开始和结束位置，Adobe Animate自动在起始帧和结束帧之间对骨架中骨骼的位置进行内插补间。

反向运动中通常用到骨骼样式、姿势图层两个概念。

骨骼样式是指骨骼在舞台中的显示方式。设置骨骼样式的具体方法是：在时间轴中选择反向运动（IK）范围；右侧窗格切换到"属性"面板，在"选项"→"样式"选项中选择某样式。其中包括实线、线框、线和无四种样式。实线：默认样式，用纯色填充骨骼区域。线框：用线框勾画出骨骼轮廓。线：用线表示骨骼形状；无：隐藏骨骼，仅显示骨骼下面的图形。

姿势图层是指记录骨骼运动变化的图层。当向元件实例或形状中添加骨骼时，Adobe Animate在时间轴创建一个新图层——姿势图层。

2. 反向运动动画创建

使用反向运动创建动画有两种方式。①使用形状作为多块骨骼的容器，如向蛇的图形中添加骨骼，使其逼真地爬行。②将元件链接起来，如将显示躯干、手臂、前臂和手的影片剪辑链接起来，使其彼此协调地移动；每个实例只有一个骨骼。

（1）形状添加骨骼

形状添加骨骼是指将骨骼添加到同一图层的单个形状或一组形状，控制整个形状的运动。具体操作方法是：选择所有形状；在工具箱选择"骨骼工具"，使用骨骼工具在形状内单击并拖动到该形状内的另一位置，依次绘制一个或多个骨骼。添加骨骼后，Adobe Animate会将所有形状和骨骼转换为一个IK形状对象，并将该对象移至一个新姿势图层。

创建子骨骼：从第一个骨骼（根骨骼）尾部拖动到形状内的其他位置，可创建第二个骨骼，第二个骨骼将成为根骨骼的子级。按照创建父子关系的顺序将骨骼链接在一起，形成骨架系统。创建分支骨骼：单击骨骼的头部，拖动鼠标创建新分支骨骼。移动骨架：使用"部分选择工具"选择IK形状对象，拖动骨骼移动。调整骨骼大小：在工具箱选择"部分选择工具"，拖动骨骼端点移动。

为使骨骼与其对应形状在动画中更协调，可使用"绑定工具"将形状与骨骼绑定在一起。具体操作方法是：在工具箱选择"绑定工具"；单击舞台中的骨骼；显示出形状的控制点，将控制点拖放到相应的骨骼。

将骨骼添加到一个形状后即形状成为IK形状时，该形状具有以下限制：不能将一个IK形状与其外部的其他形状进行合并；不能使用任意变形工具旋转、缩放或倾斜该形状；不能向该形状添加新笔触；不能编辑该形状；形状具有自己的注册点、变形点和边框。

【实例】在Adobe Animate中完成一个手臂伸展动作的动画操作：①图层1第1帧用"矩形工具"与"椭圆工具"在舞台绘制一个手臂弯曲正面站立的人形图；②删除形状交接处多余的线段；③用"骨骼工具"为人形图左臂添加两节骨骼；人身体添加一节骨骼；④用"绑定工具"将骨骼与相对应的形状绑定在一起；⑤制作一个手臂伸展动作的动画；⑥文件以lx5310.fla为名保存到"文档"文件夹。

具体操作步骤如下：

步骤1　启动Adobe Animate新建文件。选择"文件"→"新建"→"角色动画"→"全高清（1920×1080）"命令（平台类型默认ActionScript 3.0）；单击"创建"按钮，打开Adobe Animate编辑界面。

步骤2　绘制人形图。选择图层1第1帧；在工具箱选择"矩形工具"；绘制人的身体与腿脚；在工具箱选择"椭圆工具"；绘制人的头形。新建"图层2"；选择图层2第1帧；在工具箱选择"矩形工具"；绘制人的手臂（大臂与小臂不要连接）。

步骤3 删除线。在工具箱选择"选择工具"，选择并删除绘制图形中的线。

步骤4 添加骨骼。在工具箱选择"骨骼工具"；在身体图形绘制骨骼；选择身体图形内骨骼根部，按鼠标键绘制分支骨骼到左臂，连续绘制子骨骼到小臂图形，如图5-3-49所示。

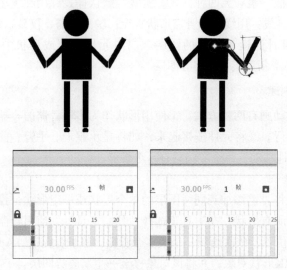

图5-3-49 绘制人形、添加骨骼

步骤5 创建骨骼动画。在工具箱选择"选择工具"，选择图层1第30帧，按【F5】键插入帧；选择"骨架"图层第30帧，按【F6】键插入关键帧；舞台中拖动骨骼改变位置与状态，如图5-3-50所示。

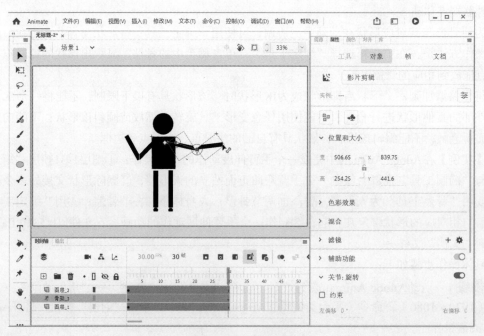

图5-3-50 骨骼动画

步骤 6　测试动画。按【Ctrl+Enter】组合键测试动画，按【Ctrl+W】组合键返回。

步骤 7　保存文件。选择"文件"→"另存为"命令，打开"另存为"对话框，选择"文档"文件夹，在"文件名"文本框中输入lx5310，保存类型选择.fla项；单击"保存"按钮。

（2）元件添加骨骼

元件添加骨骼是指向影片剪辑、图形和按钮等元件添加骨骼。若使用文本，则首先将文本转换为元件或分离为形状，然后使用骨骼。元件添加骨骼具体操作方法是：创建元件并添加到舞台；在工具箱选择"骨骼工具"；单击将骨骼附加到元件的一点；鼠标拖动至另一个元件，在附加骨骼的元件点处松开鼠标按键。

若使用更精确的方法添加骨骼，可在首选参数（选择"编辑"→"首选参数"→"绘制"命令）中关闭"自动设置变形点"。"自动设置变形点"处于关闭状态的情况下，当从一个元件到下一元件依次单击时，骨骼将对齐到元件变形点。

向骨架添加其他骨骼。从第一个骨骼的尾部拖动鼠标至下一个元件。若关闭"贴紧至对象"（选择"视图"→"贴紧"→"贴紧至对象"命令）选项时，则可更加准确地放置尾部。

【实例】在Adobe Animate中完成机器连杆转动的动画操作：①分别新建"曲轴""连杆""活塞"元件；②将三个元件添加到场景1图层1第1帧，并按机器结构排列；③用"骨骼工具"为三个元件添加骨骼；④制作曲轴转动一周的动画；⑤文件以lx5311.fla为名保存到"文档"文件夹。

具体操作步骤如下：

步骤 1　启动Adobe Animate新建文件。选择"文件"→"新建"→"角色动画"命令（平台类型默认ActionScript 3.0）；舞台的"宽"输入550像素，"高"输入400像素，单击"创建"按钮，打开Adobe Animate编辑界面。

步骤 2　新建元件。选择"插入"→"新建元件"命令，打开"新建元件"对话框；在"名称"文本框中输入"曲轴"，"类型"选择"影片剪辑"项，单击"确定"按钮；绘制曲轴图形。用同样的方法分别创建"连杆""活塞"元件，如图5-3-51所示。

图5-3-51　绘制元件

步骤 3　调用元件。选择场景1图层1第1帧；在工具箱选择"选择工具"，将三个元件添加到舞台，并按机器结构排列。

步骤 4　添加骨骼。在工具箱选择"骨骼工具"；单击曲轴中心点添加根骨骼端点；拖动鼠标到连杆下端放下；继续拖动鼠标到活塞，创建连接"曲轴""连杆""活塞"三个元件的二级骨架。

步骤 5　创建骨骼动画。在工具箱选择"选择工具"；选择"骨架"图层第20帧，按【F6】键插入关键帧；舞台中拖动骨骼到曲轴旋转90°位置；选择"骨架"图层第40帧，按

【F6】键插入关键帧；舞台中拖动骨骼到曲轴旋转180°位置；选择"骨架"图层第60帧，按
【F6】键插入关键帧；舞台中拖动骨骼到曲轴旋转270°位置；选择"骨架"图层第80帧，按
【F6】键插入关键帧；舞台中拖动骨骼到曲轴旋转360°位置，如图5-3-52所示。

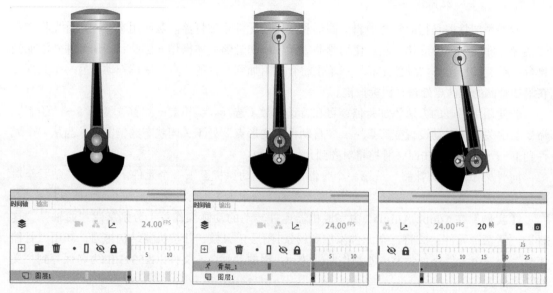

图5-3-52　添加骨骼与动作

步骤6　测试动画。按【Ctrl+Enter】组合键测试动画，按【Ctrl+W】组合键返回。

步骤7　保存文件。选择"文件"→"另存为"命令，打开"另存为"对话框；选择"文档"文件夹，在"文件名"文本框中输入lx5311，保存类型选择.fla项；单击"保存"按钮。

3. 反向运动常用的编辑

（1）编辑IK骨架和对象

① 选择骨骼和关联对象。选择单个骨骼：使用选取工具单击该骨骼。选择多个骨骼：按住【Shift】键并单击多块骨骼。将所选内容移动到相邻骨骼：在属性面板中单击"父级""子级"或"下一个/上一个同级"按钮。选择骨架中的所有骨骼：双击某个骨骼。选择整个骨架并显示骨架的属性及其姿势图层：单击姿势图层中包含骨架的帧。选择IK形状：单击该形状。选择连接到某个骨骼的元件实例：单击该实例。

② 重新定位骨骼和关联对象。重新定位线性骨架：拖动骨架中的任何骨骼，如果骨架包含已连接的元件实例，则还可拖动实例。调整骨架某个分支的位置：拖动该分支中的任意骨骼，该分支中的所有骨骼都将移动，骨架其他分支中的骨骼不会移动。将某个骨骼与其子级骨骼一起旋转而不移动父级骨骼：按住【Shift】键，同时拖动该骨骼。将某个IK形状移动到新位置：在属性面板中选择该形状并更改其X和Y属性，或按【Alt】键拖动该形状。

③ 删除骨骼。删除骨骼可选择下列操作之一。删除单个骨骼及其所有子级：单击该骨骼并按【Delete】键。从时间轴的某个IK形状或元件骨架中删除所有骨骼：右击时间轴IK骨架范围后在快捷菜单中选择"删除骨架"命令。从舞台上的某个IK形状或元件骨架中删除所有骨骼：双击骨架中的某个骨骼以选择所有骨骼；按【Delete】键，IK形状将还原为正常形状。

④ 相对于关联的形状或元件移动骨骼。移动IK形状内骨骼任一端的位置：使用"部分选择

工具"拖动骨骼的一端。若IK范围中有多个姿势，则无法使用"部分选择工具"。编辑之前，可从时间轴中删除位于骨架的第1帧之后的任何附加姿势。移动元件实例内的骨骼关节、头部或尾部的位置：移动实例的变形点。使用"任意变形工具"骨骼将随变形点移动。移动单个元件实例而不移动任何其他链接的实例：按住【Alt】键同时拖动该实例。使用"任意变形工具"拖动实例，连接到实例的骨骼将变长或变短，以适应实例的新位置。

⑤ 编辑IK形状。在工具箱选择"部分选择工具"，可在IK形状中添加、删除、编辑轮廓控制点，但不能对IK形状变形（缩放或倾斜）。移动骨骼位置而不更改IK形状：拖动骨骼的端点。显示IK形状边界的控制点：单击形状的笔触。移动控制点：拖动该控制点。添加新的控制点：单击笔触上没有任何控制点的部分。删除现有的控制点：单击选择控制点，按【Delete】键。

（2）骨骼绑定到形状点

默认情况下，形状控制点连接到距离它们最近的骨骼。可使用"绑定工具"编辑单个骨骼和形状控制点之间的连接，以对笔触在各骨骼移动时如何扭曲进行控制。加亮显示已连接到骨骼的控制点：使用绑定工具单击该骨骼，已连接的点以黄色加亮显示；选定的骨骼以红色加亮显示；仅连接到一个骨骼的控制点显示为方形；连接到多个骨骼的控制点显示为三角形。向所选骨骼添加控制点：按住【Shift】键，同时单击某个未加亮显示的控制点，也可以在按住【Shift】键的同时拖动选择要添加到选定骨骼的多个控制点。从骨骼中删除控制点：按住【Ctrl】键，同时单击以黄色加亮显示的控制点，也可以在按住【Ctrl】键的同时拖动删除选定骨骼中的多个控制点。加亮显示已连接到控制点的骨骼：使用绑定工具单击该控制点，已连接的骨骼以黄色加亮显示，而选定的控制点以红色加亮显示。向选定的控制点添加其他骨骼：按住【Shift】键，同时单击骨骼。从选定的控制点中删除骨骼：按住【Ctrl】键，同时单击以黄色加亮显示的骨骼。

（3）骨骼添加弹簧属性

骨骼属性可将弹簧属性添加到IK骨骼。骨骼的"强度"和"阻尼"属性将动态物理集成到骨骼IK系统，使IK骨骼体现真实的物理移动效果。"强度"和"阻尼"属性可使骨骼动画效果逼真。

启用弹簧属性。选择一个或多个骨骼；在右侧窗格"属性"面板的"弹簧"部分设置"强度"值和"阻尼"值。"强度"值越高，创建的弹簧效果越强，弹簧就变得越坚硬。"阻尼"值决定弹簧效果的衰减速率，值越高，动画结束越快，弹簧属性减小越快，如果值为 0，则弹簧属性在姿势图层的所有帧中保持其最大强度。

禁用"强度"和"阻止"属性。在时间轴中选择姿势图层，并在属性面板的"弹簧"部分中取消选择"启用"复选框。

当使用弹簧属性时，下列因素将影响骨骼动画的最终效果："强度"属性值；"阻尼"属性值；姿势图层中姿势之间的帧数；姿势图层中的总帧数；姿势图层中最后姿势与最后1帧之间的帧数。

（4）时间轴编辑骨架动画

时间轴中对骨架编辑动画，需要插入姿势，使用"选取工具"更改骨架，Adobe Animate将在姿势间的帧中自动内插骨骼的位置，IK骨架存放于时间轴姿势图层。具体操作方法是：选择姿势图层中的目标帧；右击并在快捷菜单中选择"插入姿势"命令；在舞台调整骨骼形态。通常将播放指针停放在目标帧，在舞台调整骨骼形态也可编辑骨骼动画。

（5）IK对象属性应用附加补间效果

要向除骨骼位置之外的IK对象属性应用补间效果，可将该对象包含在影片剪辑或图形元件中。具体操作方法是：选择IK骨架及其所有的关联对象；右击并在快捷菜单中选择"转换为元件"命令；打开"转换为元件"对话框，输入元件名称，"类型"选项选择"影片剪辑"或"图形"项；单击"确定"按钮；返回场景，将该元件从库拖放到舞台；向舞台的新元件实例添加补间动画效果。

5.3.13 3D动画制作

Adobe Animate是一个二维动画制作软件，对于3D动画，工具箱中增加了"3D工具"，通过它可以将没有厚度的平面图形在3D空间旋转和平移，形成3D透视效果。具体操作方法是：选择舞台中的对象；在工具箱选择"3D工具"；旋转或移动舞台中的对象。其中，当选择舞台中的对象时，在平移状态下X轴显示为红色，Y轴显示为绿色，Z轴显示为蓝色；在旋转状态下，围绕X轴旋转显示为红色，围绕Y轴旋转显示为绿色，围绕Z轴旋转显示为蓝色。

【实例】从网络搜索下载一张蝴蝶图片，在Adobe Animate中完成蝴蝶飞翔的3D动画操作：①新建"蝴蝶"元件，蝴蝶作振动翅膀的动作；②将"蝴蝶"元件添加到场景1图层1第1帧；③用"3D工具"制作蝴蝶飞翔动画。前50帧蝴蝶向远方飞行，前50帧蝴蝶往回飞行；④文件以lx5312.fla为名保存到"文档"文件夹。

具体操作步骤如下：

步骤1 从网络下载蝴蝶图片，以"蝴蝶.jpg"为保存到"文档"文件夹。

步骤2 启动Adobe Animate，新建文件。选择"文件"→"新建"→"角色动画"→"全高清（1920×1080）"命令（平台类型默认ActionScript 3.0）；单击"创建"按钮，打开Adobe Animate编辑界面。

步骤3 新建元件。选择"文件"→"导入"→"导入到库"命令，将图像"蝴蝶.jpg"导入库。选择"插入"→"新建元件"命令，打开"创建新元件"对话框，名称输入"蝴蝶"；单击"确定"按钮；在工具箱选择"选择工具"，将"蝴蝶.jpg"从库中拖放到舞台中央；选择"修改"→"分离"命令，将图像分离；在工具箱选择"魔术棒"工具；选择蝴蝶图形外的区域，按【Delete】键删除；选择第10帧，按【F6】键插入关键帧；选择第1～10帧间的任意帧，选择"插入"→"创建传统补间"命令；选择第5帧，按【F6】键插入键帧；在工具箱选择"任意变形工具"，横向压缩舞台中的蝴蝶图形。

步骤4 调用元件。选择场景1图层1第1帧；在工具箱选择"任意变形工具"将"蝴蝶"元件添加到舞台，并调整元件大小与位置。

步骤5 制作向远方飞行的3D动画。选择第50帧，按【F5】键插入普通帧；选择"插入"→"创建补间动画"命令；在工具箱选择"3D旋转工具"，在舞台分别选择元件外围的红色和蓝色控制线，沿X轴与Z轴旋转"蝴蝶"元件，使其呈远方飞行姿态；在工具箱选择"3D平移工具"，在舞台选择元件中心（Z轴）控制线，沿Z轴缩小"蝴蝶"元件；同时沿X轴与Y轴适当平移元件。

步骤6 制作向远方飞行的3D动画。选择第100帧，按【F5】键插入关键普通帧；在工具箱选择"3D旋转工具"，在舞台分别选择元件外围的红色和蓝色控制线，沿X轴与Z轴旋转"蝴蝶"元件，使其呈向回飞行姿态；在工具箱选择"3D平移工具"；在舞台选择元件中心（Z

轴）控制线，沿Z轴放大"蝴蝶"元件；同时沿X轴与Y轴适当平移元件，如图5-3-53所示。

图5-3-53　制作3D动画

步骤7　测试动画。按【Ctrl+Enter】组合键测试动画，按【Ctrl+W】组合键返回。

步骤8　保存文件。选择"文件"→"另存为"命令，打开"另存为"对话框，选择"文档"文件夹，在"文件名"文本框中输入"lx5312"，保存类型选择.fla项；单击"保存"按钮。

5.3.14　音频导入

1. Adobe Animate中的音频类型

Adobe Animate中输出的音频有事件声音和数据流声音两种类型。事件声音是指在影片完全下载后才能开始播放的音频类型；数据流声音是指在下载影片几帧中足够的数据后就开始播放的音频类型。

Adobe Animate的库中可导入的音频有WAV、MP3和AIFF（仅限苹果机）等格式。音频文件只能导入到库，不能直接导入到舞台。导入音频文件与导入图像相同，具体操作方法是：选择"文件"→"导入"→"导入到库"命令，打开"导入到库"对话框；选择WAV或MP3音频文件；单击"打开"按钮。

2. 添加声音到时间轴

将库中的音频文件添加到时间轴通常有两种方法。①选择目标帧；按【F7】键插入空白关键帧；将库中的音频文件拖动到舞台，音频文件被添加到目标帧。②选择目标关键帧；在右侧窗格"属性"→"帧"选项卡"声音"栏单击"名称"按钮，打开导入库的音频文件列表；选择音频文件。

对于添加到时间轴的音频，可在后面帧按【F5】键延伸音频显示。

3. 设置音频文件

通过音频的"属性"→"帧"选项卡"声音"栏，可设置音频名称、效果、同步、循环等。

（1）名称

名称用于控制在关键帧中添加或取消库列表中的音频文件。若添加音频文件，则在右侧窗格"属性"→"帧"选项卡"声音"栏单击"声音"按钮，打开导入库的音频文件列表，选择音频文件。若取消音频，则选择"无"。

（2）效果

效果用于设置时间轴中音频文件的输出效果。在右侧窗格"属性"→"帧"选项卡"声音"栏单击"效果"按钮，打开效果选项列表，选择某效果。效果列表中包含八个选项，如图5-3-54所示。

无：没有效果。左声道：仅播放左声道声音。右声道：仅播放右声道声音。向右淡出：

左声道中的声音逐渐减小一直到无，右声道中的声音逐渐增大到最大音量。向左淡出：右声道中的声音逐渐减小一直到无，左声道中的声音逐渐增大到最大音量。淡入：声音在开始播放的一段时间内将逐渐增大，达到最大音量后保持不变。淡出：声音在结束播放的一段时间内将逐渐减小，直到消失。自定义：自行设置声音效果。选择"自定义"选项，进入"编辑封套"窗口，对声音进行再编辑。

（3）同步

同步用于设置音频文件与画面的播放方式。在属性面板单击"同步"按钮，打开同步选项列表。其中包含四个选项，如图5-3-55所示。

事件：使声音和一个事件的发生过程同步起来。事件音频是独立于时间轴存在的声音类型，播放时不受时间轴控制。当影片结束时，声音会继续播放完毕。开始：选择"开始"选项，声音播放过程中，若遇到同样的音频文件，仍会继续播放该声音文件，不会和遇到的文件同时播放。停止：停止音频文件的播放。数据流：使音频文件与时间轴中的影片同步。即音频被分配到时间轴中的每一个帧里，影片停止，音频播放也停止。

"同步"选项之后，还可设置声音的播放次数，包括"重复"与"循环"两个选项，如图5-3-56所示。"重复"选项，可在其文本框中输入需要重复的次数。如在1 min内重复播放一段5 s的声音，则在文本框中输入数值12；选择"循环"选项，声音则会一直循环播放。

图5-3-54　效果选项

图5-3-55　同步选项

图5-3-56　重复选项

5.3.15　视频导入

1. 可导入的视频格式

Adobe Animate可导入的视频格式的有AVI、MPEG、WMV、FLV等，如果安装有QuickTime插件，可支持MOV等视频格式。一般情况下，由于很多计算机没有安装相关插件，因此建议将视频文件素材转换为FLV格式的文件。

2. 视频文件导入时间轴

视频文件导入时间轴，具体操作方法是：选择目标帧，按【F6】键插入关键帧；选择"文件"→"导入"→"导入视频"命令，打开"导入视频"对话框；单击"浏览"按钮，打开"打开"对话框；选择目标文件，单击"打开"按钮；返回"导入视频"对话框，完成操作向导设置；单击"确定"按钮。

① 在 Adobe Animate 文件内嵌入视频。若在"导入视频"对话框中选择"在SWF中嵌入FLV并在时间轴中播放"选项，可将视频嵌入时间轴，如图5-3-57所示。

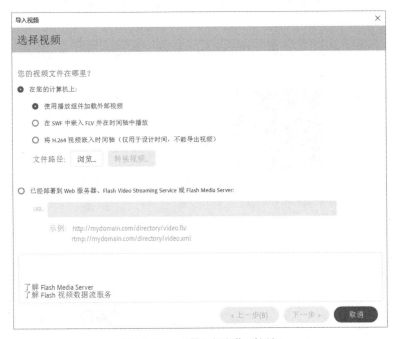

图5-3-57　"导入视频"对话框

单击"下一步"按钮；"符号类型"选择"嵌入的视频"项，如图5-3-58所示。

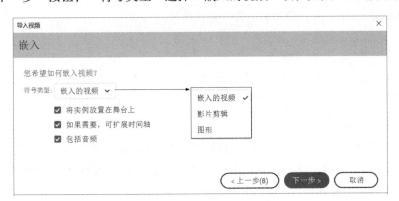

图5-3-58　导入视频对话框选项

其中，"嵌入的视频"是指视频导入到时间轴，在时间轴上线性播放视频。"影片剪辑"是指将视频置于影片剪辑实例中，以获得对视频的最大控制，视频的时间轴独立于场景时间轴进行播放，不必为容纳该视频而将主时间轴扩展很多帧。"图形"是指将视频剪辑嵌入为图形元件。通常，图形元件用于静态图像以及用于创建一些绑定到场景时间轴的可重用的动画片段。"将实例放置在舞台上"选项用于设置是否将视频放于时间轴。默认情况下，Adobe Animate将导入的视频放在舞台上；若要仅导入到库中，则取消选择"将实例放置在舞台上"复选框。

默认情况下，Adobe Animate会扩展时间轴，以适应要嵌入的视频剪辑的播放长度。

② 使用播放组件加载外部视频。在"导入视频"对话框，若选择"使用播放组件加载外部视频"选项，则会在舞台插入一个指定的播放器，控制视频播放。指定播放器，可单击"外观"按钮，打开播放器选项列表，选择某种播放器，如图5-3-59所示。

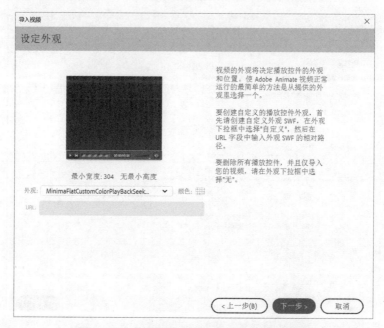

图5-3-59　使用播放组件加载外部视频对话框

默认情况下，"导入视频"只是在Adobe Animate中添加一个超链接，源文件的存放位置不会变，改变Adobe Animate文档位置后，需要重新链接。

5.3.16　按钮制作

按钮是指通过鼠标事件控制动画播放的交互式元件。通过按钮，可使用鼠标控制动画播放、停止、跳转等操作。Adobe Animate中按钮来源主要有"组件"按钮、创建按钮元件两种。

1. "组件"按钮

"组件"按钮是Adobe Animate系统自带的按钮元件集合，其中收集了常用的几类按钮元件，可直接在场景中调用。使用"组件"按钮的具体方法是：选择放置按钮的关键帧；选择"窗口"→"组件"命令，打开"组件"对话框；单击打开文件夹User Interface，显示该文件夹中的按钮组件；选择按钮组件，拖放到舞台；在右侧窗格"属性"→"对象"选项卡填写"实例名称"；选择"窗口"→"组件参数"命令，打开"组件参数"对话框；设置组件参数值，如图5-3-60所示。通过"动作"脚本语句实现ActionScript调用。

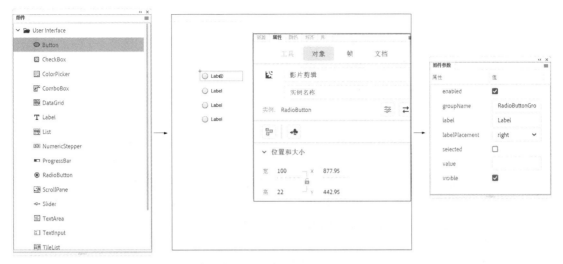

图5-3-60　"组件"中的按钮

2. 创建按钮元件

（1）按钮元件的创建方法

按钮元件的创建方法有以下三种。①新建按钮。选择"插入"→"新建元件"命令，打开"创建新元件"对话框，输入名称，"类型"选择"按钮"项，单击"确定"按钮；编辑按钮元件。②图形转换。舞台上绘制一个图形；选择并右击并在快捷菜单中选择"转换为元件"命令；打开"转换为元件"对话框，"类型"修改为"按钮"项；单击"确定"按钮。③元件转换。舞台中选择图形或影片剪辑元件；右击并在快捷菜单中选择"转换为元件"命令；打开"转换为元件"对话框，"类型"修改为"按钮"项；单击"确定"按钮。

（2）按钮元件的构成

按钮元件由四帧（关键帧）组成，每帧响应一种鼠标左键状态，对应四种鼠标左键操作状态。按钮元件的四种状态如图5-3-61所示。

弹起：鼠标和按钮不发生接触时的状态。指针经过：鼠标经过按钮但没有按下鼠标时的状态。按下：当鼠标移动到按钮上并按下鼠标时的状态。点击：响应鼠标事件的有效区域范围，此区域舞台不显示。可

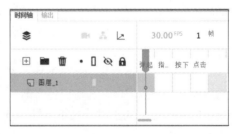

图5-3-61　创建按钮元件

不定义"点击"帧，此时"弹起"帧的对象将作为鼠标响应区。通过时间轴上的四帧可设计不同的按钮形状。制作隐形按钮时，可定义"点击"区域，不定义前三个区域。

【实例】在Adobe Animate中完成制作动态按钮操作：①新建按钮元件"播放"，圆形图案，弹起时呈绿色，指针经过时呈红色，按下时呈灰色；②在按钮图形上添加文本"播放"；③复制"播放"按钮，命名为"暂停"，并将按钮图形上的文本改为"暂停"；④将"播放""暂停"按钮元件添加到场景1图层1第1帧；⑤文件以lx5313.fla为名保存到"文档"文件夹。

具体操作步骤如下：

步骤1　启动Adobe Animate，新建文件。选择"文件"→"新建"→"角色动画"命令（平台类型默认ActionScript 3.0）；舞台的"宽"输入550像素，"高"输入400像素，单击"创

建"按钮，打开Adobe Animate编辑界面。

步骤2 新建元件。选择"插入"→"新建元件"命令，打开"创建新元件"对话框，"名称"输入文本"播放"；"类型"选择"按钮"项，单击"确定"按钮。

步骤3 绘制按钮"弹起"帧图形。选择图层1"弹起"帧；在工具箱选择"椭圆工具"；按住【Shift】键并拖动鼠标在舞台绘制正圆；在工具箱选择"颜料桶工具"；在右侧窗格选择"颜色"选项卡；"颜色类型"选择"径向渐变"项；渐变色定义栏色标设置为白色、绿色，给绘制的圆形填充颜色。

单击图层控制区"新建图层"按钮，添加图层2；选择图层"弹起"帧，在工具箱选择"椭圆工具"；按住【Shift】键并拖动鼠标在舞台绘制正圆；在工具箱选择"颜料桶工具"；给绘制的圆形填充颜色；在工具箱选择"任意变形工具"，将两个图层的圆形叠加，图层2的圆形略小于图层1。用同样的方法在图层3绘制圆形，绘制完成后删除圆的边线，如图5-3-62所示。

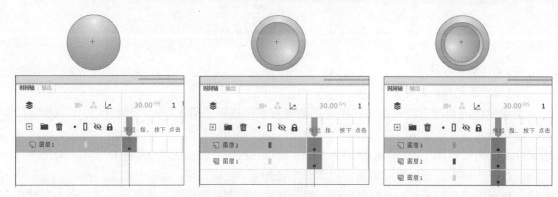

图5-3-62 绘制弹起帧图形

步骤4 制作"指针经过"帧图形。在工具箱选择"颜料桶工具"；在右侧窗格选择"颜色"选项卡；"颜色类型"选择"径向渐变"项；渐变色定义栏色标设置为白色、红色；分别选择图层1、图层2、图层3的"指针经过"帧，按【F6】键插入关键帧，并用"颜料桶工具"给绘制的圆形填充颜色。

步骤5 制作"按下"帧图形。在工具箱选择"颜料桶工具"；在右侧窗格选择"颜色"选项卡；"颜色类型"选择"径向渐变"项；渐变色定义栏色标设置为白色、灰色；分别选择图层1、图层2、图层3的"按下"帧，按【F6】键插入关键帧，并用"颜料桶工具"给绘制的圆形填充颜色。

步骤6 按钮添加文本。在图层控制区单击"新建图层"按钮，添加图层2；选择图层"弹起"帧，在工具箱选择"椭圆工具"；按住【Shift】键并拖动鼠标在舞台绘制正圆；在工具箱选择"颜料桶工具"；给绘制的圆形填充颜色；在工具箱选择"任意变形工具"，将两个图层的圆形叠加，图层2的圆形略小于图层1。用同样的方法在图层3绘制圆形，如图5-3-63所示。

步骤7 复制元件并更名。在右侧窗格"库"面板选择"播放"元件；右击并在快捷菜单中选择"直接复制"命令；打开"直接复制元件"对话框，"名称"输入文本"暂停"，单击"确定"按钮。双击"库"面板中的"暂停"元件，进入编辑状态；双击舞台中的文本"播放"并改为"暂停"。

步骤8 调用按钮。单击舞台窗口左上方的"返回场景（←）"按钮，切换到场景1；

选择图层1第1帧；从"库"中将"播放""暂停"拖入到舞台；在工具箱选择"任意变形工具"，调整舞台中按钮的位置与大小。

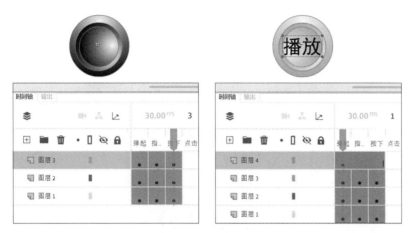

图5-3-63　制作按钮

步骤 9　测试动画。按【Ctrl+Enter】组合键测试动画，按【Ctrl+W】组合键返回。

步骤 10　保存文件。选择"文件"→"另存为"命令，打开"另存为"对话框，选择"文档"文件夹，输入文件名lx5313，保存类型选择.fla项；单击"保存"按钮。

5.3.17　摄像头应用

1. 摄像头

Adobe Animate的"摄像头（ ■◀ ）"工具可使动画制作人员模拟真实的摄像机。"摄像头（ ■◀ ）"工具实现的主要功能有：随帧平移主题画面；放大感兴趣的对象以获得逼真效果；缩小帧画面以看到更大范围的场景；修改焦点，以将查看者的注意力从一个主题转移到另一个主题；旋转摄像头；使用色调或滤镜对场景应用色彩效果。

摄像头视图下查看作品，看到的画面与透过摄像头查看的效果相同。可以对摄像头图层添加补间或关键帧，设置摄像头的运动变化。"摄像头（ ■◀ ）"工具适用于 Animate 中的所有内置文档类型：HTML Canvas、WebGL 和 Actionscript。

2. 摄像头启用与禁用

启用/禁用摄像头工具主要有以下两种方法。①单击选择"工具箱"中的"摄像头（ ■◀ ）"工具。②单击"时间轴控件"栏中的"添加/删除摄像头（ ■◀ ）"按钮。

摄像头启用后，将在"时间轴"面板添加新图层" ■◀camera"，同时在右侧窗格"属性"→"工具"选项卡中显示摄像头参数。

当摄像头启用后，将当前文档置于摄像头模式，舞台变为摄像头，舞台边界中可看到摄像头边框，摄像头图层处于选中状态。

3. 摄像头基本操作

启用/禁用摄像头工具后，时间轴面板播放指针移动到目标帧，可进行如下几种操作摄像头动作，系统将在所选帧添加关键帧记录相应动作：

缩放摄像头，使用屏幕上的缩放控件（）可缩放对象，或设置摄像头"属性"→"工具"选项卡中的"缩放"值。若放大场景，可修改"缩放"值或选择舞台底部的滑动条。若放大内容，可将滑块向右侧移动；若缩小内容，可将滑块向左侧移动。若朝两边能无限缩放，可松开滑块，使其迅速回至中间位置。

旋转摄像头，使用屏幕上的旋转控件（）可旋转对象，或设置摄像头"属性"→"工具"选项卡中的"旋转"值。若要指定每个图层上的旋转效果，可修改旋转值，或使用旋转滑块控件操作旋转。若朝两边能无限旋转，可松开滑块，使其迅速回至停驻位置。控件中间的数字表示当前应用的旋转角度。

平移摄像头，在舞台摄像头图层中的任意位置，单击摄像头定界框并拖动。若平移所选对象，可向上或向下滚动或配合使用【Shift】键水平或垂直平移，无须任何倾斜。摄像头工具处于活动状态时，在摄像头边界内的任何拖动动作都是平移操作。使用相机平移控件，可使用摄像头"属性"→"工具"选项卡中的摄像头坐标 X 和 Y 来精确平移摄像头。

对摄像头图层应用色彩效果，启用或禁用色彩效果，可选择"属性"→"工具"选项卡"色调"等选项，修改当前帧的色调值（百分比）和 RGB 色调颜色，如图5-3-64所示。

图5-3-64　摄像头应用

5.3.18　ActionScript语句应用

1. 动作面板

动作面板是Adobe Animate中添加ActionScript语句的工具。ActionScript脚本是Adobe Animate的编程语言，采用面向对象的编程思想，以关键帧、按钮和电影剪辑符号为对象。通过ActionScript脚本编程技术可制作出交互式动画，交互式动画由触发动作的事件、事件的目标、触发事件的动作三个因素组成。如单击按钮后，影片开始播放某事件。其中，单击是触发动作的事件，按钮是事件的目标，影片开始播放是触发事件的动作。即事件、目标、动作构成一个交互式动画。Adobe Animate中事件包括鼠标事件、键盘事件和帧事件三种。目标包括时间轴、按钮元件、影片剪辑元件三种。动作是指控制影片的一系列ActionScript脚本语言。所以，各种动作的编写也就是脚本语言的编写。

打开动作面板的具体操作方法是：选择对象（帧、元件）；选择"窗口"→"动作"命令，或按【F9】键，或右击并在快捷菜单中选择"动作"命令；打开"动作"面板。单击动作面板工具栏中的"代码片断(<>)"按钮，打开"代码片断"面板，选择预设代码片断填写到脚本窗格，如图5-3-65所示。

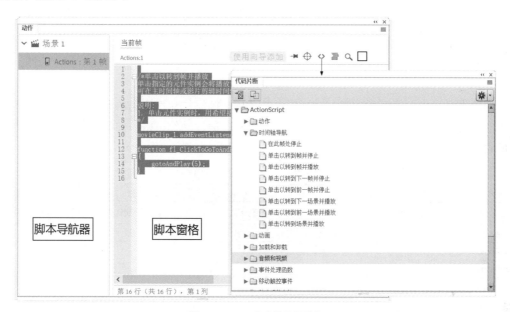

图5-3-65　　"动作"面板

ActionScript脚本语言包括1.0、2.0、3.0三个版本，ActionScript 2.0与ActionScript 3.0脚本语言在书写格式方面有较大区别。Adobe Animate只继承了ActionScript 3.0脚本语言。根据元素性质和作用的不同，Adobe Animate将脚本元素分为12大类，分别归类整理于12个项目文件夹，包含有动作、时间轴导航、动画、加载和卸载、音频与视频、事件处理函数、移动触控事件、移动手势事件、移动操作、用于移动设备的AIR、AIR、摄像头等。

脚本语言中常见的概念如下：

语句：包含动作脚本语句的关键字，包括变量（修改和访问变量的动作）、类构造（用于创建类的构造）、条件/循环（条件语句和循环构造）等。

运算符：包含可在语句中使用的运算符，用于各种对象间的运算。

常数：脚本语言中使用的全局常量，包含false、null、true和undefined等固定值的函数。

内置类：动作脚本提供的预定义类，包含可在脚本中使用的对象及其属性、事件和方法的项目列表，使用对象可得到或设置特殊的类型信息。

动作面板上方排列的按钮如下："固定脚本(-▣)"按钮：将脚本固定到脚本窗格中各个脚本的固定标签，方便移动它们。"插入实例路径和名称(⊕)"按钮：单击该按钮，打开"插入目标路径"对话框，可设置影片剪辑实例和按钮实例的目标路径。"代码片断(<>)"按钮：单击该按钮，打开"代码片断"面板，用于把预设的代码片断粘贴到"脚本窗格"面板。"自动套用格式（☰）"按钮：调整当前脚本语言格式。"查找（🔍）"按钮：单击该按钮，打开"查找"对话框，可在脚本窗格中查找脚本语言。"帮助（❓）"按钮：单击该按钮，打开脚本帮助信息。

2. 添加动作

Adobe Animate中添加ActionScript语句的对象有关键帧、按钮、影片剪辑元件。编写脚本语言时，可在脚本窗格中输入字符进行编写，也可在动作工具栏中选择"代码片断"中的预设代码修改。

Adobe Animate中添加ActionScript语句（特别是按钮添加ActionScript语句）后，将会新建一个Action图层，专用于存放ActionScript语句，为方便管理ActionScript语句不宜添加到具体放置对象的帧。

（1）帧添加动作

帧动作是指当动画播放到某帧时所执行的动作。帧添加动作语句的具体操作方法是：在时间轴选择关键帧；按【F9】键，打开"动作"面板；通过动作窗格添加帧动作语句，可控制帧的播放、停止、跳转、静音等；关闭"动作"面板。常用的帧动作语句见表5-3-3。

表5-3-3　常用的帧动作语句

帧动作语句	含　义
gotoAndPlay(scene,frame)	跳转到指定场景的指定帧开始播放。若未指定场景，则默认为当前场景
gotoAndStop(scene,frame)	跳转到指定场景的指定帧，并停止在该帧。若未指定场景，则默认为当前场景
nextFrame()	跳至下一帧并停止播放
prevFrame()	跳至前一帧并停止播放
nextScene()	跳至下一场景并停止播放
prevScene()	跳至前一场景并停止播放
play()	从播放指针停止处开始播放
stop()	停止当前动画的播放，播放指针在当前帧停止
stopALLSounds()	停止当前动画中所有声音播放，动画仍继续播放

（2）按钮添加动作

按钮添加动作是控制动画播放、实现用户与动画交互的主要方法。通过给按钮添加动作语句，可实现对动画或实例的控制。其中鼠标的各种动作事件（Event）共计22个，部分常用的鼠标事件见表5-3-4。

表5-3-4　部分常用的鼠标事件

事　件	含　义
press（点击）	鼠标指针在按钮上按下时发生
release（释放）	鼠标指针在按钮上按下并释放后时发生
releaseOutside（释放离开）	当鼠标指针按下按钮释放后离开按钮的响应区后发生
rollOver（指针经过）	当鼠标指针滑过按钮响应区（不必按下）时发生
rollOut（指针离开）	当鼠标指针滑过按钮响应区（不必按下）并离开后发生
dragOver（拖放经过）	在按钮上按下鼠标并拖住鼠标离开按钮，然后再次将鼠标指针移到按钮上时发生
dragOut（拖放离开）	在按钮上按下鼠标并拖动鼠标离开按钮响应区时发生

Action Scrip 3.0环境下，添加动作语句的语法格式是：

```
instance_name_here.addEventListener(MouseEvent.CLICK, fl_MouseClickHandler);
function fl_MouseClickHandler(event:MouseEvent):void
{
    // 开始您的自定义代码
    // 此示例代码在"输出"面板中显示"已单击鼠标"。
    trace("已单击鼠标");
    // 结束您的自定义代码
}
```

如单击按钮Jump1跳转到第5帧并停止，其语句如下：

```
Jump1.addEventListener(MouseEvent.CLICK, fl_ClickToGoToAndStopAtFrame);
function fl_ClickToGoToAndStopAtFrame(event:MouseEvent):void
{
    gotoAndStop(5);
}
```

ActionScrip 3.0环境下，按钮添加动作语句的具体方法是：时间轴选择帧；按【F9】键，打开"动作"面板；单击面板右上方的"代码片断"按钮，打开"代码片断"面板；选择某命令，双击（通常提示选择对象，请选择帧中添加ActionScript语句的对象如按钮），将代码片断填写到"脚本窗格"；编辑完善ActionScript程序（如修改按钮实例名称等）；关闭"动作"面板。

【实例】从网络下载四张风景图像，并在Adobe Animate中完成图片翻页动画制作：①新建按钮元件"下一页"，圆角方形图案，黄色边框，红色填充区域，白色文字；弹起时呈圆角方形、指针经过时向右倾斜、按下时恢复圆角方形；②将四张图片导入库；③将"下一页"按钮元件、四张风景图添加到场景1图层1第1帧；④制作用按钮翻页动画；⑤文件以"lx5314.fla"为名保存到"文档"文件夹。

具体操作步骤如下：

步骤1 从网络下载四张风景图像到"文档"文件夹，分别命名为"风景（1）.jpg""风景（2）.jpg""风景（3）.jpg""风景（4）.jpg"。

步骤2 启动Adobe Animate新建文件。选择"文件"→"新建"→"角色动画"→"全高清（1920×1080）"命令（平台类型默认ActionScript 3.0）；单击"创建"按钮，打开Adobe Animate编辑界面。

步骤3 新建按钮元件。选择"插入"→"新建元件"命令，打开"创建新元件"对话框，"名称"输入文本"下一页"；"类型"选择"按钮"项；单击"确定"按钮。

步骤4 制作"播放"按钮。选择图层1"弹起"帧；在工具箱选择"矩形工具"；右侧窗格"属性"→"工具"选项卡的"笔触颜色"选择黄色，"填充颜色"选择红色，"笔触高度"输入2像素，在"矩形边角半径"文本框中输入6像素；拖动鼠标在舞台绘制矩形。在工具箱选择"任意变形工具"；选择"指针经过"帧，按【F6】键插入关键帧，用"任意变形工具"将圆角矩形向右倾斜；选择"按下"帧，按【F6】键插入关键帧，用"任意变形工具"将圆角矩形向左倾斜，恢复原状。

单击图层控制区的"新建图层"按钮，添加图层2；选择图层2第1帧；在工具箱选择"文本工具"，右侧窗格"属性"→"工具"选项卡的"笔触颜色"选择白色，在按钮上输入文本"下一页"，如图5-3-66所示。

图5-3-66　制作按钮

步骤5　导入图片到库。选择"文件"→"导入"→"导入到库"命令，打开"导入到库"对话框，选择图像文件"风景（1）.jpg""风景（2）.jpg""风景（3）.jpg""风景（4）.jpg"；单击"打开"按钮。

步骤6　设置背景。单击舞台左上方的"返回场景（←）"按钮，切换到场景1；右侧窗格"属性"→"文档"选项卡的"文档设置"舞台"背景颜色"选择淡蓝色。在工具箱选择"矩形工具"，在舞台绘制一个矩形作为图片显示区域。锁定图层1；选择第4帧，按【F5】键。

步骤7　添加图片到舞台。在图层控制区单击"新建图层"按钮，添加图层2；选择图层2第1帧；将图像"风景（1）.jpg"从库中拖放到舞台；在工具箱选择"任意变形工具"，选择舞台中的图像，调整位置与大小到矩形框内。选择当前图层第2帧，按【F6】键插入关键帧；将图像"风景（2）.jpg"从库中拖放到舞台，调整位置与大小到矩形框内。同样完成第3、4帧风景图的编辑。

步骤8　调用按钮。单击图层控制区的"新建图层"按钮，添加图层3；选择图层3第1帧；将"下一页"按钮拖放到舞台；在工具箱选择"任意变形工具"，调整舞台中按钮的位置与大小。

步骤9　添加语句。选择舞台中的"下一页"按钮；"动作"面板单击"代码片断（〈〉）"按钮，打开"代码片断（〈〉）"面板；在ActionScript→"时间轴导航"事件列表中选择"单击以转到下一帧并停止"项；双击，如图5-3-67所示。（提示：因没有给调用的按钮设置"实例名称"，故系统自动命名"实例名称"为"button_1"）

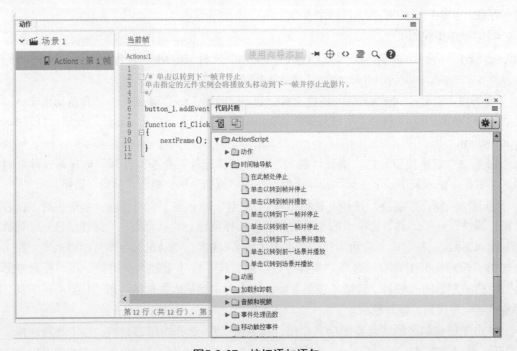

图5-3-67　按钮添加语句

给第1帧添加停止语句。在"脚本窗格"第一行输入"stop();"语句；按【Enter】键换行，如图5-3-68所示；关闭"动作"面板，时间轴面板添加Action图层。

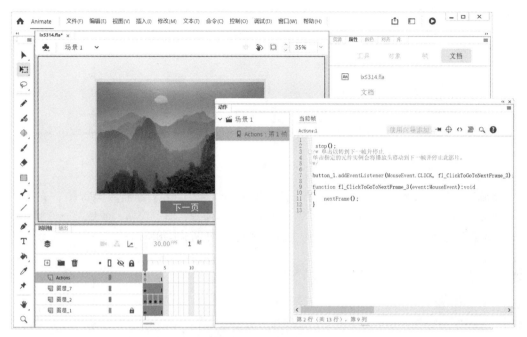

图5-3-68 添加帧语句

步骤10 测试动画。按【Ctrl+Enter】组合键测试动画，按【Ctrl+W】组合键返回。

步骤11 保存文件。选择"文件"→"另存为"命令，打开"另存为"对话框，选择"文档"文件夹，输入文件名lx5314，保存类型选择.fla项；单击"保存"按钮。

（3）影片剪辑元件添加动作

影片剪辑元件添加动作通过实例名称实现，具体操作方法是：将影片剪辑元件从库中拖放到舞台；在右侧窗格选择"属性"→"对象"选项卡；在"实例名称"文本框中输入实例名称如a11等；选择按钮或帧，按【F9】键，打开"动作"面板；在脚本语句中使用实例名称如a11调用该影片剪辑元件。给影片剪辑添加动作的方法之一是用"实例名称.动作语句"格式控制影片剪辑，如a11.play()。

【实例】在Adobe Animate中完成电风扇动画制作：①打开lx5313.fla文件，其中包括"播放"与"暂停"按钮；②新建"风扇"元件，绘制风扇叶片并制作旋转动画；③在场景1图层1第1帧绘制风扇支架；④将"播放""暂停""风扇"元件添加到场景1；⑤用"播放""暂停"按钮控制风扇拓转动与停止；⑥文件以lx5315.fla为名保存到"文档"文件夹。

具体操作步骤如下：

步骤1 打开lx5313.fla文件。打开"文档"文件夹，双击lx5313.fla文件启动Adobe Animate，并打开lx5313.fla文件。

步骤2 新建"风扇"元件。选择"插入"→"新建元件"命令，打开"创建新元件"对话框，"名称"输入文本"风扇"；"类型"选择"影片剪辑"项，单击"确定"按钮。

步骤3 绘制"风扇"图形。选择图层1第1帧；在工具箱选择"椭圆工具"；按住【Shift】

键并拖动鼠标在舞台绘制正圆，圆心对正舞台中心（用"任意变形工具"）；在工具箱选择"线条工具"，将圆形分割为八等份；在工具箱选择"选择工具"，删除间隔的四个区域，将剩余四个区域变形为风扇叶片形状；在工具箱选择"颜料桶工具"；在右侧窗格选择"颜色"选项卡；"颜色类型"选择"线性渐变"项；渐变色定义栏色标设置为灰色、白色、灰色，为图形填充颜色，如图5-3-69所示。

图5-3-69　绘制扇页图形

步骤4　制作风扇旋转动画。选择图层1第50帧，按【F6】键插入关键帧；光标指向第1～50帧间任意帧，选择"插入"→"创建传统补间"命令；右侧窗格"属性"→"帧"选项卡的"旋转"选择"顺时针"项，"旋转次数"输入5，如图5-3-70所示。

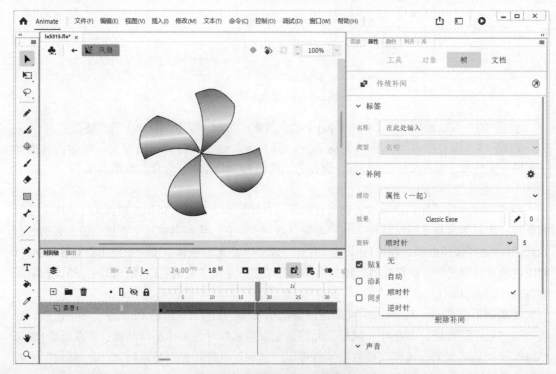

图5-3-70　制作风扇叶片旋转动画

步骤5　创建底座、网罩元件。新建元件"底座"，在工具箱选择"矩形工具"与"选择工具"等；绘制风扇底座图形。新建元件"网罩"，在工具箱选择"椭圆工具""线条工具"，并结合"窗口"→"变形"命令绘制风扇叶片网罩，如图5-3-71所示。

步骤6　组合电风扇。单击舞台左上方的"返回场景（←）"按钮，切换到场景1；将图层1重命名为"底座"，选择第1帧；从库中添加底座、网罩元件到舞台；在工具箱选择"任意变形工具"，调整元件位置与大小。

　　在图层控制区单击"新建图层"按钮，添加新图层并重命名为"风扇"；选择本图层第1帧；将"风扇"元件从库中拖放到舞台；在工具箱选择"任意变形工具"，调整位置与大小。

　　在图层控制区单击"新建图层"按钮，添加新图层并重命名为"网罩"；选择本图层第1帧；将"播放""暂停""网罩"元件从库中拖放到舞台；在工具箱选择"任意变形工具"，调整位置与大小，如图5-3-71所示。

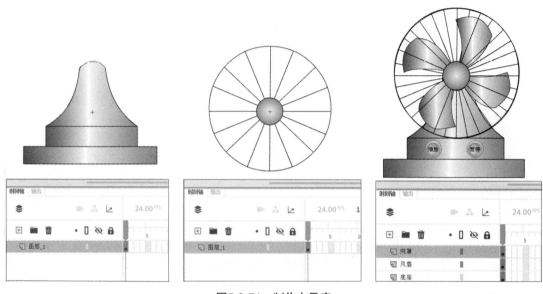

图5-3-71　制作电风扇

　　步骤7 设置实例名称。选择舞台中的"风扇"元件；在"属性"→"对象"选项卡的"实例名称"文本框中输入实例名称fengshan。用同样的方法将"播放""暂停"按钮的"实例名称"命名为bofang、zanting。

　　步骤8 用按钮控制风扇的旋转。在场景1按【F9】键，打开"动作"面板；在"脚本窗格"填写如下语句，如图5-3-72所示。

```
fengshan.stop();
bofang.addEventListener(MouseEvent.CLICK, fl_MouseClickHandler);
function fl_MouseClickHandler(event:MouseEvent):void
{
    fengshan.play();
}
zanting.addEventListener(MouseEvent.CLICK, f2_MouseClickHandler);

function f2_MouseClickHandler(event:MouseEvent):void
{
    fengshan.stop();
}
```

　　步骤9 测试动画。按【Ctrl+Enter】组合键测试动画，按【Ctrl+W】组合键返回。

　　步骤10 保存文件。选择"文件"→"另存为"命令，打开"另存为"对话框，选择"文档"文件夹，输入文件名lx5315，保存类型选择.fla项；单击"保存"按钮。

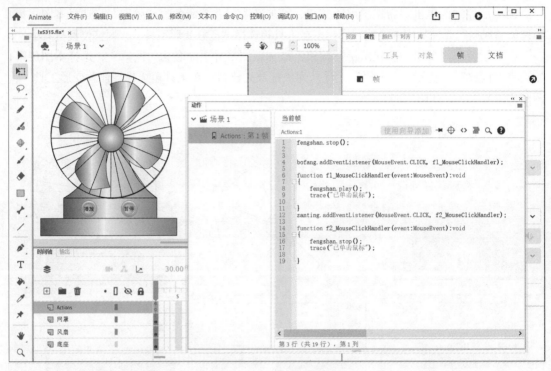

图5-3-72　按钮添加语句

3. 综合实例

【实例】在Adobe Animate中完成初中物理"光折射"课件制作：①封面引言，展示课件的设计风格、科别、课程标题等；②主菜单，位于第85帧，展示本课件知识内容的整体架构，控制流程跳转；③知识内容，阐述每项知识内容。课件实现功能分为基本概念（位于第90帧）、动画演示（位于第115帧）、课后测试（位于第160帧）、轻松一刻（位于第175帧）、退出系统五项；④课件从封面引言自动运行到主菜单，停止，等待选择，进入每个分支，停止，完成相应的学习，跳转其他分支或主菜单，如图5-3-73所示；⑤文件以lx5316.fla为名保存到"文档"文件夹。

图5-3-73　课件结构图

具体操作步骤如下：

步骤1　准备素材。准备GIF动画四个，背景图片一张，背景音乐一首，FLV格式视频一段。

步骤2　新建文件，导入素材。启动Adobe Animate新建文件。选择"文件"→"新建"→"角色动画"命令（平台类型默认ActionScript 3.0）；舞台的"宽"输入550像素，"高"输入400像素，单击"创建"按钮，打开Adobe Animate编辑界面；选择"文件"→"导入"→"导入到库"命令，将图片、音频、GIF动画导入库。

步骤3　设计课件背景。选择图层1第1帧，图层命名为"背景"；将背景图从库中拖放到舞台；在工具箱选择"任意变形工具"，调整背景图的大小与位置；单击图层控制区的"新建图层"按钮，新建图层2，命名为"副标题"；在舞台左上角录入文本"初级中学三年级物理"、右下角输入文本"人民教育出版社"；将两个GIF动画从库面板中拖到舞台做装饰。本课件拟用175帧完成，分别选择"背景""副标题"图层第175帧，按【F5】键插入普通帧。

步骤4　设计标题动画。标题动画效果为文字逐个打开。单击图层控制区的"新建图层"按钮，新建图层3并命名为"标题"；在工具箱选择"文本工具"，该图层第1帧输入文本"光"；选择第15帧，按【F6】键插入关键帧，输入文本"光折"；选择第30帧，按【F6】键插入关键帧，输入文本"光折射"；选择第45帧，按【F6】键插入关键帧，输入文字"光折射广东第二师范学院"，如图5-3-74所示。

图5-3-74　封面引言

步骤5　标题形状渐变为主菜单标题。选择"标题"图层第70帧，按【F6】键插入关键帧；在舞台选择标题文字，连续两次选择"修改"→"分离"命令，将文字分离；选择第85帧，按【F6】键插入关键帧，删除舞台标题，输入文本"光折射"，并分离；光标指向"标题"图层第70~85帧间任意帧，选择"插入"→"创建补间形状"命令。

步骤6　创建"按钮"元件。选择"插入"→"新建元件"命令，打开"新建元件"对话框，"名称"输入文本"按钮"，"类型"选择"按钮"项；在"弹起""指针经过""按下"分别绘制不同颜色的椭圆；单击图层控制区的"新建图层"按钮，新建图层，绘制椭圆图形，并调整位置，形成有立体效果的按钮。

步骤7　主菜单的按钮与提示。单击图层控制区的"新建图层"按钮，新建图层4并命名为"按钮"；该图层选择第85帧，按【F6】键插入关键帧；从库中选择"按钮"元件拖放到舞台，连续拖放五个按钮。同时从上向下依次将五个按钮"实例名称"命名为button1、button2、button3、button4、button5。在工具箱选择"文本工具"，在舞台每个按钮旁输入提示文本，如图5-3-75所示。

图5-3-75　主菜单界面

步骤8　主菜单设置停止与跳转动作。舞台选择按钮button1；按【F9】键，打开"动作"面板；单击"代码片断(<>)"按钮，打开"代码片断(<>)"面板；在ActionScript的"时间轴导航"事件列表中选择"单击以转到帧并播放"项；双击，将语句填写到"脚本窗格"并修改跳转帧为89（跳转到的帧数）。

给第85帧添加停止语句。在"脚本窗格"第一行输入"stop();"语句；按【Enter】键换行。

按课件设计，分别给button2、button3、button4、button5添加跳转语句；关闭"动作"面板。Action图层第85帧（关键帧）脚本语句具体内容如下：

```
stop();
button1.addEventListener(MouseEvent.CLICK, fl_ClickToGoToAndPlayFromFrame);
function fl_ClickToGoToAndPlayFromFrame(event:MouseEvent):void
{
    gotoAndPlay(89);
}
button2.addEventListener(MouseEvent.CLICK, f2_ClickToGoToAndPlayFromFrame);
function f2_ClickToGoToAndPlayFromFrame(event:MouseEvent):void
{
    gotoAndPlay(114);
}
button3.addEventListener(MouseEvent.CLICK, f3_ClickToGoToAndPlayFromFrame);
function f3_ClickToGoToAndPlayFromFrame(event:MouseEvent):void
{
    gotoAndPlay(159);
}
button4.addEventListener(MouseEvent.CLICK, f4_ClickToGoToAndPlayFromFrame);
function f4_ClickToGoToAndPlayFromFrame(event:MouseEvent):void
{
    gotoAndPlay(174);
}
button5.addEventListener(MouseEvent.CLICK, f5_ClickToGoToAndPlayFromFrame);
function f5_ClickToGoToAndPlayFromFrame(event:MouseEvent):void
{
```

```
        fscommand("quit", "");
    }
```

说明：

　　fscommand命令在运行SWF文件时才会起作用，按【Ctrl＋Enter】组合键测试时不起作用。

　　步骤 9　调整课件分支中的按钮位置。进入课件分支后，按钮位于界面的左下方。选择"按钮"图层第90帧，按【F7】键插入空白关键帧，从库中选择"按钮"元件拖放到界面左下方（重复四次），并添加提示信息为"概念""动画""测试""休闲""退出"。同时从左向右依次将五个按钮"实例名称"命名为button11、button21、button31、button41、button51。

　　步骤 10　制作第一个课件分支"基本概念"的内容。

　　内容制作：单击图层控制区"新建图层"按钮，新建图层5并命名为"基本概念"，选择该图层第90帧，按【F6】键插入关键帧；在工具箱选择"文本工具"录入第一段文字；选择第105帧，按【F6】键插入关键帧并录入第二段文字，如图5-3-76所示。

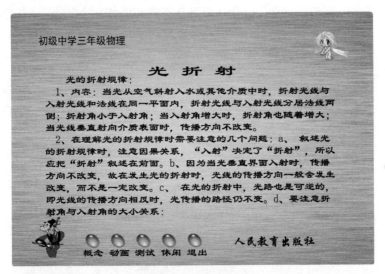

图5-3-76　基本概念界面

　　在本图层选择第111帧，按【F7】键插入空白关键帧（即删除第110帧后的内容）。

　　步骤 11　设计制作"光折射"演示动画。

　　绘图：动画由三个图层组成，单击图层控制区"新建图层"按钮，自下而上分别新建三个图层并分别命名为"光线""遮罩""凸透镜"。分别选择三个图层的第115帧，按【F6】键插入关键帧。在工具箱选择"椭圆工具"，在"凸透镜"图层绘制凸透镜图形；在工具箱选择"线条工具"，在"光线"图层绘制光线图形；在工具箱选择"矩形工具"，在"遮罩"图层绘制一个矩形图形，大小可覆盖光线图。

　　制作遮罩动画：动画预计用50帧完成，"遮罩"图层选择第155帧，按【F6】键插入关键帧；选择"插入"→"创建传统补间"命令，自右向左移动矩形图，直到覆盖整个光线图；选择"遮罩"图层，右击并在快捷菜单中选择"遮罩层"命令，如图5-3-77所示。

　　清除本动画第155帧后的内容，分别选择三个图层的第156帧，按【F7】键。

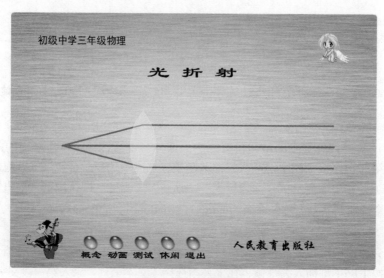

图5-3-77 动画界面

步骤12 制作"课后小测验"。录入题目及答案；单击图层控制区"新建图层"按钮，新建图层并命名为"测试题"；选择本图层的第156帧，按【F6】键插入关键帧；在工具箱选择"文本工具"，录入测试题与选择答案，如图5-3-78所示。

图5-3-78 课后小测验界面

制作A答案按钮：选择"插入"→"新建元件"命令，打开"新建元件"对话框，"名称"输入文本A，"类型"选择"按钮"项；在"弹起""指针经过""按下"分别绘制不同颜色的圆；单击图层控制区的"新建图层"按钮，新建图层，输入文字A，并调整到按钮位置。

制作B答案按钮：复制A按钮，修改上面的文字为B。在右侧窗格"库"面板选择按钮A元件，右击并在快捷菜单中选择"直接复制"命令，打开"直接复制元件"对话框，"名称"输入文本B，单击"确定"按钮；在右侧窗格双击"库"面板中的元件B，打开元件B，将按钮上的文本A改为B。

调用按钮：单击舞台左上角的"场景1"按钮，返回场景 1；从库中拖动A、B按钮到舞台，依次将两个按钮"实例名称"命名为answerA、answerB。

设计制作A按钮的测试提示：单击图层控制区的"新建图层"按钮，新建图层并命名为"答案判断"；选择该图层第165帧，按【F6】键插入关键帧；在工具箱选择"文本工具"，录入提示内容；选择第166帧，按【F7】键插入空白关键帧，如图5-3-79所示。

图5-3-79　课后小测验A答案界面

使用同样的方法给B按钮在第170帧插入关键帧；录入提示文字，如图5-3-80所示；选择第171帧，按【F7】键插入空白关键帧。

图5-3-80　课后小测验B答案界面

步骤13　设计制作"休闲"项目。单击图层控制区的"新建图层"按钮，新建图层并命名为"视频"，该图层选择第175帧，按【F6】键插入关键帧。导入视频。选择"文件"→"导入"→"导入视频"命令，导入"佳人写真flv"视频。

步骤 14 课件分支页面按钮添加跳转动作语句。在Action图层选择第90帧，按【F7】键插入空白关键帧，按【F9】键打开"动作"面板，输入如下内容的脚本语句。

```
stop();
button11.addEventListener(MouseEvent.CLICK, f11_ClickToGoToAndPlayFromFrame);
function f11_ClickToGoToAndPlayFromFrame(event:MouseEvent):void
{
    gotoAndPlay(89);
}
button21.addEventListener(MouseEvent.CLICK, f21_ClickToGoToAndPlayFromFrame);
function f21_ClickToGoToAndPlayFromFrame(event:MouseEvent):void
{
    gotoAndPlay(114);
}
button31.addEventListener(MouseEvent.CLICK, f31_ClickToGoToAndPlayFromFrame);
function f31_ClickToGoToAndPlayFromFrame(event:MouseEvent):void
{
    gotoAndPlay(159);
}
button41.addEventListener(MouseEvent.CLICK, f41_ClickToGoToAndPlayFromFrame);
function f41_ClickToGoToAndPlayFromFrame(event:MouseEvent):void
{
    gotoAndPlay(174);
}
button51.addEventListener(MouseEvent.CLICK, f51_ClickToGoToAndPlayFromFrame);
function f51_ClickToGoToAndPlayFromFrame(event:MouseEvent):void
{
    fscommand("quit", "");
}
```

在Action图层选择第155帧，按【F6】键插入关键帧，按【F9】键打开"动作"面板，输入"stop();"的脚本语句。

步骤 15 给"测试"、A、B按钮添加语句。在Action图层选择第160帧，按【F6】键插入关键帧，按【F9】键打开"动作"面板，输入以下脚本语句。

```
stop();
answerA.addEventListener(MouseEvent.CLICK, f6_ClickToGoToAndPlayFromFrame);
function f6_ClickToGoToAndPlayFromFrame(event:MouseEvent):void
{
    gotoAndPlay(163);
}
answerB.addEventListener(MouseEvent.CLICK, f7_ClickToGoToAndPlayFromFrame);

function f7_ClickToGoToAndPlayFromFrame(event:MouseEvent):void
{
    gotoAndPlay(169);
}
```

在Action图层选择第165帧，按【F6】键插入关键帧，按【F9】键打开"动作"面板，输入"stop();"的脚本语句。

在Action图层选择第170帧，按【F6】键插入关键帧，按【F9】键打开"动作"面板，输入

"stop();"的脚本语句。

步骤16 按【Ctrl＋Enter】组合键测试。

步骤17 保存文件。选择"文件"→"另存为"命令，打开"另存为"对话框，选择"文档"文件夹，输入文件名lx5316，保存类型选择.fla项；单击"保存"按钮。

习　题

一、单项选择题

1. Adobe Animate影片帧频率最大可以设置到（　　）。
　　A. 99帧/s　　　　B. 100帧/s　　　C. 120帧/s　　　D. 150帧/s

2. 在Adobe Animate中，有（　　）两种类型的声音。
　　A. 事件声音、数字声音　　　　　　B. 事件声音、数据流声音
　　C. 数字声音、模拟声音　　　　　　D. 事件声音、模拟声音

3. 对于在网络上播放的动画,最合适的帧频率是（　　）。
　　A. 24帧/s　　　B. 12帧/s　　　C. 25帧/s　　　D. 30帧/s

4. 以下关于逐帧动画和补间动画的说法正确的是（　　）。
　　A. 两种动画模式Adobe Animate都必须记录完整的各帧信息
　　B. 前者必须记录各帧的完整记录，而后者不用
　　C. 前者不必记录各帧的完整记录，而后者必须记录完整的各帧记录
　　D. 两种动画模式Adobe Animate都不用记录完整的各帧信息

5. 在Adobe Animate时间轴上，选择连续的多帧或选择不连续的多帧时，分别需要按下（　　）键后，再使用鼠标进行选取。
　　A. 【Shift】、【Alt】　　　　　　B. 【Esc】、【Tab】
　　C. 【Ctrl】、【Shift】　　　　　　D. 【Shift】、【Ctrl】

6. ActionScript中引用图形元素的数据类型是（　　）。
　　A. 影片剪辑　　B. 对象　　　C. 按钮　　　D. 图形元素

7. 以下关于使用元件的优点叙述不正确的是（　　）。
　　A. 使用元件使电影的编辑更加简单
　　B. 使用元件使发布文件的大小缩减
　　C. 使用元件使电影的播放速度加快
　　D. 使用元件使动画更加漂亮

8. 在使用"线条工具"绘制直线时，若同时按住（　　）键，可画出水平方向、垂直方向、45°、135°等特殊角度的直线。
　　A. 【Alt】　　　B. 【Ctrl】　　C. 【Shift】　　D. 【Esc】

9. 在Adobe Animate中，若要对字符设置形状补间，必须按（　　）键将字符分离。
　　A. 【Ctrl+J】　B. 【Ctrl+O】　C. 【Ctrl+B】　D. 【Ctrl+S】

10. 在Adobe Animate中，帧频率表示（　　）。
　　A. 每秒显示的帧数　　　　　　B. 每帧显示的秒数
　　C. 每分钟显示的帧数　　　　　D. 动画的总时长

11. 下列关于Adobe Animate动作脚本（ActionScript）的有关叙述不正确的是（　　）。

    A. Adobe Animate中的动作只有两种类型：帧动作、对象动作

    B. 帧动作不能实现交互

    C. 帧动作面板和对象面板均由动作工具箱、动作窗格、命令参数区构成

    D. 帧动作可设置在动画的任意一帧

12. 下列关于时间轴中帧标记说法不正确的是（　　）。

    A. 所有的关键帧都用一个小圆圈表示

    B. 有内容的关键帧为实心圆圈，没有内容的关键帧为空心圆圈

    C. 普通帧在时间轴上用方块表示

    D. 加动作语句的关键帧上方会显示一个小红旗

13. 使用部分选取工具拖动节点时，按下（　　）键可使角点转换为曲线点。

    A. 【Alt】　　　　　B. 【Ctrl】　　　　　C. 【Shift】　　　　　D. 【Esc】

14. Adobe Animate源文件和影片文件的扩展名分别为（　　）。

    A. *.fla、*.flv　　　B. *.fla、*.swf　　　C. *.flv、*.swf　　　D. *.doc、*.gif

15. 下面的代码中，控制当前影片剪辑元件跳转到S1帧标签处开始播放的代码是（　　）。

    A. gotoAndPlay("S1");　　　　　　　　B. this.GotoAndPlay("S1");

    C. this.gotoAndPlay("S1")　　　　　　　D. this.gotoAndPlay("S1");

16. 制作形状补间动画，使用形状提示，能获得最佳变形效果的说法中正确的是（　　）。

    A. 在复杂的形变动画中，不用创建中间形状，而仅使用开始和结束两个形状

    B. 确保形状提示的逻辑性

    C. 若将形状提示按逆时针方向从形状右上角位置开始，则变形效果将会更好

    D. 没有什么作用

17. 关于帧锚记和注释的说法正确的是（　　）。

    A. 帧锚记和注释的长短将影响输出电影的大小

    B. 帧锚记和注释的长短不影响输出电影的大小

    C. 帧锚记的长短不会影响输出电影的大小，而注释的长短对输出电影的大小有影响

    D. 帧锚记的长短会影响输出电影的大小，而注释的长短对输出电影的大小不影响

18. 两个关键帧中的图像都是形状，则这两个关键帧之间可以创建下列（　　）种补间动画。

①形状补间动画。②位置补间动画。③颜色补间动画。④透明度补间动画。

    A. ①　　　　　B. ①②　　　　　C. ①②③　　　　　D. ①②③④

19. 下列关于关键帧说法不正确的是（　　）。

    A. 关键帧是指在动画中定义的更改所在帧

    B. 修改文档的帧动作的帧

    C. 不能在关键帧间创建补间

    D. 可在时间轴中排列关键帧，以便编辑动画中事件的顺序

20. 将舞台上的对象转换为元件的步骤是（　　）。

①选定舞台上的元素。②选择"修改"→转换为元件"命令，打开"转换为元件"对话框。③填写"转换为元件"对话框，单击"确定"按钮。

　　　A. ①②③　　　　B. ②①③　　　　C. ③①②　　　　D. ③②①

21. 按钮元件时间轴的叙述，正确的是（　　　）。

　　A. 按钮元件的时间轴与主电影的时间轴一样，且会通过跳转到不同的帧来响应鼠标指针的移动和动作

　　B. 按钮元件中包含四帧，分别是Up、Down、Over和Hit帧

　　C. 按钮元件时间轴上的帧可以被赋予帧动作脚本

　　D. 按钮元件的时间轴只能包含四帧的内容

22. Adobe Animate中，使用"钢笔工具"创建曲线时，关于调整曲线和直线的说法错误的是（　　　）。

　　A. 当使用"部分选择工具"单击曲线时，定位点即可显示

　　B. 使用"部分选择工具"调整线段可能会增加路径的定位点

　　C. 调整曲线时，要调整定位点两边的形状，可拖动定位点或拖动正切调整柄

　　D. 拖动定位点或拖动正切调整柄，只能调整一边的形状

23. Adobe Animate中，移动对象的副本和限制对象移动的角度（以45°为单位）分别按（　　　）键。

　　A. 【Alt】和【Shift】　　　　　　　B. 【Ctrl】和【Alt】

　　C. 【Alt】和【Ctrl】　　　　　　　D. 【Shift】和【Ctrl】

24. 如果一个对象以100%的大小显示在工作区，选择工具箱中的"任意变形工具"，按住【Alt】键单击，则对象将以（　　　）的比例显示在舞台。

　　A. 50%　　　　　B. 100%　　　　　C. 200%　　　　　D. 400%

25. 关于Adobe Animate影片舞台的最大尺寸，下列说法正确的是（　　　）。

　　A. 1 000 × 1 000像素　　　　　　　B. 2 880 × 2 880像素

　　C. 4 800 × 4 800像素　　　　　　　D. 可设置到无限大

26. Adobe Animate中选择工具箱中的"滴管工具"，当单击填充区域时，该工具将自动变成（　　　）工具。

　　A. 墨水瓶　　　　B. 涂料桶　　　　C. 刷子　　　　　D. 钢笔

27. 以下关于Adobe Animate遮罩动画的描述，正确的是（　　　）。

　　A. 遮罩动画中，被遮住的物体在遮罩层上

　　B. 遮罩动画中，遮罩层位于被遮罩层的下面

　　C. 遮罩层中有图形的部分是透明部分

　　D. 遮罩层中空白的部分是透明部分

28. 小陈做了一个多图层Adobe Animate动画，她以第一层为背景，但在播放过程中，背景只在第一帧出现一瞬间就没再出现。则她操作时可能出错的环节是（　　　）。

　　A. 锁定了背景层

　　B. 多个图层叠加，挡住了背景层

　　C. 没有在背景层最后一帧按【F5】键

　　D. 在背景层最后一帧按【F7】键

29. 赵小欣同学在制作蝴蝶沿着路径飞舞的动画时，发现蝴蝶和路径都在飞舞，她可能犯的错误是（　　　）。

A. 路径没有放在运动引导层，并且可能把路径也做成了元件

B. 没有勾选"调整到路径"选项

C. 蝴蝶元件的中心没有吸附在路径上

D. 没有把蝴蝶元件分离

30. 在Adobe Animate的层中，下面不是成对出现的是（　　）。

A. 普通层与引导层　　　　　　B. 引导层与被引导层

C. 遮罩层与被遮罩层　　　　　D. 引导层与被遮罩层

二、操作题

1. 在Adobe Animate中绘制自行车图形，如图5-4-1所示，将文件以lx5401.fla为名保存到"文档"文件夹。

图5-4-1　自行车图形

2. 修改本章中的lx5315.fla实例，使电风扇叶片在旋转时不断变色（红色、绿色变换），将文件以lx5402.fla为名保存到"文档"文件夹。

3. 在Adobe Animate中绘制一个红灯笼图形，制作红灯笼花穗左右摆动的动画，如图5-4-2所示，将文件以lx5403.fla为名保存到"文档"文件夹。

4. 创建补间动画或传统补间后，当光标指向两个关键帧间单击时，出现的属性面板中可调整"色彩效果"选项，其中"样式"选项可改变舞台中对象的透明度，如图5-4-3所示。试制作文字Adobe Animate淡入淡出动画，其中淡入与淡出时间2 s，静止显示时间2 s；从网络下载音乐作为背景音乐，声音"同步"选择"数据流"项；将文件以lx5404.fla为文件名保存到"文档"文件夹。

图5-4-2　花穗摆动的红灯笼

图5-4-3　色彩效果样式选项

5. 从网络下载"小鸟.gif动画，并在Adobe Animate中制作引导线动画，使小鸟自左向右沿绘制的曲线飞行，将文件以lx5405.fla为文件名保存到"文档"文件夹。

第6章

多媒体作品创作

多媒体作品创作是通过多媒体作品创作人员，围绕主题，进行精心的规划策划，编写出设计脚本，然后根据设计脚本获取多媒体素材，之后对获取的多媒体素材集成，形成多媒体作品。本章重点论述多媒体作品创作的基本概念、流程、脚本设计等，通过学习达到创作多媒体作品的目的。

6.1 多媒体作品创作基础

6.1.1 多媒体作品创作概述

1. 多媒体作品创作的基本概念

多媒体作品创作是指依据某个主题，经过自主策划设计，充分运用计算机的综合交互功能，将文字、声音、图形、图像、动画和视频等多媒体素材组织和编辑成一个有机整体，从而为某个目标服务的多媒体作品制作过程。

创意创新是多媒体作品创作的灵魂，表达主题的素材媒体选择、事件发展变化的原创设计、画面的美工设计、各种多媒体技术的合理运用等，都需要体现出多媒体作品高质量与高品质，满足用户的心理需求。

多媒体作品创作是在尊重科学、尊重自然规律的基础上进行的创意创新。

2. 多媒体作品的构成

多媒体作品种类繁多，如课件、视频动画、平面设计、音乐创作等，其构成各不相同。总体上不同类型的多媒体作品构成有其规律性。

（1）课件类多媒体作品的构成

组成传统课件的多媒体作品主要包括封面、导言、主菜单、学习交互界面。

① 封面。封面是指课件的起始画面，包括名称、制作单位、版本号、标志（logo）、必要的说明等。课件类多媒体作品的封面需标题简练、主题明确，形象生动，能引起学生兴趣，并能自动或触动进入导言。为突出制作单位，在封面之前，许多课件运行开始播放一段标志制作

单位的精彩动画视频，与封面配合。

② 导言。导言是指封面之后显示、用于简要说明课件类多媒体作品的内容、功能的文本画面，包括内容简介、序言、前言等。导言要阐明教学目标与要求，简介课件使用方法，呈现课件的基本结构。导言侧重表达某方面的信息，从而产生不同类型的导言。按作用不同，导言可分为介绍型、信息获取型、序言型三类。

③ 主菜单界面。主菜单界面是指课件类多媒体作品用于分布菜单选项的等待交互式界面。课件类多媒体作品的主菜单界面主要包括课件标题、菜单项、导航控制等。

④ 学习交互界面。学习交互界面是指学习过程中学习者与多媒体作品交互反馈的窗口。学习者通过交互界面向计算机输入信息以进行控制、查询和操纵；多媒体教学资源则通过交互界面向用户提供信息，以供阅读、分析和判断。

（2）视频动画类多媒体作品的结构

组成视频动画类多媒体作品需要考虑片头、内容陈述画面、总结点题、片尾。

① 片头。片头是指放在视频动画类多媒体作品前端、反映主题与设计制作者特色、旨在引起观看者兴趣的画面片断。片头讲究内容表达、艺术表现和技术含量等因素的集中体现，能简单明快的衬托主题，时长30 s内。

② 内容陈述画面。内容陈述画面是指视频动画类多媒体作品依据主题设计讲解事件发展变化的动态画面，主要包括起、承、转、合四个环节。"起"是指事件的起因与开头，用于点明作品主题；"承"是指事件围绕主题发展变化的量变过程，承接点明的作品主题，陈述事件的进一步发展变化；"转"是指事件发展到高潮并出现转折，产生结果，是量变到质变转换；"合"是指事件的结尾，以及对事件核心思想的议论。内容陈述画面是整个作品的核心，需做到简洁明快、画面清晰稳定、叙事清楚、逻辑性强、陈述画面与节奏能引起观看者兴趣。

③ 总结点题。总结点题是指视频动画类多媒体作品结束时简要再现主题核心思想、旨在呼应主题、升华主题的画面片断。

④ 片尾。片尾是指放在视频动画类多媒体作品后端、反映设计制作团队情况的画面片断。

（3）其他类多媒体作品的屏幕界面

其他类多媒体作品是指以上两种类型之外的多媒体作品，如以网页形式呈现的多媒体作品，其组成以网页为主，设计则需遵循相应的规则。还有诸如平面设计、音乐创作等类型多媒体作品。

3. 屏幕界面的组成元素

（1）窗口

窗口是指多媒体作品在屏幕上显示信息的矩形区域，是用户与多媒体作品之间交互的可视界面。窗口是多媒体作品屏幕界面最主要的呈现处，是用户与计算机对话的特定视口，它可与主屏幕相对独立。一个窗口可能很小，只包含一个单域；也可能较大，占用大部分或全部的可用显示空间。窗口用于呈现不同级别、不同内容的多媒体信息，还可顺序或跳转显示多媒体信息。

视频动画类多媒体作品是以窗口形式呈现主题内容画面，其创作核心是叙事情节、构图、色彩、角色、事件、镜头运动等。

（2）菜单

菜单是指设计人员在多媒体作品屏幕界面中设计制作的、供人机交互的图形化命令选项列表。菜单有双选项菜单、多选项菜单、扩展式菜单、永久菜单、嵌入式菜单等子类型。双选项菜单即从两个选项中选择其一，如是/否、对/错等。多选项菜单即提供多个选项给用户选择。扩展式菜单即给出选项列表或多级菜单列表供用户选择，选择后菜单列表收起。永久菜单即在屏幕指定区域中永久显示的菜单。嵌入式菜单即隐含或嵌入指定对象中的菜单。多媒体作品屏幕界面设计中，根据需要可取消或设计菜单。

（3）图标

图标是指软件中具有明确指代含义的图形。多媒体作品中的图标是一种图案简洁、小型、通过外形直观表达其意义的图形符号。单击或双击图标可执行一个命令，如屏幕上出现小电话、小钟表等图形，当单击时则会启动电话号码、日期时间设置等功能。图标符号的形状由设计者根据用户的认知常识设计，用户通过学习可掌握其意义。多媒体作品中是否使用图标由设计者根据主题内容表达需要与媒体类型决定。

（4）按钮

多媒体作品中的按钮又称按压按钮，是指屏幕界面中通过鼠标按压、链接应用程序或操作命令的元件。用户可通过单击、触摸屏等对按钮进行按压操作。多媒体作品界面中常用的按钮包括控制按钮如窗口大小的控制按钮、音频视频动画播放的控制按钮等，还包括界面间的跳转按钮等。按钮的外形、功能需在整个多媒体作品系统中保持一致性，且屏幕显示位置相对固定，以降低使用难度。

（5）对话框

对话框是指多媒体作品界面中用于显示信息，或获取输入、响应信息等特定任务，且需及时反馈的临时人机交互窗口。对话框通常以打开式窗口出现，用于多媒体作品与用户之间进行特定、具体的信息交流，常由一些按钮、选择项和参数设定文本框组成。通过对话框可完成特定命令或任务，完成对话框的设置，计算机则会执行相应的命令。

（6）快捷键

快捷键又称热键，是指通过键盘中某些特定的按键、按键顺序或按键组合来完成一个操作。快捷键往往与【Ctrl】、【Shift】、【Alt】键等组合使用。多媒体作品中使用快捷键，可提供多种快捷操作方式，方便在不同环境下操作。与快捷键相关的还有热字、热词、热区等概念。

6.1.2 多媒体作品创作流程

多媒体作品本质上是一种数字化的计算机程序与文档，它的创作过程与一般软件类似。根据软件工程学理论，计算机软件开发过程包括以下七个步骤：①问题定义；②可行性研究；③需求分析；④总体设计；⑤详细设计；⑥编码和单元测试；⑦综合测试。创作多媒体作品既要遵循一般的软件工程规范，又要考虑其特殊性，其创作流程如图6-1-1所示。

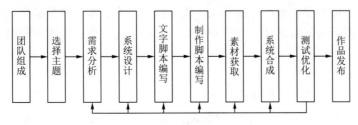

图6-1-1 多媒体作品创作流程

（1）团队组成

团队是指参与多媒体作品创作的各类人员，是多媒体作品创作的基础与关键。创作团队依据信息表达需要与多媒体作品的特点，结合用户特征，通过精心策划设计，确定多媒体作品应用时机、应用方式、应用对象、信息呈现方式、开发技术等，使其符合用户需求。

多媒体作品创作团队组成人员，应考虑完成多媒体作品创作的需要。从职能方面划分应有项目负责人员（一名）、策划编剧人员、专业人员、美工创作人员、多媒体技术人员、作品测试人员等组成。

（2）选择主题

选择主题是指确定多媒体作品所表达的主题、核心思想。创作者对多媒体作品的需求、表现主题、内容、规模、设计风格等进行初步研究，在调查的基础上确立设计基本目标，并做出整体规划并形成尽可能详细的描述。创作多媒体作品投入的工作量比较大，制作之前，需充分做好选题论证工作，避免不必要的投入，因此，必须高度重视选题工作。多媒体作品选题时应注意结合创作工具特点，选择难以理解、有重复观看价值的重点和难点问题，特别是选择能充分发挥图像和动画效果、不宜单纯用语言表达的主题内容。

多媒体作品的选题，需要考虑以下五方面的内容：

主题定义：需要选择当前急需解决的重点难点问题，同时适合于多媒体技术表现的主题内容；主题的名称在表述上能体现作品的核心思想。制作目的：明确多媒体作品属于哪种类型的作品，具有怎样的功能，有哪些用途，达到什么效果或目标。使用对象：明确多媒体作品针对哪种类型的用户。主要内容：确定所包括的核心思想或知识与技能。组成部分：确定多媒体作品的总体结构及其主要模块。

（3）需求分析

需求分析是指开发创作人员经过深入细致的调研和分析，准确理解用户和项目的功能、性能、可靠性等具体要求，将用户非形式的需求表述转化为完整的需求定义，从而确定作品必须做什么的过程。以极大限度地符合用户的心理特征、认知结构。

需求分析是作品创作计划阶段的重要活动，也是作品生存周期中的一个重要环节，该阶段是分析作品在功能上需要"实现什么"，而不是考虑如何去"实现"。需求分析的目标是把用户提出的"要求"或"需要"进行分析与整理，确认后形成描述完整、清晰与规范的文档，确定作品创作需要实现的功能和完成的工作。此外，作品创作的一些非功能性需求（如作品性能、可靠性、响应时间、可扩展性等）、作品设计的约束条件、运行时与其他软件的关系等也是作品创作需求分析的目标。

需求分析，首先确定分析的数据域和功能域（数据域包括数据流、数据内容和数据结构；功能域反映它们关系的控制处理信息）。其次分解细化需求问题，建立问题层次结构，将复杂问题按具体功能、性能等分解并逐层细化、逐一分析。最后建立分析模型（模型包括各种图表）。通过逻辑图表给出目标功能和信息处理间关系，确定处理功能和数据结构的实际表现形式。

（4）系统设计

系统设计是指制作前对多媒体作品的全面分析与构思，包括总体风格设计、叙事结构设计、多媒体素材选择、屏幕界面设计、导航设计等。在对主题进行需求分析的基础上，结合多媒体的特点构思出作品的整体框架、确定多媒体作品中各部分组成方式、各种素材的连接方式等，从而使作品的各部分合理结合起来，形成一个有机整体。进行多媒体作品设计时需注意三点：一是保证多媒体作品结构清晰、画面连贯、运行高效；二是最大限度地满足用户获取信息的要求；三是制作多媒体作品的目的不是为迎合设计者自己的口味。

① 总体风格设计。总体风格是指多媒体作品整体呈现出的、具有代表性的特点，是由特定主题内容与表现形式相统一所形成的特定面貌与整体视觉感受。总体风格设计是对多媒体作品的概要设计与初步设计，如与主题核心思想相匹配的色调风格、构图风格、叙事风格、民族特色等。

② 主体色调选择。主体色调是指多媒体作品显示界面所呈现出的色彩基调与倾向。由于色彩有约定俗成的文化性，不同色彩蕴含不同的情感象征意义，有些明亮，有些活泼，有些沉重。多媒体作品需要选择与作品主题、内容、结构、风格、样式相吻合的主体色调，如说明文用色应较中性、描写景物的作品用色应较清新。色彩设计同时要考虑年龄特点，一般低年龄用户喜爱鲜艳、饱和度高的色彩；年龄稍大的用户则喜爱柔和、沉静的色彩。选择色调的意义应符合人们的习惯并保持一致，如红色表示错误，黄色表示警告等。一旦确定了多媒体作品的主体色调，则在整个作品设计中都要注意色彩基调相对稳定。

③ logo设计。logo是指设计者为单位机构、商品、作品、网站或活动等设计、代表其特征、蕴含象征意义的图形化标志。logo设计是指通过文字、图形巧妙组合创造一形多义形态的创作行为。不同机构或个人开发的多媒体作品，通过画面中添加logo标志，展示个性与知识产权。logo设计需要把握几个特性：识别性（色彩、构图简单，容易识别、记忆）、特异性（特性独特，与其他logo区别明显）、内涵性（有自身特定的含义与象征意义）、艺术性（线条流畅，追求图形的造型美、意和形的综合美）。

④ 多媒体素材类型选择。依据主题特点、用户特征、创作者技术特点、媒体素材优势，确定采用何种类型或几种类型的多媒体素材组合呈现作品主题；确定什么类型的内容或功能模块采用何种类型的媒体素材呈现；并且使整个多媒体作品保持一致，降低用户使用多媒体作品的难度。

⑤ 界面版式规划。界面版式规划是指根据策划设计的需求，结合多媒体作品的主题与定位、用户特征等，规划出多媒体作品信息表达的界面框架。多媒体作品的屏幕中含有各种内容信息、帮助提示信息和可以进行交互作用的对象，对屏幕版式规划是安排这些信息和对象的位置及其大小，其中包括画幅选择（横幅、竖幅、方画幅）、界面功能区规划等。

⑥ 叙事结构节奏设计。叙事结构节奏是指多媒体作品通过画面呈现主题的情节及其组合设计。常见的多媒体作品画面呈现主题结构节奏为"片头—起—承—转—合—片尾"。结合具体的主题可灵活应用，如某教学视频可规划为"片头—标题—新知引入—新知讲解—巩固练习—布置作业—小结与拓展—片尾"的情节组合，其中"新知讲解"环节可规划为"原理陈述—例题应用—小结"的情节结合。

（5）脚本编写

脚本原指表演戏剧、拍摄电影等所依据的设计稿本，是带有视觉语言的文字或画面表述。脚本是多媒体作品制作可依据、可具体实施的设计稿。脚本设计是整个多媒体作品制作的核心。脚本分为文字脚本和制作脚本；文字脚本侧重于事件发展变化的主题创作策划描述形式；制作脚本是在文字脚本的基础上，侧重于多媒体技术实现方法的主题创作策划描述形式。通过系统设计，确定了多媒体作品创作思路与方法，但其中具体实现的细节需要通过脚本加以描述和体现。脚本描述用户将看到的细节，它是设计阶段的总结，包括多媒体作品内容安排、音频动画或视频应用、交互设计等，也是技术制作人员编制多媒体作品的依据。

脚本编写是指依据相关理论，根据主题特点与系统设计要求，对呈现主题的各个事件及其逻辑关系进行设计，规划出多媒体信息具体呈现方式的创作过程。

（6）素材获取

素材获取是指应用多媒体素材制作软件或设备，获取多媒体素材的操作过程。多媒体作品需要用到大量的文本、声音、图像、动画、视频等多媒体素材。脚本完成后，根据制作脚本设计要求，准备所用的各种多媒体素材。素材获取工作是制作、获取脚本中涉及的各种多媒体素材，包括文本输入，图形、图像的扫描与编辑，音频录制剪辑，动画制作和视频获取、编辑等。

本阶段根据作品需要，对各种媒体如文字、图形、图像、声音、动画、视频等进行采集和加工。素材获取主要进行以下四项工作。①根据作品内容确定需要何种素材。②确定素材的获得方式。③各类素材的采集与编辑。④对已编辑好的素材进行管理、规范命名。

多媒体素材准备，须树立多媒体为表达主题内容服务的指导思想。根据主题内容、目标、用户的需要，以表达、突出主题为核心来选择多媒体素材。克服媒体素材设计与内容相脱离的弊病，避免不顾主题思想的表达，只顾追求时髦、展示复杂制作技术、为表现媒体而设计媒体的现象出现。

（7）系统合成

系统合成是指按照系统设计与制作脚本的要求，通过多媒体创作工具软件将准备好多媒体素材编制成一个完整独立多媒体作品的操作过程。多媒体素材准备好后，进入系统集成制作阶段，工作人员按照脚本的要求，对前期准备的各种多媒体素材进行编辑，编制成多媒体作品。本阶段由多媒体技术人员（软件工程师）根据脚本，利用多媒体创作工具或程序将文字、图形、图像、音频、视频、动画等多媒体素材进行集成，最终形成多媒体作品。

系统合成通常采用原型开发思想进行多媒体作品的设计开发，即在开始多媒体作品开发之前，设计制作出该多媒体作品原型；通过原型设计，确定多媒体作品的总体风格、界面风格、导航风格、素材规格，以及编写脚本的要求和内容。如果发现脚本的某些设计不理想，可修改脚本，并反复测试、调试，使其符合作品表达要求。原型制作完成之后，技术人员依据原型和制作脚本制作其他同类多媒体作品，并保持原型的风格和特点。需要注意的是，制作时不能千篇一律照搬原型模板，须体现出不同主题内容的具体特点。

（8）测试优化

测试优化是指对多媒体作品的各项性能进行测试、找出问题、进行修正的过程。多媒体作品制作过程中，需要对运行环境适应性、运行效果、使用感受等进行评测，测试需要应用到实际环境中，经过试用，发现编制调试阶段未能发现的技术错误和设计不足，并进行修改、完善，优化多媒体作品，使之更加符合实际需要。同时，为后期开发多媒体作品提供设计与制作经验。

（9）发布产品

经过前面各项工作的反复执行，制作出合格的多媒体作品，至此，可将多媒体作品制作成产品并进行推广使用，生成可运行文件，如PPT、SWF、MPEG、EXE、HTML等格式文件。可以用磁盘、光盘和网络方式来发布自己的作品。

6.1.3 CAI课件创作

超媒体CAI（computing aided instruction，计算机辅助教育）课件是多媒体作品在教育领域中的重要应用，是指用于存储、传递、呈现教学信息，使学习者进行交互操作，并对学习者的学习做出评价的现代教学媒体。CAI课件是根据教学大纲要求，经过教学目标确定、教学内容和任务分析、教学活动及界面设计，以计算机处理和控制多种媒体的表现方式，形成超文本结构查询的计算机程序。

超媒体CAI课件的基本要求是：教学内容正确，反映教学过程和教学策略，具有友好的人机交互界面，具有诊断评价、反馈强化功能。

1. CAI课件的基本构成

（1）封面与导言

封面是指多媒体作品的起始页。导言是指运行于多媒体作品首部的指导或提示性语言图示。封面包括课件的名称、制作单位、版本号、各种标志及必要的说明等。封面力求设计新颖，有创意，给人焕然一新的感觉。超媒体CAI课件封面导言的设计需要考虑：①不同类型的课件设计不同类型的封面导言；②封面导言的色调、构成元素、界面布局；③使用对象的特征。

（2）知识内容

知识内容是指学习者应该掌握的知识单元及构成知识单元的知识体系。该部分构成课件的主体，它是在教学设计过程中，由教学专家和学科教师根据学习者特征及教学目标确定的教学知识内容。

（3）练习与评价

练习与评价是指CAI课件中检测学习者知识掌握情况，并将检测结果反馈给学习者，帮助学习者了解自身学习情况所进行的练习和测试。

（4）知识的组织结构

知识的组织结构是指知识信息表述的顺序结构，包括线性结构、分支结构和网状结构等。节点、链、网络是超媒体结构的三个基本要素。

（5）导航策略

导航策略是指CAI课件中为避免学习者偏离教学目标，引导学习者进行有效学习的引导提示策略。导航策略的主要功能：①学习者了解当前学习内容在学习过程中、知识结构体系中所处的位置；②学习者根据学过的知识、走过的路径，确定下一步的前进方向和路径；③学习者使用课件遇到困难时，寻求到解决困难的方法，找到达到学习目标的最佳学习路径；④学习者快速而简捷地找到所需信息，并以最佳路径找到信息；⑤学习者清楚了解教学信息的结构概况，产生整体性感知。

（6）交互界面

交互界面是指学习者与CAI课件交互的屏幕界面。学习者通过屏幕界面向计算机输入信息以控制、查询和操纵课件；CAI课件则通过屏幕界面向用户提供信息，供阅读、分析、判断。CAI课件的屏幕界面主要包括窗口、菜单、图标、按钮、对话框、示警盒等。交互界面的设计包括界面窗口的大小设计、屏幕信息的布局、教学信息的呈现方式等。屏幕界面设计应注意的问题包括避免使用专门术语、注意屏幕及各组成元素的直观性、保持屏幕元素的一致性、考虑

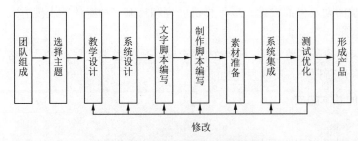

使用对象的特点、具有艺术表现力和感染力等。

2. CAI课件制作流程

CAI课件制作流程，与多媒体作品的制作流程基本相同，由于其教学属性，使其开发制作具有其特殊性，如图6-1-2所示。

图6-1-2　CAI课件制作流程

团队组成。课件开发团队主要包括项目负责人、学科教师、美工、多媒体技术人员。

主题选择。多媒体课件制作前，需充分做好选题论证。选择学习者难以理解、教师不易讲解清楚的重点和难点问题，特别选择能充分发挥图像和动画效果、不宜用语言和板书表达的内容。

教学设计。教学设计运用系统论的观点和方法，根据教学目标和学习对象特点，分析教学中的问题和需求，确定解决问题的有效步骤；选择相应的教学策略和教学资源，确定教学知识点的排列顺序，合理选择、组织教学媒体和教学方法，形成最优化的教学系统结构

系统设计。系统设计是对多媒体课件的总体设计，包括页面设计、层次结构设计、媒体的应用设计、知识点的表示形式设计、练习方式设计、页面链接设计、交互设计、导航设计等。

脚本编写。脚本编写是根据教学内容特点与系统设计的要求，在学习理论的指导下，对每个教学单元的内容和安排以及各单元间的逻辑关系进行设计。多媒体课件的脚本分为文字脚本和制作脚本两种。

文字脚本是指对多媒体课件设计与制作的文字表述，通常由学科教师完成。文字脚本包括教学目标分析、教学内容和各知识点的划分、学习者特征分析、课件模式选择、教学策略指定、媒体选择等。文字脚本包含课件名称、教学目标、重点难点、教学进程、教学流程、媒体运用、课件类型、使用时机等内容。

制作脚本是指在文字脚本的基础上，对课件界面布局、制作步骤、制作方法的表述，通常由多媒体技术人员美工人员完成。制作脚本包括页面元素与布局、人机交互、跳转、色彩配置、文字信息呈现、音乐或音响效果、解说词、动画及视频的要求等。

数据准备。数据准备包括说明文字、配音、图片、图像、动画、视频等多媒体素材准备。

课件集成。运用多媒体课件制作工具如万彩动画大师、Adobe Animate、会声会影、Focusky、Frontpage、Dreamweaver等，将各种素材按脚本的设计组合起来，形成一个有机整体。

测试优化。测试优化是指课件制作过程中，对课件进行的评价和修改工作。目的在于根据评价结果合理修改课件，改进设计，使之符合教学的需要，提高课件质量和性能，并对课件性能、效果等做出定性、定量的描述，确认课件的有效性和价值。

形成产品。课件制作完成，发布作品，供学习者使用。

6.2 多媒体作品的脚本设计

多媒体作品系统设计完成后，需要进行脚本编写。规范的脚本有利于保证多媒体作品质量，提高多媒体作品开发与制作效率。多媒体作品的脚本包括文字脚本和制作脚本两部分。

6.2.1 文字脚本的构成与编写

文字脚本是根据系统设计、按照事件发展变化的先后顺序，用于描述多媒体作品详细内容及其呈现方式的一种文书形式。文字脚本作用有两个方面：一是系统创作思想的体现，即通过多媒体作品的文字脚本，将各项设计工作的具体思路描述出来；二是为编写制作脚本打下基础。文字脚本是多媒体作品的文字表述，体现了多媒体作品的总体设计情况，文字脚本通常由专业人员完成。

不同类型的多媒体作品文字脚本的构成不同。

1. 课件类多媒体作品的文字脚本构成

文字脚本需要写明课件名称、教学目标、重点难点、教学进程、教学流程、媒体运用、课件类型、使用时机等。文字脚本构成可概括为以下三部分：

（1）简要说明

简要说明又称使用对象与使用方式说明，用于描述多媒体作品的教学对象、教学功能与特点、使用方式等。教学对象说明：描述多媒体作品的教学或使用，是面向哪种类型的学习者（或教师）群体，使用该多媒体作品的学习者需要具备哪些认知结构和认知能力。教学功能与特点说明：描述所制作的多媒体作品在教学上的功能与作用。特别是在传统教学中无法解决的问题，而通过多媒体技术能实现的功能。此外，还要说明多媒体作品在设计与制作中比较突出的特色。使用方式说明：描述多媒体作品应采取的教学应用方式，如用于教师辅助教学、学习者课堂上自主学习，或学习者课外阅读学习等。

（2）教学内容与教学目标描述

教学内容与教学目标描述用于说明多媒体作品所包含的教学内容以及所要达到的教学目标。需要说明知识结构，组成知识结构的知识单元和知识点，并详细描述教学目标，内容与教案设计保持一致。

教学单元的划分：教学单元是指包含相对独立、完整知识体系的教学单位。多媒体作品的教学单元划分需要注意两个问题：一是教学目标的先后次序和连续性，按教学目标的先后顺序划分教学单元；二是时间限制，在规定时间内完成一个教学单元的学习。

知识点的划分：知识点的划分有两条准则。一是知识内容的属性，如按加涅的学习分类方法，学习内容可分为事实、概念、技能、原理、问题解决等五类，不同类型的知识内容可划分为不同的知识点。二是知识内容之间的逻辑关系。知识内容之间往往存在一定的逻辑关系，如条件与结论、原因与结果等，不同关系的知识内容可分为不同的知识点。

知识结构的概念图表示。知识结构是指知识点之间的相互关系及其联系形式。通过概念图，形象地列出教学单元的知识结构。如小学生学习的一首古诗，可分为识记生字、理解词语、讲读诗句、欣赏全诗等多个知识点，知识点及其之间的联系形成古诗的知识结构。

教学目标描述：采用三维目标描述的方法，即从知识与技能、过程与方法、情感态度价值观三方面描述。知识主要包括人类生存不可或缺的核心知识和学科基本知识。技能是知识的外在价值，主要包括获取、收集、处理、运用信息的能力、创新精神和实践能力、终身学习的愿望和能力。过程是指为达到教学目的而必须经历的活动程序，包括应答性学习环境和交往、体验等。方法是指师生为实现教学目标和完成教学任务在共同活动中所采用的行为或操作体系，主要指学习者的学习方法，包括基本的学习方式（自主学习、合作学习、探究学习）和具体的学习方式（发现式学习、小组式学习、交往式学习等）。态度是指个体对特定对象（人、观念、事件等）所持有的稳定的心理倾向。情感是指人对客观事物是否满足自己的需要而产生的态度体验。价值观是指人认定事物、辨别是非的一种思维或取向。

（3）设计思路

设计者按照教学规律与顺序，清晰表述知识点、教学内容呈现方式、拟使用的媒体、教学过程安排等，为制作脚本的编写提供具体可操作的步骤、信息、素材，为多媒体作品的制作提供足够的依据。

2. 影视动画类多媒体作品的文字脚本构成

影视动画类多媒体作品的文字脚本（文学剧本）是影视动画制作所依据的文字材料。它保证故事完整、统一连贯、核心思想突出，提供作品的主题、结构、人物、情节、时代背景和具体细节等基本要素。文字脚本由编剧来完成，编剧人员须围绕主题、运用影视艺术的思维方式进行构思，以文字叙述的形式加以表达。文字脚本不追求可读性，侧重为影视屏幕中表现的可视化提供创意。

动画片剧本与普通影视剧剧本有所差别，需要编剧在撰写故事构架的同时，能够更多地考虑动画片制作的特点，强调动作性和运动感，并给出丰富的画面效果和足够的空间拓展余地。

影视动画类多媒体作品的文字脚本（文学剧本）以"幕"（act）作为大单位，以"景"（scene）作为小单位；"幕"由若干"景"组成。"景"主要由台词和舞台提示组成。台词是角色的对白。舞台提示描述人物说话的语气、说话时的动作，或人物上下场、指出场景或其他效果变换等；具体到剧情发生的时间、地点，剧中人物的形象特征、形体动作及内心活动可视化描述，场景、气氛的说明，布景、灯光、音响效果等方面的描述。

3. 文字脚本的编写

（1）课件类多媒体作品的文字脚本编写

文字脚本的编写格式多种多样，依据设计者的喜好而定，有详有略，以清晰表达设计意图为原则。文字脚本的编写有文本式、卡片式两种格式。

①文本式文字脚本的编写，是在教学设计的基础上进行，依照文字脚本编写的要求，列出多媒体作品的主题、逻辑结构、主要内容、所需素材等，为制作人员提供明确的操作指导。

②卡片式文字脚本的编写，可用一张张卡片进行描述，这种卡片成为文字脚本卡片，并按教学的先后顺序排序，形成体系。文字脚本卡片包含序号、内容、媒体类型和呈现方式等，基本格式见表6-2-1。

表6-2-1　文字脚本卡片的一般格式

序　号	内　容	媒体类型	呈现方式

序号：指根据知识结构流程图，按内容在屏幕上出现的先后顺序为教学事件编制的序列号。内容：指可用某个多媒体素材在屏幕上独立呈现的教学信息，包括知识点内容、构成知识点的知识元素、与知识点内容相关的问题。媒体类型：指根据教学设计所选择的、用于形象直观阐述教学内容的多媒体素材类型，如文本、图形、图像、活动视频、解说、效果声等。呈现方式：指用于描述教学媒体在屏幕上出现与退出的方式、同时调用媒体的种数（如图、文、音同时调用）等。

（2）影视动画类多媒体作品的文字脚本编写

影视动画类多媒体作品的文字脚本（文学剧本）是比较突出文学性的剧本，摄影感偏低，可视化语言描述是影视动画类多媒体作品文字脚本编写的要点之一。

6.2.2　制作脚本编写

文字脚本不能作为多媒体作品制作的直接依据。制作多媒体作品需要考虑呈现各种信息内容的方式方法、信息处理过程中的各种编程方法和技巧、人机交互、跳转、色彩配置、音乐或音响效果、解说词、动画及视频的要求等。所以，在制作多媒体作品之前，熟知多媒体技术的制作者需要根据文字脚本编写出具体反映多媒体作品制作方法与过程的制作脚本。

1. 制作脚本卡片的内容

多媒体作品是逐屏将内容呈现给用户，因此每屏信息的设计、制作方法都需要通过卡片详细的规划与说明。脚本卡片是制作脚本的基本单元，形象直观地呈现设计者的设计思想。制作脚本是制作脚本卡片的有序集合，因此，多媒体作品制作脚本的编写，最后归结为制作脚本卡片的设计与填写。制作脚本卡片的内容包括如下几方面：

（1）制作脚本卡片基本信息

多媒体作品可按模块将制作脚本卡片分类，并按顺序编排。因此，制作脚本卡片需要标记卡片的基本信息，包括主题名称、集号或知识点、文件名、页目或卡片序号。主题名称用于标注多媒体作品所呈现的作品名称，如"孔乙己"。集号或知识点用于标注本卡片所涉及的集或知识点名称，如第5集、封面、生字学习、直线的概念等。文件名是对这一屏幕内容的计算机命名，如封面设计卡片可命名为face。页目或卡片序号表示该卡片的对应帧在影视动画或学习流程中的位置，如4-1-1表示第4章第1个知识点中的第1屏信息。

（2）屏幕画面

根据总体设计所确定的原则和标准，多媒体作品的屏幕画面通过脚本卡片给予准确描述，注意屏幕画面中媒体要素设计需要保持一致性。屏幕画面设计具体有八方面的内容：一是文字、图形、图像、动画、视频等窗口的大小；二是文字内容、呈现方式和特殊效果；三是图形图像的颜色搭配、入图和出图方式、特殊效果；四是旁白、音效、配乐；五是按钮、图标的位置和大小；六是每屏停留时间；七是启动按钮、热字、热区的触发交互点、转向去处；八是进入、退出屏幕的路径和方式，注明画面文本、声音、图形、视频动画等文件名。

（3）跳转关系

跳转关系是导航链接在每屏画面中的具体描述，体现多媒体作品结构。编写制作脚本时，需对每屏画面中的导航链接关系做出明确具体描述，通过"进入方式"和"出现方式"描述节点和节点（屏幕与屏幕）间的联系。描述语句如下：

由_____文件，通过_____按钮（或菜单、图标、窗口等）进入。

通过_____按钮（或菜单、图标、窗口等），可跳转到_____文件。

（4）呈现说明

注明呈现媒体的先后顺序和同一时间呈现媒体的种类数，必要时可设计进入退出特效。

（5）声音与解说设计

注明配音的解说词、内容或背景音乐出现时间、持续时间长度、音量变化等。

2. 制作脚本卡片格式

（1）课件类多媒体作品的制作脚本卡片格式

制作脚本卡片没有统一固定格式，在应用过程中设计者可根据自己的爱好和多媒体作品的具体特点设计。制作脚本卡片在格式上应满足以下要求：①清晰反映多媒体作品的设计结果；②方便实现屏幕画面的设计；③直接给出对多媒体作品制作的支持；④有效呈现出多媒体作品运行的实际情况。

制作脚本卡片设计可参考如下两种格式：

制作脚本卡片格式之一：卡片界面上方为制作脚本的基本信息；卡片界面中间版面分为左右两部分，左边部分用于屏幕界面设计，右边部分用于说明界面对象呈现的顺序与效果、链接关系及制作要求，对于有解说或音乐的界面，设计出解说或音乐的文件格式、内容需求、控制方法；卡片界面下方为屏间的跳转关系设计描述，如图6-2-1所示。

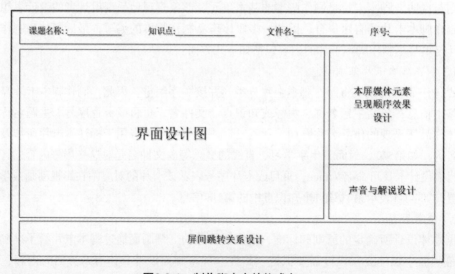

图6-2-1 制作脚本卡片格式之一

制作脚本卡片格式之二：卡片界面上方为制作脚本的基本信息；卡片界面中间版面用于屏幕界面设计，分别设计出每屏呈现的知识内容、媒体形式、界面构成；卡片界面下方板块分为四个栏目：进入方式设计、退出方式设计、本屏媒体元素呈现顺序效果设计、声音与解说设计，其中进入方式用于设计本屏内容呈现可由哪些屏幕切换进来、退出方式用于设计从当前屏可以进入哪些屏幕，如图6-2-2所示。

| 课题名称:: | 知识点: | 文件名: | 序号: |

界面设计图

进入方式	
1.由_____文件通过_____按钮进入	
2.由_____文件通过_____按钮进入	本屏媒体元素呈现顺序效果
3.由_____文件通过_____按钮进入	设计
退出方式	
1.通过_____按钮跳转到_____文件	
2.通过_____按钮跳转到_____文件	声音与解说设计
3.通过_____按钮跳转到_____文件	

图6-2-2 制作脚本卡片格式之二

（2）影视动画类多媒体作品的制作脚本卡片格式

影视动画类多媒体作品的制作脚本卡片又称画面分镜头剧本，目前没有统一的标准格式，依据导演的个人偏好而定，目前流行的有横体、竖体两种格式。横体式采用横向的三个画面的格式，如图6-2-3所示；竖体式采用纵向的五个画面格式，如图6-2-4所示。

| 片名： | | 集号： | | 页目：____ |

镜号 规格 秒数 背景	镜号 规格 秒数 背景	镜号 规格 秒数 背景
内容		
对白		
处理		

图6-2-3 画面分镜头模板之横体式

	画面		内容	对白	处理
镜号					
规格					
秒数					
背景					
镜号					
规格					
秒数					
背景					
镜号					
规格					
秒数					
背景					
镜号					
规格					
秒数					
背景					
镜号					
规格					
秒数					
背景					

图6-2-4　画面分镜头模板之竖体式

3. 制作脚本卡片的编写

（1）课件类多媒体作品的制作脚本编写

制作脚本卡片的编写，需要根据文字脚本的要求规划出具体的界面布局、跳转关系、媒体类型与运用等，并依照递进关系分别设计出封面导言等各关键界面。关键界面的选择很重要，选择的关键界面需要反映出多媒体作品的特色、内容、逻辑关系，如图6-2-5和图6-2-6所示。

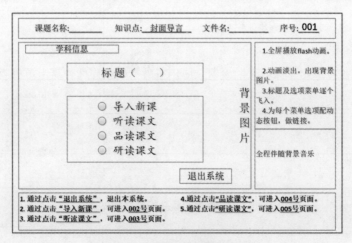

图6-2-5　封面导言制作脚本卡片

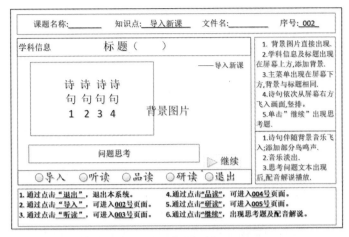

图6-2-6　导入新课制作脚本卡片

（2）影视动画类多媒体作品的制作脚本编写

画面分镜头剧本是导演为影片设计的施工蓝图，也是影片制作组各部门理解导演的具体要求，统一创作思想，制订拍摄日程计划和测定影片摄制成本的依据。画面分镜头剧本设有镜号、景别、摄法、长度、内容、音响、音乐等栏目。其中"摄法"是指镜头的角度和运动；"内容"是指画面中人物的动作和对话，有时也把动作和对话分开，列为两项。每个段落之前还注有场景，即剧情发生的地点和时间；段落之间标有镜头组接的技巧。

画面分镜头是影视动画最初的视觉形象，是影片计划实施的蓝图。分镜头剧本的绘制，是由导演将剧本的文字变为画面，将故事和剧本视觉化、形象化。这个过程不是简单的图解，而是一种具体的再创作。画面分镜头剧本编写的具体要求如下：

①镜头号：连接镜头与镜头之间的序列号码。②镜头画面：根据文字描述绘制的具体视觉形象，其中包括环境场景和人物角色、机位角度、透视关系等。③内容提示：用文字讲述镜头画面的动作内容和说明使用何种镜头语言及拍摄技巧的注释。④音响音效说明：用文字来标注每个镜头所使用的音响和音效的内容；⑤秒数说明：对每一个镜头时间的确定。

6.3　微课创作

6.3.1　微课概述

随着网络的普及与多媒体技术的发展，应用于教学的多媒体作品由单机版向网络化方向发展，客户端由计算机平台向移动平台发展，学习时长是完整的一节课向碎片化方向发展，微课作为一种新形态的多媒体作品出现在教育领域，成为网络教学平台中教学信息呈现的主要载体形态。

1. 微课的概念

微课是指以单一知识点为教学内容，通过简短的视音频等多媒体形式记载并结合一定学习任务而形成的多媒体教学资源。微课是现在网络多媒体教学资源建设中的主要形式之一，其显著特点是：具有独立的教学目标、以视频动画等为载体、时长15 min以内、具有良好交互功能、具有课堂教学基本特征等。微课制作需要体现出简单的技术、充实的内容、清晰的表达三个基本特征。

2. 微课制作原则

（1）依据教育理论

教育理论是指通过一系列教育概念、教育判断或命题，借助一定推理形式构成的关于教育问题的系统性陈述。教育理论是教育专家以浓缩形式阐述的教育事实和经验，是在众多教育实践基础上得出的具有指导意义的理论。因此，微课制作需要一定的教育理论来支持。由于建构主义要求的学习环境得到信息技术成果的强力支持，使建构主义理论日益与教师的教学实践普遍结合起来，成为国内外学校深化教学改革的指导思想。同时，由于传播理论着重研究教育者与被教育者间信息交流活动，以及教育传播过程中所涉及的要素，避免环境及信息间的干扰，提高信息传播效率，通过有效的媒体通道，把知识、技能、思想、观念传递给特定教育对象。多媒体认知理论强调多媒体设计应与人类加工信息方式一致。认知负荷理论强调微课信息表达要减轻学习者的认知负荷。

微课作为多媒体教学资源建设的新形态，是一种以建构主义学习理论、传播理论与多媒体认知理论、认知负荷理论等为指导思想，以在线学习或自助学习为目的，基于某个简要明确的主题或关键概念、科学过程为教学内容，通过动画或视频等形式呈现的课程，在学习者注意力集中的最佳时限即15 min内完成学习。

（2）教学目标唯一，知识单元独立

依据微课的理念与教育理论，微课表达需要做到内容简单明了、信息承载量小而精。欲达到这种效果，微课须以单一教学目标的微小知识点为核心组织知识内容，为此需要将学习内容划分为一个个具有独立教学目标且相对独立的微小知识点，学习者围绕微小知识点展开学习。微小知识点的划分有多种方法，不同的划分依据结果不同。如微小知识点的划分可按学习内容属性分为事实、概念、技能、原理、问题五种类型，或依据学科的基本概念、基本原理、基本规则、基本公式、科学过程划分，或提取基本原理、基本规则、基本公式、科学过程中的概念作为学习内容的微小知识点。其中，事实是指一些术语，如姓名、时间、地点、事件名称、可确定的事件等；概念是指将具有同样特征的事物进行归类，用来表征这种事物的属性及名称名词；技能是指系列动作的连锁；原理是指若干概念组合在一起，用来描述事物因果关系与规律；问题解决是指发现问题、提出假设、搜集事实、做出解释论证的程序和方法。

（3）关注学习者特征，构建吸引学习者的教学设计

学习者特征体现在学习者喜欢一般规范的教学环节、简洁的教学表达与教学环境，不喜欢复杂多变的教学方法与教学手段。同时，教学设计的目的是让学习者以最快捷的方式掌握知识与技能，达成教学目标。微课教学设计是微课教学表达设计中吸引学习者主动参与学习很重要的一个环节，结合学习者特征与教育理论，微课教学设计需要做好以下几点。一是选择学习者关注的知识点，同时选择能引起学习者兴趣的词语作标题，使学习者感到所学知识对他有用。二是开篇明确主题，直接通过文字语音说明学习主题；新知识学习直奔主题，正面阐述，或运用具有吸引力的故事情节点明主题等。三是知识内容呈现以直观、简洁、通俗为主，合理运用文本、音频、动画与视频组合，力求用最少的时间，最大化的呈现教学信息量。四是画面优美、声音悦耳，使学习者学习的同时在视觉与听觉上得到美的享受。

（4）线性教学序列

线性教学是指一个具有确定序列性、易于量化、有清晰起点和明确终点的教学秩序系统。线性教学表达具有事物发展变化过程因果关系清楚、逻辑性强、易于理解、知识获取难度相对低等优点。依照传播学原理、多媒体认知理论与学习者特征，在信息传递过程中尽量减少信息干扰，使学习者以最简单通用的方法获得知识。微课教学表达的对象是一个微小知识点，呈现时间短小，很适合应用线性方式呈现教学信息，不适宜复杂的教学组织序列。故此，微课教学表达可按知识的内在逻辑关系，运用线性结构组织知识内容，用最简洁的线性教学序列呈现课程的知识与技能。

（5）选择携带信息量大的媒体素材

用于传播教学信息的基本材料单元即媒体素材包括文本、图形图像、音频、视频、动画素材等五类，对比分析五种常用媒体携带信息量，从小到大依次为文字、音频（含语言文字、情感）、图形图像（含文字、角色、场景）、动画（含文字、音频、角色、场景、行为）、视频（含文字、音频、角色、场景、行为，细节比动画丰富）。微课中媒体素材的选择原则是：力求用最少时间、最大化呈现教学信息。因此，在微课制作时视频与动画媒体素材需占较大比例，且以呈现事物发展变化画面为主，减少大头像式讲课的教学录像。

（6）良好的艺术性

为增强微课表达的感染力、吸引学习者主动学习，提高学习效率，良好的艺术性是必不可少的重要因素。具有良好艺术性的微课作品，能使学习者在学习知识技能的同时得到美的享受与美的教育。因此，微课制作需要做到界面布局简洁、色彩简单优美、大方得体；主题突出，标题字幕醒目精练；语音清晰、紧扣主题、有感染力；视频动画画面清晰、稳定、光线合理，镜头运用简洁明快。

6.3.2 微课结构设计与创作工具

1. 微课的结构设计

微课作为一个完整的微型教学单元，具备课堂教学过程的典型特征：微课导入、知识讲授、巩固深化、知识小结、布置作业、知识拓展。微课设计制作时可视具体情况做变通，恰当调整、简化或加强某些教学环节。微课导入需新颖、迅速、内容紧凑，可选用情景导入、开门见山直接导入、名言导入等简短且能体现多媒体教学优势的导入方式，目的是让学习者感到本知识对他有用。知识讲授短小精悍，抓住根本、直达主题、化繁为简，做到目标明确、突出重点、解决难点。巩固深化通过测验、案例分析、实践应用等活动，巩固学习者已学习的知识与技能，提升学习者的求知能力。知识小结讲明达到的知识与技能目标、重点与难点、知识与技能间的联系，形成清晰的知识技能脉络，起画龙点睛的作用。布置作业明确给出思考题等作业。

微课作为新形态的多媒体作品，其结构设计在遵循课程教学基本规律的基础上，创作者根据自己对信息表达的理解，结合学习者的特征、知识特点，构建富有自身特色的作品，不必千篇一律。以下提出两种类型的微课结构设计供学习者参考。

（1）依据知识点类型设计微课结构

依据知识点类型构建微课结构，可按学习内容属性构建事实类、概念类、技能类、原理类、问题类五种微课结构。

对于事实类的知识，由于其主要目的是让学习者了解事实、认清事实本质与喻义。可采用"片头—标题—引入—事实陈述—揭示本质—巩固测验—总结拓展—片尾"的叙事结构，重点加强对事实本质的认识与理解，通过对事实的陈述、揭示本质、巩固测验、总结拓展，使学习者能了解、认识事实的本质。

对于概念类的知识，由于其主要目的是让学习者理解概念，在头脑中建立概念。可采用"片头—标题—引入—概念陈述—举例说明—巩固测验—总结强调—片尾"的叙事结构，重点加强对概念的认识理解，通过对概念的陈述、举例说明、巩固测验、总结强调，使学习者能记住概念、理解概念的含义。

对于技能类知识，由于其主要目的是让学习者掌握、运用技能。可采用"片头—标题—引入—技能陈述—应用举例—巩固测验—应用归纳—片尾"的叙事结构，重点加强技能培养与理解运用，通过技能陈述、应用举例、巩固测验、应用归纳，使学习者能理解技能的内涵，并能将技能与具体实践相结合，达到运用技能解决实际问题的目的。

对于原理类知识，由于其主要目的是让学习者理解与运用原理。可采用"片头—标题—引入—原理表述—举例验证—巩固测验—归纳总结—片尾"的叙事结构，重点加强原理理解运用，通过原理陈述、举例验证、巩固测验、归纳总结，使学习者理解原理的内涵，并将原理与具体实践相结合，达到运用原理解决实际问题的目的。

对于问题类知识，由于其主要目的是培养学习者分析问题、解决问题的能力。可采用"片头—标题—引入问题—问题分析—归纳梳理—举例验证—巩固测验—总结拓展—片尾"的叙事结构，重点加强对问题的分解、抽象、归纳、解决策略建构能力的训练，通过问题分析、归纳梳理、举例验证、巩固测验等教学活动，使学习者掌握分析问题、解决问题的基本方法，并能总结解决具体问题的过程，达到拓展思路、举一反三的目的。

（2）依据学习者接收外部信息特征设计微课结构

依据学习者接收外部信息特征构建微课结构，从人类大脑对外部信息的加工的"本能的""行为的""反思的"三个层次入手，并将符合人类习性的情景学习融合到学习中，把学习环节设计为故事化、生活化的学习情景。其中，本能层对外部信息的加工水平按模式匹配的方式进行工作，大脑接收外部信息刺激后，直接对刺激做出直观判断，且向运动系统发出相关控制信号。该层次的学习行为主要包括记忆、模仿等。行为层对外部信息的加工水平，大脑对外部信息刺激进行理解分析，直观判断最优选择，并对行为做出相应调整。该层次的学习行为主要包括回忆、选择判断等。反思层对外部信息的加工水平，大脑对外部信息刺激进行有意识的分析、推理、归纳总结，内化信息并将内化成果应用于其他刺激反应。该层次的学习行为主要包括分析、推理、归纳总结、应用等。

依据学习者接收外部信息特征构建微课。首先，从建构主义理论出发，在教学设计的基础上，运用动画视频等形式再现或模拟再现真实学习情景，将知识技能融入日常生活故事产生的问题或矛盾中，产生需要用相关知识技能解决的问题或矛盾，引起学习者关注。通过若干故事化、生活化的情景逐步解决产生的问题或矛盾，达到学习者在故事化、生活化的情景中学习与掌握知识技能、增强实践能力的目的。其次，采用线性叙事结构，按照学习环节发生时间的先后设计与排列故事化、生活化的情景学习活动，降低学习者获取知识技能的难度。

依据学习者对外部信息加工特征，可将微课结构划分为三个层次五个环节：本能层（含课程引入、新课讲解环节）、行为层（含巩固深化环节）、反思层（含课堂小结、布置作业、知识拓展环节），如图6-3-1所示。

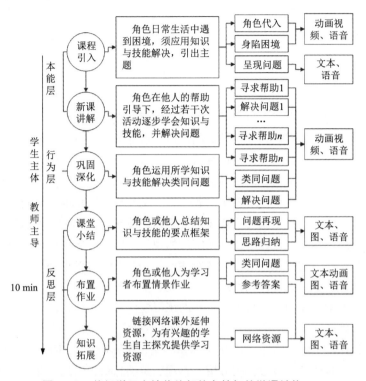

图6-3-1　依据学习者接收外部信息特征的微课结构

① 本能层结构。本能层结构可分解为课程引入、新课讲解两个环节，目的是让学习者初步获得知识技能的直观认识，记忆所学知识、模仿所学技能。

首先，课程引入环节。充分利用信息技术优势，根据情景学习故事化、生活化的设计思路，运用动画视频营造接近真实情景的学习氛围。创设适合学习者认知且涉及新知识技能的生活小故事，通过创设的人物角色在设定的故事情景中遇到某个问题需要运用新知识技能来解决，从而引出主题。由于采用接近学习者认知与真实情景的故事，容易引起学习者情感方面的共鸣和解决问题的欲望，使学习者关注人物角色能否解决问题，达到概念初步形成的目的。呈现媒体以动画视频为主，避免PPT式的文字展示；主题标题以文字+音频的形式呈现；课程引入环节时长控制在1 min左右。

其次，新课讲解环节。围绕人物角色所遇问题，通过人物角色自主探索或他人帮助从基础开始，将学习重点难点设计为2~3个适合学习者认知与学科知识技能的小故事，即将知识技能按先后顺序或难易程度分解为2~3个逐步递进的微小知识层，并将每个微小知识层设计成一个小故事，随着人物角色推动故事情节的发展，在第一个故事情景中解决一个疑问，第二个故事情景解决第二个疑问，分段逐次解决人物角色的问题，以此向学习者呈现完整的知识技能。学习者的思维跟随人物角色的脚步，在关注人物角色能否解决问题、完成任务的故事情节中逐步学习掌握知识技能，达到记忆与模仿的层次。呈现媒体以动画视频为主；重点难点则精练关键字，以文字+音频媒体强调；讲解新课环节时长控制在5 min左右。

② 行为层结构。行为层包含巩固深化一个环节，目的是让学习者对初步获得的知识技能，进行理解分析加深印象，能够区别所学知识技能同其他知识技能的差异，对相同情景下问题的解决做到直观判断最优选择，并对解决问题的方式方法能根据实际情况做出相应调整，促进学习者知识技能的掌握。微课具有反复观看且时间较短的特点，故可根据具体情况设计若干练习题用于促进学习者进一步巩固与加深理解所学知识技能，具体可设计1～3道练习题。呈现媒体以文字+音频、动画为主；深化巩固环节时长控制在2 min左右。

巩固深化的练习题设计需要做到以下几点。首先，针对重点难点设计练习题。巩固深化须针对新授知识技能的重点难点进行练习，做到练习在点，巩固到面。让学习者围绕重点难点进行思考、判断，加深重点难点知识技能的印象，区分新知识技能与其他知识技能的不同。其次，针对容易混淆的知识技能设计对比练习题。对于"形似实异"的知识技能，学习者往往不认真审题，从而造成答题错误，对此通过对比练习强化认知，提高学习者判断能力。第三，针对学习者容易形成思维定式设计变式练习题。变式是指从不同角度、不同方向、不同方式变换事物呈现的形式，揭示其本质属性。初步掌握新知识技能后，学习者容易形成思维定式，不能灵活区分知识技能，容易出现抓不住问题实质的现象。为此，巩固深化环节的练习题可应用变式，对于"行异实同"的知识技能，变换叙述形式，帮助学习者正确理解、掌握知识技能。第四，针对不同层次的学习者设计弹性练习。对完成基本题有困难的学习者，可设计一些辅助型练习。最后，针对学习者的年龄特点，设计的练习题应形式多样，富有趣味性，如抢答、分组竞赛等形式。

③ 反思层结构。反思层结构可分解为课堂小结、布置作业、知识拓展三个环节，目的是让学习者对所学知识技能进行有意识的分析、推理、归纳总结、内化，并将内化成果应用于其他刺激反应。

首先，课堂小结。课堂小结是指教师引导学习者将本节课所学的知识进行归纳总结的学习活动。课堂小结达到厘清基本概念，明确公理、定理，使知识系统化、条理化、规律化的学习目的。呈现媒体以思维导图+语音、文字+语音、语音+动画为主；课堂小结环节时长控制在1 min左右。

其次，布置作业。作业是指老师布置的用于巩固所学知识，让学习者课后完成的学习任务。作业的题型包括思考题、讨论题、操作题等。作业的答题形式分笔答和口头两种：口头的作业包括背诵或朗读等形式；笔答作业包括抄写、默写、习题、试卷、调查报告、研究报告等形式。作业题量控制在1～2道题，呈现媒体以文字+语音、文字+动画+语音为主；布置作业环节时长控制在1 min左右。

建构主义视角下，将作业与真实生活情景相结合，形成故事化、生活化的作业。一方面，让学习者了解所学知识技能不仅存在于课本上，同时能在真实生活中切实用到，使学习者掌握的知识技能达到分析、推理、内化、应用的层次，培养学习者综合处理问题的能力。另一方面，故事化、生活化的作业，与课本题目相比更具可变性，一个小变化就能转化为另一个问题，将作业转化成符合学习者认知的真实情景问题，促进知识技能与具体实践相结合。

故事化、生活化的作业设计需立足根本，不断创新，善于观察生活、发现现实与理论间的关系，源于生活又回归生活，立足于培养学习者解决实际问题能力与实践能力。作业具体可设计为实践、调查、游戏等表现形式。①实践型作业。实践型作业是指以发生在与学习者认知相符的家庭生活与社会生活中的真实故事情节为背景，让学习者运用所学知识技能解决家庭生活与社会生活中遇到的问题之作业形式。如设计学习者与家长、同学等一起参与的活动中出现问题，请学习者解决。设计实践性作业需根据学习者所处地区的特点有针对性地进行，不能脱离生活实际。必要时教师还负有敦促学生家长、同学配合的责任。②调查型作业。对于分类统计、社会现象认知等类知识内容，依据教学目标与学习者认知、教学环境的具体情况可设计社会调查型作业，用于开阔视野、提高探索能力，将学习从被动转变为主动。一般适用于高年级学习者。③游戏型作业形式。游戏型作业本身具有情景参与、玩乐的性质，能通过学习者的好奇心吸引学习者主动参与，学习者在游戏玩乐的过程中达到巩固所学知识技能的目的。设计的游戏须结合教学内容开展，把握好度，把握好游戏中的知识点，避免学习者思维跳脱。

第三，知识拓展。知识拓展是指教育教学过程中，学习者在学习内容、形式、方法等方面的扩容增加和优化发展。知识拓展的结果，是对学习者学习的全方位促进，使学习过程更符合认识论的原理，形成"实践—认识—再实践—再认识"反复渐进和升华的过程。以拓宽学习者的知识面。学习内容方面，知识拓展在教材的基础上向社会学习，向网络拓展，使学习内容在更广阔的背景上获得全方位的充实和增加，更好适应社会发展趋势、极大满足学习者的学习需要。学习形式方面，拓展学习强调教育教学的开放性，到社会中去，到生活中去，让学习者从已有的生活经验出发，接触最实际的问题，经历发现和解决实际问题的过程，并将实际问题抽象成知识模型，进而借助已经掌握的学科知识技能和能力，对知识模型问题进行解释和解决，将知识技能转化为能力。学习方法方面，让学习者拥有自主权，尝试多种方法如合作学习、独立思考、实验或模拟等多种方法学习，在实践中改造方法。呈现媒体以文字+图+语音为主，呈现内容以网络链接地址（含二维码）为主；知识拓展环节时长控制在30 s左右。

2. 微课创作工具

微课创作工具有较多选择，制作者依据课程的知识与技能特点、自身多媒体技术特点，选择创作工具。从实现软件工具特点来看，微课创作工具可分为实景拍摄式、屏幕录制式、动画式、混合式四种。

实景拍摄式是利用DV拍摄课堂教学实景，后期主要用会声会影、Adobe Premiere、CamtasiaStudio等视频编辑软件编辑合成，添加字幕、图像等形成微课作品。其模式为"主讲教师DV录像+视频编辑（录像+多媒体教学素材）"。

屏幕录制式是利用CamtasiaStudio、Adobe Captivate、Focusky、会声会影、Adobe Presenter等软件录制屏幕演示内容，然后用这些软件完成后期编辑合成。其模式为"录屏、主讲教师录影+视频编辑（录制视频+多媒体教学素材）"。

动画式是利用Animate、Easy Sketch、Photoshop、3ds MAX、Maya等动画制作软件绘制二维或三维动画，后期用Animate、会声会影、Adobe Premiere、CamtasiaStudio等进行编辑合成。其模式为"角色＋配音＋动画+视频编辑"。

混合式是根据教学设计，不以某个特定创作软件或多媒体素材为主，作品中各类多媒体素材混合搭配，利用各种多媒体软件的优势，编辑合成效果优异的多媒体作品。其模式为"DV录像、动画、录屏+视频编辑（录制视频+动画+多媒体教学素材）＋配音"。

若后期合成交互式多媒体作品，则可用iebook、CamtasiaStudio、Adobe Captivate、Focusky、Adobe Presenter、Animate等软件编辑。另外，微课的文件存储格式决定着微课是否有交互性功能。其中，SWF、EXE、HTML等格式的微课具有交互功能；MP4、FLV等视频格式的微课不具备交互功能，仅供播放观看。

习　题

一、设计题

1. 利用所学知识，以"春节"为题设计一个微课，介绍某地区（最好是家乡）的节日习俗，写出文字脚本。

2. 利用所学知识，以"我的母校"为题设计一个交互式课件，介绍某学校的特色，写出文字脚本。

3. 综合所学的知识，以"国旗"为题，融合情景化、生活化的理念，设计一个介绍中国国旗的多媒体作品，倡导爱国主义思想，写出文字脚本。

4. 综合所学的知识，以"看图识字"为主题，设计一个供儿童使用的多媒体作品，写出文字脚本。

二、操作题

1. 利用网络查找资源，并设计制作一个微课，介绍字"春"的读、写、释义，以及该文字的来源或演变过程。

2. 综合所学的知识，以"看图识字"为主题，制作一个供儿童使用的多媒体作品。

3. 以"商鞅南门立木"故事内容为主，设计制作一个时长不少于3 min的微课，倡导信任最珍贵的理念。

附录A

多媒体作品考核与评价

"多媒体技术及应用"的课程学习，目的是设计制作出符合工作需要的多媒体作品，增强学习者在实际工作中应用多媒体技术的能力。为测试学习者应用多媒体技术的水平，针对所学内容，要求学习者原创设计制作四个多媒体作品，作品的分值分布见表A-1。

表A-1 多媒体作品评价分值分布

题号	1	2	3	4	总分
分值	25	25	25	25	100分
得分					

说明：

①作品须为原创。②根据需要，作品提交可五选四，任选四个作品制作、提交；酌情调整分值。③培养知识主权意识，请在作品中标注作品标题与设计者姓名。

1. 平面设计

利用Photoshop制作一幅平面设计作品，具体要求如下：

（1）作品主题内容要求。选择一个主题（如国庆、五一节、教师节、六一节等）、活动（如文艺晚会）或产品（如手机品牌），设计制作一个宣传海报、logo或宣传展板。

（2）完成作品的时间安排。作品提交时间：第____周，地点或网址：_____。

（3）提交格式及文件命名方法。①提交.psd与.jpg两种格式的电子作品。②文件命名方法：学号+姓名，如1050301046张三.psd；1050301046张三.jpg。

（4）评价标准。Photoshop平面设计作品评价标准见表A-2。

表A-2 平面设计作品评价标准

评价项	评价标准	分值	得分	得分合计
主题	①主题鲜明，能清晰地反映出作品所表达的意图，无歧义。②主题积极向上，正面反映主题，激励积极向上的情绪与意识。③寓意深刻，能体现深层次理念，发人深省	5		
内容	①构图元素选择恰当，各元素与主题紧密相关，准确表达出主题内容，反映、衬托主题。②内容健康，无不良内容出现。③自创构图元素多，较多使用自绘图形表达主题。④抠像完整，细腻，边缘平滑	10		

评价项	评价标准	分值	得分	得分合计
艺术性	①色调明快，色彩使用符合主题表现需求。②构图合理，能合理地使用不同画幅、不同构图方法，各元素组织得当、布局合理。③视点明确，画面有明确的一个视点。④画面设计细腻，个性鲜明	5		
完整性	①作品完整。②画面整体效果好	5		

2. 音频处理

利用Adobe Audition设计制作音频作品，具体要求如下：

（1）作品主题内容要求。选择一个主题（如配乐散文、配乐诗朗诵等），录音并加伴奏音乐。

（2）完成作品的时间安排。作品提交时间：第____周，地点或网址：_____。

（3）提交格式及文件命名方法。①提交.mp3格式的电子作品。②文件命名方法：学号+姓名，如1050301046张三.mp3。

（4）评价标准。设计制作音频作品评价标准见表A-3。

表A-3　音频作品评价标准

评价项	评价标准	分值	得分	得分合计
主题	①主题鲜明，能清晰地反映出作品所表达的意图。②主题积极向上，正面反映主题，激励积极向上的情绪与意识。③寓意深刻，体现深层次理念，能引起情感共鸣	5		
内容	①作品构成包括录音、伴音、效果音。②所用各元素与主题紧密相关，准确表达出主题内容，衬托主题。③自录与处理的音频元素多。④内容健康，无不良内容出现。⑤录音口齿清晰	10		
技术性	①录音质量好，语音清楚。②降噪、激励高音等特效使用恰当。伴奏消音效果好。③编辑细腻，素材间过渡平滑，无明显跳音。④主声与伴音音量配合得当，无喧宾夺主现象	5		
完整性	①作品完整。②录音与伴奏、效果音结合整体效果好	5		

3. 影视作品制作

利用会声会影制作视频作品，具体要求如下：

（1）作品主题内容要求。选择一个主题，搜集相关的视频资料，制作一个2 min的短片。如利用动画片的视频图片资料设计制作一个《动画趣谈》，利用学生活动视频图片资料制作一个《我眼中的大学》等。

（2）完成作品的时间安排。作品提交时间：第____周，地点或网址：_____。

（3）提交格式及文件命名方法。①提交MP4格式的电子作品。②文件命名方法：学号+姓名，如1050301046.mp4。

（4）评价标准。会声会影制作视频作品评价标准见表A-4。

表A-4　影视作品评价标准

评价项	评价标准	分值	得分	得分合计
主题	①作品表达出的意图、主题鲜明。②思路清晰，主线明确。③正面反映主题，主题意图指向明确，激励积极向上的情绪与意识。④寓意深刻，能体现深层次理念	5		
内容	①作品构成包括视频（自录或截取）、标题字幕、绘图动画、图片、旁白、伴音、效果音。②所用各元素与主题紧密相关，准确表达出主题内容。③使用自录音、视频元素。④镜头剪切合理、符合标准。⑤内容健康，无不良画面出现	10		

评价项	评价标准	分值	得分	得分合计
艺术性	①章节有序、思路清晰、叙事合理、内容充实。②镜头剪切合理、符合标准。③镜头组接符合组合规律。④特效使用恰当，编辑细腻，素材间过渡平滑，无跳帧现象。⑤节奏明快、清晰，准确表达出主题内容。⑥主声与伴音音量有层次感，配合得当，无喧宾夺主现象。旁白口齿清晰，录音质量好。⑦构图合理，各元素组织得当、布局合理	5		
完整性	作品内容系统、结构完整，整体效果好	5		

4. 二维动画制作

利用Adobe Animate制作多媒体作品，具体要求如下：

（1）作品主题内容要求。选择一个主题，并改编为小故事如"小马过河""商鞅南门立木""爱护环境"等，制作计算机二维动画，时长不少于2 min。

（2）完成作品的时间安排。作品提交时间：第____周，地点或网址：_____。

（3）提交格式及文件命名方法。①提交.fla与.swf两种格式的电子作品。②文件命名方法：学号+姓名，如1050301046张三.fla；1050301046张三.swf。

（4）评价标准。二维动画作品评价标准见表A-5。

表A-5　二维动画作品评价标准

评价项	评价标准	分值	得分	得分合计
主题	①重点突出，思路清晰、叙述合理。②讲解清楚，准确表达出主题内容。③无偏离主题的内容出现	5		
内容	①包括标题、作者信息、动画故事展示。②原创素材达到60%。③使用素材包括文字、图片、声音、视频或动画，所有元素与主题密相关，准确表达主题内容。④使用自主制作的演示动画。⑤画面设计美观大方，运行流畅。⑥内容健康，无不良信息出现	5		
艺术性	①思路清晰、章节有序、叙事合理、内容充实。②构图合理，各元素组织得当、布局美观，界面简洁、友好。③语言简练，各素材搭配有序，有利于主题的表达。④内容组织得当，节奏明快、清晰，准确表达出主题内容。⑤动画编辑细腻，画面流畅。⑥声音使用合理，与主题内容协调、得当，解说口齿清晰，录音质量好	5		
一致性	①界面设计一致性好。②表达准确明确，导引清晰；无有歧义的信息表达	5		
完整性	①作品内容系统、结构完整、整体效果好。②结构紧凑，不脱节	5		

参 考 文 献

[1] 姜永生，姜艳芳，毕伟宏，等. 多媒体技术与应用[M]. 北京：中国铁道出版社，2017.

[2] 姜永生. 信息化教学概论[M]. 北京：中国铁道出版社，2018.

[3] 教育部高等学校计算机基础课程教学指导委员会. 高等学校计算机基础教学发展战略研究报告暨计算机基础课程教学基本要求[M]. 北京：高等教育出版社，2009.

[4] 教育部高等学校计算机基础课程教学指导委员会. 高等学校计算机基础核心课程教学实施方案[M]. 北京：高等教育出版社，2011.

[5] 姜永生，姜艳芳，毕伟宏，等. 多媒体技术与应用[M]. 北京：高等教育出版社，2012.

[6] 梁瑞仪，孔维宏. Flash多媒体课件制作教程[M]. 北京：清华大学出版社，2014.

[7] 刘甘娜. 多媒体技术与应用[M]. 4版. 北京：高等教育出版社，2008.

[8] 鄂大伟. 多媒体技术基础与应用[M]. 3版. 北京：高等教育出版社，2007.

[9] 余雪丽，陈俊杰. 多媒体技术与应用[M]. 2版. 北京：科学出版社，2007.

[10] 王朋娇. 数码摄影教程 [M]. 2版. 北京：电子工业出版社，2007.

[11] 王润兰. 电视节目编导与制作[M]. 北京：高等教育出版社，2010.

[12] 郭新房，郑丹，侯梅. Authorwave多媒体制作标准教程[M]. 北京：清华大学出版社，2005.